"十二五"职业教育国家规划教材
经全国职业教育教材审定委员会审定

药用植物病虫害防治

第3版

乔卿梅　主编

中国农业大学出版社
·北京·

内 容 简 介

本教材属“十二五”职业教育国家规划教材，是中草药栽培等相关专业的专业核心课。本课程以职业能力培养为核心，以药用植物为载体，以病虫害的识别、诊断和防治措施为重点，设计三大教学模块：药用植物病虫害的特点与防治策略、药用植物病害及其防治和药用植物虫害及其防治。每一模块依据学习领域的不同和对知识技能要求的不同，设计若干基础知识和学习情境，基础知识以“必需、够用”为原则；学习情境结合农作物植保员职业能力要求，设计若干学习任务和技能训练，学习任务主要是完成当地药用植物主要病虫害的诊断与防治工作，技能训练主要以就业为导向，以能力为本位，培养学生调查、诊断、识别与防治病虫害的能力。另外，针对药用植物主要病害和主要虫害种类繁多的特点，防治措施部分大都进行了归纳总结，这样既做到化繁为简，通俗易懂，便于掌握，又突出了实用性。在药物选择上充分考虑药用植物的特殊性，必须施用农药时推荐使用生物源农药和高效、低毒的化学农药，以达到GAP的要求。本书可作为高等职业院校中草药栽培相关专业学生的教材使用，也可以作为广大中草药种植者及相关技术人员的参考资料。

图书在版编目(CIP)数据

药用植物病虫害防治/乔卿梅主编. —3 版. —北京：中国农业大学出版社，2015.10
(2025.2 重印)

ISBN 978-7-5655-1398-5

Ⅰ.①药…　Ⅱ.①乔…　Ⅲ.①药用植物-病虫害防治-高等职业教育-教材　Ⅳ.①S435.67

中国版本图书馆 CIP 数据核字(2015)第 236647 号

书　　名　药用植物病虫害防治　第 3 版
作　　者　乔卿梅　主编

策划编辑　张　玉　　　　**责任编辑**　田树君
封面设计　郑　川　　　　**责任校对**　王晓凤
出版发行　中国农业大学出版社
社　　址　北京市海淀区圆明园西路 2 号　　　**邮政编码**　100193
电　　话　发行部 010-62818525,8625　　　读者服务部 010-62732336
编辑部 010-62732617,2618　　　出　版　部 010-62733440
网　　址　http://www.cau.edu.cn/caup　　　**E-mail** cbsszs @ cau.edu.cn
经　　销　新华书店
印　　刷　北京溢漾印刷有限公司
版　　次　2015 年 10 月第 3 版　　2025 年 2 月第 6 次印刷
规　　格　787×1 092　　16 开本　　15.5 印张　　380 千字
定　　价　41.00 元

图书如有质量问题本社发行部负责调换

编审人员

主　编　乔卿梅

副主编　陈利军　程茂高　张新燕　张少军　席敦芹

编　者　（以姓氏笔画为序）

乔卿梅　河南牧业经济学院

张少军　广西生态工程职业技术学院

张新燕　河北旅游职业学院

陈利军　信阳农林学院

席敦芹　潍坊职业学院

程茂高　河南牧业经济学院

主　审　曹金斌　南阳白云山和记黄埔丹参技术开发有限公司

彭　红　河南省植物保护植物检疫站

前　言

近年来，随着《中药现代化发展纲要》的实施，全国各地中草药的种植面积不断扩大，但道地产区一般属于老产区，病源、虫源积累数量多，病虫为害严重，新产区病虫害也在不断出现，而大多数药农缺乏科学的病虫害防治知识，导致病虫害的为害越来越严重，防治难度越来越大，药材产量降低，品质下降，农药残留及重金属超标，已严重影响中医临床的用药安全和中药在国际市场上的竞争力。每年我国中药材由于病虫为害或防治不当造成的直接或间接经济损失达数十亿元。为实施中药材 GAP，保证中药材质量“稳定、可控”，实现绿色中药材生产，加强药用植物病虫害的科学防治就显得尤为迫切。

党的二十大报告首次明确提出了“深化教育领域综合改革，加强教材建设和管理”，体现了对教材建设的高度重视。本教材是“十二五”职业教育国家规划教材，为了体现行业要求，反映行业发展新成果、新知识和新技术，在中国农业大学出版社的精心组织和策划下，我们选出的编写成员都具有多年的实践教学经验，编写教材时一方面能结合教学实际，突出高职教育特色；另一方面查阅了大量资料，将许多新的病虫害防治技术、新的农药品种补充到教材的编写中，突出了实用性和先进性。另外本教材在防治措施上充分考虑药用植物的特殊性，立足药用植物自身的保健，增强植物自身抗病虫的能力，倡导多种防治措施的协调应用，必须施用农药时推荐使用生物源农药和高效、低毒的化学农药，以达到 GAP 的要求。需要注意的是，书中所提供的药剂防治，主要介绍了药剂的基本特性，其具体使用浓度和用量会因药用植物种类、药用植物生长时期和生态环境的变化而不同，所以只写按所购农药产品推荐浓度使用，并建议进行必要的小范围试验后再大面积使用。

教材编写的具体分工是：程茂高编写模块一中学习情境一的学习任务一至学习任务五；乔卿梅编写模块一中的基础知识和技能项目一至技能项目七，模块二中基础知识一和学习情境二，模块三中的基础知识，并对全书进行统稿；陈利军编写模块二中的基础知识二和学习情境一中的学习任务一至学习任务三；张新燕编写模块三中学习情境一和学习情境二中除技能项目外的所有内容；张少军编写模块二中的基础知识三至基础知识六和学习情境一中的学习任务四至学习任务七，模块三中学习情境三和学习情境四中除技能项目外的所有内容；席敦芹编写模块二和模块三中的所有技能项目。

在教材编写过程中，曹金斌高级农艺师和彭红高级农艺师对教材编写大纲和教材进行了认真审阅，并提出许多宝贵的修改意见，在此表示衷心的感谢。

本教材参阅了许多文献，在此也向有关作者表示诚挚的谢意。

由于编者水平有限，书中难免有不妥之处，请读者批评指正。

编　者

2024年3月

目　录

模块一　药用植物病虫害的特点与防治策略

模块二　药用植物病害及其防治

模块三　药用植物虫害及其防治

模块一　药用植物病虫害的特点与防治策略

基础知识　药用植物病虫害的特点与防治原则

知识目标

- 熟悉药用植物病虫害的特点。
- 掌握药用植物病虫害防治的基本原则。
- 理解综合防治的特点。

近几年随着人类疾病谱和医疗模式的改变，具有治疗和保健双重功能的植物药获得人们的青睐，世界中草药的销售额已突破160亿美元，并以每年10%的速度增长。作为传统中草药大国的中国，日益枯竭的野生药材资源成为制约中医药事业发展的瓶颈，加强药用植物栽培与管理已成为迫切需要，新医改方案和国家基本药物目录的出台将更有利于促进中药材种植业的发展。据统计我国市场上流通的1 000余种中药材中，目前栽培中药材种类近300种，大宗栽培药材近150种，全国药用植物种植面积已超过130万hm^2。

然而随着药用植物栽培面积的不断扩大和连年种植，病虫的为害也越来越严重，对药用植物造成的损失也越来越大。据有关资料统计，一般病虫为害可减产20%～30%，严重的达50%，甚至还有绝收现象。同时由于防治措施不当，导致病虫害发生加重、抗药性增强、农药残留超标普遍，严重影响我国中药的声誉，降低了在国际市场上的竞争力。药用植物病虫害的防治已经成为目前中药材规范化种植及实施GAP管理的重点和难点。

一、药用植物病虫害的特点

1. 药用植物病、虫的复杂性

药用植物种类繁多，地理分布广。据1985—1994年全国中药资源普查统计，我国拥有中药资源12 807种，其中药用植物11 146种，占87.39%。药用植物各自具有丰富而独特的次生物质，这些次生物质多为药用植物的有效成分，不同的有效成分又直接关系到不同病虫种类的发生，从而形成复杂多样的病、虫害体系，一种药用植物往往有多种病害或虫害。

2. 药用植物地下部病虫害问题突出

许多药用植物的根、块根和鳞茎等地下部分，既是药用植物营养成分积累的部位，又是药用部位，这些地下部分极易遭受土壤中病原菌及害虫的为害。由于地下部病虫为害隐蔽，防治十分困难，导致药材质量和产量下降，因而损失惨重，是药用植物病虫害防治中的老大难问题。如人参根腐病、三七根腐病、地黄线虫病等；地下害虫种类多，如蝼蛄、蛴螬、金针虫等。

3. 无性繁殖材料是病虫害初侵染的重要来源

生产上一半以上的药用植物利用根、茎、叶、花、果等无性繁殖材料来繁殖新个体，如贝母常用鳞茎繁殖，地黄常用块根繁殖。由于这些无性繁殖材料常是药用植物病虫害隐藏、繁殖、越冬的主要场所，常携带大量的病菌、虫、卵等，所以无性繁殖材料是病虫害初侵染的重要来源，也是病虫害传播的一个重要途径。

4. 道地药材病虫害发生的特殊性

药用植物栽培有一很重要的特点，就是历史形成的道地药材，如东北的人参、云南的三七、宁夏的枸杞、河南的四大怀药、浙八味等。道地药材是由特定的气候、土壤及人们的栽培习惯等综合因素形成的，其药材的品质、栽培技术都比较成熟，药材的质量相对稳定。由于同种药用植物的长期种植和栽培模式的相对固定，使得适应于该地区环境条件及相应寄主植物的病原、虫源逐年积累，往往严重为害这些道地药材。

5. 病虫害防治水平急需提高

药用植物作为防病、治病、保健作用的特殊植物，对其品质有着更高的要求，其有效成分的含量必须符合国家药典的规定。因此，要按照 GAP 的要求，用于药用植物病虫害防治的各项措施，既要有效地控制病虫害，又不降低中药材的品质，还要避免农药残留对中药材的污染。然而我国多数药用植物栽培零星分散，药农缺乏病虫害防治的基本知识，或不知道我国对农药使用的有关规定，导致对药用植物病虫害的防治水平落后，施用高毒农药现象泛滥，不仅造成药材及其产品中农药残留量超标而危害人体健康，而且导致病虫害抗药性增加，生态平衡被破坏，从而严重影响了我国中药材的质量和发展。因此，提高种植者对药用植物病虫害的防治水平已成为发展中药材亟须解决的问题。

二、药用植物病虫害防治的任务

药用植物病虫害防治是一门综合利用多门学科知识，保护药用植物免受病、虫等有害生物为害的一门学科。其主要任务是研究为害药用植物的病原菌和害虫的生物学特性，以便识别病虫害；同时研究在外界环境作用下病虫害的消长规律及植物对病虫为害的反应，从中找出薄弱环节进行综合防治，使药用植物能够健康生长，保证药用植物优质、稳产、高效，为进一步提高人民的健康水平服务。

三、药用植物病虫害防治的基本原则

药用植物不同于粮食、蔬菜，它的消费者是身患疾病或身体虚弱的人，因此，药材质量的优劣显得尤为重要，不仅要求药材有效成分含量高，而且还不能含有对身体有害的物质（不包括中药本身的毒副作用）。我国的植物病虫害防治总方针是“预防为主，综合防治”，药用植物病虫害防治也遵循这一方针。《中药材生产质量管理规范（GAP）》第十六条规定：“药用植物病虫害的防治应采取综合防治策略。如必须施用农药时，应按照《中华人民共和国农药管理条例》的规定，采用最小有效剂量并选用高效、低毒、低残留农药，以降低农药残留和重金属污染，保护生态环境。”第五十五条第六款指出，病虫害综合防治指“从生物与环境整体观点出发，本着预防为主的指导思想和安全、有效、经济、简便的原则，因地制宜，合理运用生物的、农业的、化学的方法及其他有效生态手段，把病虫的危害控制在经济阈值以下，以达到提高经济效益和生态效益之目的”。

“预防为主”就是在病虫害发生以前采取措施，创造不利于病虫害发生而有利于植物及有益生物生长繁殖的条件，使病虫害种群数量稳定在经济阈值之下，达到稳定、持久、经济、有效地控制病虫害的发生。“综合防治”就是从农业生态系统总体出发，根据病虫害与环境之间的相互关系，充分发挥自然因素的控制作用，并正确认识各种防治措施的优缺点，因地制宜，协调运用必要的防治措施，取长补短，达到控制病虫害种群数量、保护药用植物产量和质量不受影响，以获得最佳的经济、生态和社会效益。

要实现药用植物栽培中病虫害的综合防治，达到GAP的要求，植保工作任重道远，需要政府支持、政策管理、科学研究和技术实施共同发挥作用。

(1)加大药用植物病虫害的基础性研究是实现药用植物病虫害综合防治的基础。我国虽是一个中药材栽培大国，但与农作物相比，是典型的“小作物”，病虫害防治研究资金投入非常有限，研究水平还相对较低，研究深度也远远不够。随着野生转家栽品种的增多，药用植物病虫害的种类远远没有查清楚。在育种方面，缺乏对各种药用植物抗病、抗虫特性的评价，抗病虫育种工作开展的极为有限，生产中几乎没有可以推广的抗病虫优良品种。因此，要加大对药用植物病虫害种类、发生规律、防治技术、抗性品种等基础性研究，当病虫害发生时可提供相应的技术支撑。

(2)加快药用植物病虫害防治体系建设是实现药用植物病虫害综合防治的前提。目前药用植物病虫害防治专业人才缺乏，药用植物病虫害的测报也没有引起相关部门足够的重视，药材种植者缺乏无公害观念，质量意识淡薄，病虫害防治技术落后，造成的直接结果是滥用、误用农药问题严重，导致药材中农药残留超标普遍存在。

(3)健全药用植物栽培与质量检测规范是实现药用植物病虫害综合防治的保障。虽然我国已经制定了《中药材生产质量管理规范(GAP)》，但针对某种具体药用植物栽培的标准操作规程(SOP)还很少，药用植物仿生栽培中农药使用法规不健全，生产出的中药材质量标准不健全。目前我国正逐步完善中药材中农药残留的限量标准和检测标准，如《中国药典(2015版)》通则对22种有机氯类农药的残留量测定方法和限度做出规定，采用专属性更强、准确性更高的色谱法、质谱法对227种农药残留量进行测定；正文制定了人参、西洋参、甘草、黄芪标准中有机氯等16种农药残留的检查。但这与市场上现有的农药种类和中药材品种相比还有很大差距，加上农药残留快速有效检测技术欠缺，导致中药材以次充好、以劣主优现象普遍，严重影响了人们规范化种植的积极性。

四、综合防治的特点

1. 以生态系统为管理单位

药用植物病虫害的防治要从生产全局和生态总体出发，通过控制农田生态系统，使有害生物数量维持在受害允许水平之下，同时避免生态系统受到破坏。因此，只有了解生态系统中各种因素的地位、功能和关系，才能协调运用不同的防治方法。

2. 强调各种措施的协调与综合应用

药用植物病虫害防治的基本方法有：植物检疫、农业防治、物理机械防治、生物防治、药物防治等。任何单独防治措施都存在着优点与局限性，若长期使用一种防治措施，都可能产生不满意的或预料不到的结果。综合防治不是多种防治方法的机械拼凑和组合，而是在综合考虑各种因素的基础上，按照安全、经济、简便、有效的原则，合理运用某些防治措施，并注意实施的时间和方法，以达到最好的防治效果，并将对生态系统内外产生的副作用降到最低限度，既要控制病虫为害，又要保护人、畜、天敌和植物的安全。综合防治并不排斥化学合成农药的使用，而是尽量避免杀伤非靶标生物和减少污染。

3. 强调利用有害生物的自然控制因素

大多数有害生物都存在着自然的控制因子，这些因子包括病虫的寄主、生活空间、不利的气候条件、有害生物种内或种间竞争、各种天敌等。这些因子的综合作用，使一些有害生物数量总是处于不引起危害的水平之下。有害生物综合防治的一个重要目标就是充分利用自然控制因素，达到控制有害生物发生的目的。

4. 让有害生物在受害允许水平之下继续存在

有害生物综合防治并非以“消灭”病虫为准则，而是病虫害为害控制在经济阈值以下，它允许少数有害生物存在于植物的生长环境中，这有利于维持生态多样性和遗传多样性。如少数害虫的存在可为天敌提供食料和中间宿主，使天敌的自然控制能力得以保持和加强。经济阈值是防治时机的一种病虫害密度指标，病虫害达此密度时应该采取控制措施，以防止病虫害种群密度增加而达到经济受害水平（经济受害水平指造成经济损失的最低有害生物种群密度，经济损失是指防治费用与防治挽回损失金额的差值）。

为了有效地防治药用植物的某些病虫害，首先必须做好当地病虫害的调查工作，弄清病原和害虫种类，掌握其侵染或为害的时间和部位、发生世代和越冬场所等。其次要做好病虫害的预测预报工作。采取物候观察、灯光诱测、查卵、饲养观察、空中孢子捕捉等方法掌握病虫害的数量和发育进程，分析有关环境条件和未来天气情况，结合病虫害的历史发生资料，正确判断病虫害的发生趋势。最后根据各种防治措施的特点和现实可能性（包括技术、资金、劳力等）制订合理的综合防治方案。

学习情境一

药用植物病虫害防治方法

知识目标

• 熟悉植物检疫的主要内容。

• 掌握植物检疫的概念;掌握农业防治、物理机械防治、生物防治和药物防治的优缺点和各自的主要防治方法。

技能目标

• 能根据病虫害发生特点,因地制宜,合理运用适当的防治措施,控制病虫害的发生。

• 能根据病虫害的种类选择高效、低毒的防治药物,并选取科学的方法进行使用。

学习任务一　植物检疫

植物检疫也叫法规防治,指一个国家或地方政府颁布法令,设立专门机构,禁止或限制危险性病、虫、杂草等人为地传入或传出,或者传入后为限制其继续扩展所采取的一系列措施。植物检疫是防治病虫害的基本措施之一,也是实施有害生物综合防治的有力保证。

一、植物检疫的重要性

在自然情况下,病、虫、杂草等的分布虽然可以通过气流等扩大其分布范围,但由于各种天然障碍的阻隔,使得这种扩散能力非常有限,病、虫、杂草的分布有一定的地域局限性。某一种虫害或病害在其发源地,往往由于天敌的制约、植物的抗性和长期积累起来的防治经验等原因,不至于造成严重的经济损失。但某些危险性的病、虫、杂草一旦借助人为因素传入新区后,原来的制约因素被打破,条件适宜时,就会迅速扩展蔓延,猖獗成灾。历史上这样的经验教训很多。如美洲斑潜蝇是一种严重危害葫芦科、蝶形花科、茄科、十字花科和菊科等植物子叶的多食性害虫。在我国,该虫最早于 1993 年 12 月在海南发现严重危害,现已蔓延 21 个省、市、自治区,危害面积达 130 万 hm^2 以上,目前我国每年防治斑潜蝇的成本高达 4 亿元。据不完全统计，目前我国有外来杂草 107 种，主要外来害虫 32 种，主要外来病原菌 23 种。全国每年因主要外来农林昆虫和环境杂草造成的经济损失达 574 亿元人民币。

随着国内外市场对中药材需求量不断增加和我国加入 WTO 以及改革开放的不断深入，各地间药用植物种子和其他繁殖材料调运越来越频繁，加上现代物流业的快速发展，人为传带危险性病、虫、杂草的可能性也随之增多。加之目前我国的植物检疫法规不够健全，检疫手段不够先进，因此，为了保证药用植物生产，促进对外贸易，维护国际信誉，实行国内外检疫，防止危险性病虫草的传播，做到“既不引祸入境，也不染灾于人”，就显得尤为重要。

植物检疫的目的就是防止危险性病、虫、杂草在地区间或国家间传播蔓延，确保农业生产。一方面要预防国外传入本国、外地传入本地，或本地区虽有发生但正大力防治加以扑灭的危险性病、虫、杂草，保护本国本地区的农业生产安全；另一方面又严防本国、本地区的危险性病、虫、杂草传到国外和外地，维护本国和本地区的贸易信誉，促进国际、国内贸易往来和种质资源的交流。植物检疫的任务主要包括 3 个方面：①禁止危险性病、虫、杂草随着植物及其产品、运输设备等由国外输入或由国内输出。②将国内局部地区已经发生的危险性病、虫、杂草封锁在一定范围内，防止其扩散蔓延，并积极采取有效措施，逐步予以清除。③当危险性病、虫、杂草传入新地区时，采取紧急措施，及时就地消灭。

二、植物检疫的主要内容

1. 我国现行植物检疫体系

我国现行的植物检疫管理体制包括对外检疫和对内检疫，国家质量监督检验检疫总局负责国家出入境动植物检疫，农业部门负责国内农业植物检疫，林业部门负责国内森林植物检疫。

2. 植物检疫对象

植物检疫对象是指国家主管部门根据一定时期国际、国内病虫发生、危害情况和本国、本地区的实际需要，经一定程序制定、发布禁止传播的病、虫、杂草名单。

确定检疫对象的依据及原则：①局部地区发生的病、虫及杂草。②危险性大，一般包括三方面，一是一旦发生或传入新区很难防治和根除；二是对农林生产能造成重大经济损失，以及对人、畜健康构成严重威胁；三是本地区有其良好的适应生存条件。③能随植物及其产品人为传播。同时，必须根据寄主范围和传播方式确定应该接受检疫的种苗、接穗及其他植物产品的种类和部位。

检疫对象名单并不是固定不变的，应根据实际情况的变化及时修订或补充。2007 年 5 月农业部公告发布了《中华人民共和国进境植物检疫性有害生物名录》，依据该名录，中国进境植物检疫性有害生物由原来的 84 种增至 435 种。2006 年 3 月农业部令发布了新的《全国农业植物检疫性有害生物名单》和《应施检疫的植物及植物产品名单》，共包括 44 种有害生物，同时将“中药材种苗和来源于发生疫情的县级行政区域的中药材产品”归入《应施检疫的植物及植物产品名单》之中。

3. 划定疫区和保护区

局部地区发生植物检疫对象的，应划为疫区，采取封锁、消灭措施，防止植物检疫对象传出；发生地区已比较普遍的，则应将未发生地区划为保护区，对保护区要做好预防工作，严防检疫对象传入。划定疫区和保护区要根据检疫对象的发生传播情况、当地的地理环境、交通状况及采取封锁、消灭措施的需要来划定，其范围应严格控制。既要有利于控制、消灭检疫对象，又要有利于经济的发展，尽可能方便生产和经营活动。

4. 产地检疫

产地检疫指植物检疫机构对种子、苗木及应施检疫的植物及其产品，在原产地生产期间或调运之前进行的检疫，即对准备交换和调运的种苗在生产期间或调运之前调查是否有植物检疫对象。对产地检疫合格的发给《产地检疫合格证》；对发现有检疫对象的发给《检疫处理通知单》并进行疫情处理；对新发生的检疫对象和危险性病、虫、杂草，必须采取措施彻底扑灭，并向当地检疫机构报告疫情。

产地检疫有以下优点：一是大多数危险性病、虫、杂草在其寄主生长期间有明显的为害症状，容易发现和识别，检疫快速、准确、简便、易行。二是在生产环节上，可进行预防和除治，生产出符合要求的输出品。三是经产地检疫合格的植物及其产品在有效期内调运时不再检疫，凭《产地检疫合格证》直接换取《植物检疫证书》，简化了手续，有利于商品流通。四是可避免调运检疫时因积压造成的经济损失，提高效益。

5. 调运检疫

调运检疫指植物检疫机构对种子、苗木、其他繁殖材料及应施检疫的植物及其产品在调运时实施检疫检验和检疫处理，防止危险性病、虫、杂草随植物及其产品传播蔓延。调运时必须经过检疫的植物和植物产品，调入单位需先征得所在地植物检疫机构同意，并向调出单位提出检疫要求。调出单位需根据该检疫要求向所在地的省、自治区、直辖市植物检疫机构申请检疫。

调运药用植物及其产品属于下列情况的必须经过检疫：①列入应施检疫的药用植物、药用植物产品名单的，运出发生疫情的县级行政区域之前，必须经过检疫。②凡种子、苗木和其他繁殖材料，不论是否列入应施检疫的药用植物、药用植物产品名单和运往何地，在调运之前，都必须经过检疫。

6. 国外引种检疫

国外引种检疫主要包括三个环节：国外引种检疫审批、口岸植物检疫和引进种苗隔离试种。

《植物检疫条例》中规定：任何单位和个人从国外引进种子、苗木（包括赠送、交换），应在引进前事先向所在地的省、自治区、直辖市或其主管部门植物检疫机构提出申请，办理检疫审批手续。

当国外引进的种苗进境前或进境时，引种单位或个人应向种苗入境的口岸检疫机关办理报检手续，申报检疫，缴验《引进种子、苗木检疫审批单》，由口岸检疫机关根据审批单的检疫要求和审批意见，验核种苗输出国家或地区政府检疫机关出具的检疫证书，进行现场检疫和室内检验。经检疫发现有危险性病、虫、杂草时，签发《检疫处理通知单》，通知作除害、退回或销毁处理。检疫或处理合格后放行。

《植物检疫条例实施细则（农业部分）》规定：引进单位在申请引种前，应当安排好试种计划。引进后，必须在指定地点集中进行隔离试种，隔离试种的时间，一年生植物不得少于一个生育周期，多年生植物不得少于两年。在隔离试种期内，经当地植物检疫机关检疫，证明确实不带检疫对象的，方可分散种植。如发现检疫对象或者其他危险性病、虫、杂草，应按植物检疫机构的意见认真处理。

7. 植物检疫对象处理的主要措施

经检验如发现有检疫对象的，应按规定在检疫机构监督下进行处理。处理的主要措施有：

①禁止入境或限制进口。在进口的植物或其产品中，经检验发现有法规禁运的有害生物时，应拒绝入境或退货，或就地销毁。有的则限定在一定的时间或指定的口岸入境等。②消毒除害处理。对休眠期或生长期的植物材料，到达口岸时用农药进行化学处理或热处理。③改变输入材料的用途。对于发现疫情的材料，可改变原定的用途计划，如将原计划用于种植的材料在控制的条件下进行加工食用，或改变原定的种植地区等。④铲除受害植物，消灭初发疫源地。一旦危险性有害生物入侵后，在其未广泛传播之前，就将已入侵地区划为"疫区"严密封锁，是检疫处理中的最后保证措施。

学习任务二　农业防治

农业防治指从农业生态系统的总体观念出发，通过有意识地运用各种栽培技术、管理措施，改变有害生物生存的小环境，创造出有利于药用植物和有益生物生长发育而不利于有害生物发生的条件，达到促进药用植物生长发育、控制和减轻病虫害发生的目的。

农业防治结合了药用植物 GAP 栽培要求，一般不增加额外开支，具有安全有效、简单易行、无污染等优点；缺点是对某种虫害或病害有效的措施对另外的虫害或病害不一定有效，所用的措施有明显的针对性和地域性。因此，农业防治多作为预防性措施，不能作为应急措施。

一、选用优质种苗

选择理想的抗病、虫品种，特别是对那些病虫害严重且防治难度大的药用植物，是一项十分经济有效的措施。不同品种或类型的药用植物对病虫害的抵抗能力往往有显著差异。如地黄品种"金状元"对地黄斑枯病比较敏感，"小黑英"、"北京 2 号"对地黄轮纹病和斑枯病有较好的抗性，"小黑英"抗孢囊线虫能力较强；枸杞的宁杞 1 号、宁杞 2 号、扎扎刺和黄果抗病性强。有刺红花比无刺红花抗炭疽病和红花实蝇；光果甘草和乌拉尔甘草比胀果甘草抗锈病；青箱子的"台南 1 号"、"台南 2 号"抗褐斑病能力较强。因此在选用品种时即要考虑其质量和产量，也要充分考虑当地主要病虫害的发生情况。目前优质的抗病虫品种数量极少，加强药用植物的抗病虫品种的选育工作已显得十分迫切。在加强对药用植物抗病虫种质调查的基础上，在田间选择抗病、抗虫的单株留种，通过连年不断的选择和培育，选育出抗病虫能力较强的品种；也可利用现代生物技术加快抗病虫品种的选育速度。

许多病虫害是靠种子、苗木及其他无性繁殖材料来传播的，如菊花白锈病是由脚芽传播，地黄枯萎病和根结线虫病是靠种栽传播的。因此，通过建立无病留种田和种苗地，应用组培脱毒技术等培育无病种苗等，可有效地控制病虫害的发生。

二、建立合理的种植制度

1. 采用仿野生栽培技术

仿野生栽培就是指根据药用植物生长特性及其对生态环境的要求，通过人为创造一定的生长环境，让其在模拟自然环境条件下繁殖生长，实现药用植物集约化生产与管理。由于仿野生栽培从种植地环境选择到管理措施都模拟野生状态，栽培的药用植物生长在一个相互协调和适应的生物群落中，种内竞争和逆境增加，不仅所产药材外观性状好，品质也可与野生的媲美，保证了品质；同时提高了药材抗病虫害的能力，减少了因使用农药造成的污染，产品符合安全、高效的要求。目前人参、丹参、前胡、天麻、黄芩、石斛等药材的仿野生栽培均取得了成功。仿野生栽培应因地制宜，充分利用当地资源。

2. 合理轮作

轮作是指同一块地上有计划地按顺序轮种不同类型的植物。同一块地上连年种植同一种植物的叫连作，又叫重茬，连作常引起病虫害加重，导致减产和品质下降。

(1)轮作的意义。

①有利于防治病虫害。不同的药用植物有不同的病虫害，而各种病虫又有一定的寄主范围。通过寄主植物与非寄主植物的轮作，可使那些对新环境和食料不适合的病虫逐渐减少或自然消亡，尤其对单食性或寡食性害虫及土传病害可达到良好的预防效果。

②有利于均衡利用土壤营分。不同植物吸收土壤中营养元素的种类、数量及比例各不相同。选择根系深浅与吸收水肥能力不同的药用植物进行轮作，有利于均衡利用土壤中的养分，减少施肥数量和次数，提高中药材的品质。

③改善土壤理化特性。由于轮作时种植的是不同类型的药用植物，其耕作、施肥、灌溉等方式变化较大，可有效地改善土壤理化性质，促进土壤有益微生物的繁殖，加快有机质分解，增强土壤肥力，促进药用植物的生长发育，增强对病虫害的抵抗力。水旱轮作还可减少土壤中有毒物质积累。

(2)轮作应遵循的基本原则。

①将吸收土壤养分不同、根系深浅不同的药用植物互相轮作。如将深根性的根茎类、果类、豆科类药用植物与浅根性的全草类、花类轮流栽培，丹参进行水旱轮作可减轻根结线虫病、根腐病、白绢病的发生。

②将互不传染病虫害的药用植物相互轮作。同科植物常受相同病虫害的为害，原则上应尽量避免将同科植物连作。一般烂根病严重的药用植物选择与禾本科植物轮作，如白术、丹参与禾本科植物轮作可减轻根腐病和白绢病为害；荆芥与禾本科植物轮作可减轻茎枯病；三七与玉米、小麦等轮作可防根结线虫病。相反，轮作不当反而会使某些病虫害加剧，如地黄和大豆轮作则会加重胞囊线虫病为害。

③合理确定轮作年限。各种药用植物轮作年限依植物种类、病情而长短不一。如黄芩与禾本科植物轮作3～5年可减轻叶枯病。

一般十字花科、百合科、伞形花科等药用植物较耐连作，但以轮作为佳。茄科、葫芦科、豆科、菊科连作受害较重，应多进行轮作。

3. 适度密植

密植是增加单位面积产量的有效途径，但密度过大时，叶片相互重叠，株间透光率降低，田间郁蔽，引起植株旺长，茎秆细弱，易出现倒伏，病虫害加重。药用植物种植时必须根据当地的自然和栽培条件，结合品种、土壤、光照、肥水、风力条件等，因地制宜，综合考虑，合理密植，提高植株间的通风透光性，减轻病虫害的发生程度。

4. 推行立体栽培

实行立体种植法栽培药用植物，可充分利用土地、光能、空气、水肥和热量等自然资源，提高单位面积产量。如秋播桔梗地块中，待出苗发枝后再于翌春3月在桔梗株行间栽种青天葵，其产量产值均比原来同在一块地里只种植一种药材的产值高40%～60%。同时立体栽培有利于调节生态平衡、增强药用植物抗逆能力，从而减少病虫害的危害。农作物与药用植物的间套作是常见的立体栽培方式。间作套种时必须从病虫害防治和植物生长发育多方面进行综合考虑。如有些植物的植株和根系的分泌物或气味可对其邻近植物病虫害有抑制或驱避作用。再如地黄与玉米或芝麻间作，地黄拟豹纹银蝶为害大大减轻，这可能是由于玉米、芝麻高秆阻碍了银蝶成虫飞翔产卵活动的缘故；龙胆草与玉米间作，可利用玉米的遮阳作用减轻斑枯病的发生。相反，如果邻近植物选择不当，改善了病虫食料条件，有利于病虫转移，就导致这些病虫害加重。如同为茄科的颠茄与土豆实行间作套种，则加重茄二十八星瓢虫和疫病的为害，黄芪与大豆套种则加重豆荚螟的为害。一些喜湿耐阴的藤本、草本或灌木类药材，如人参、田七、黄连、砂仁、天冬、巴戟天、草果、石斛、茯苓、益智、细辛、天麻等，适宜于林下或果树下栽种。也可将喜阳的高层药用植物与耐阴的低层药用植物相混种，深根性的药用植物与浅根性的药用植物相混种；阔叶类药用植物与细叶(或针叶)类相混种；多年生的木本药用植物与短期生长的草本药用植物相混种。

三、加强栽培管理

1. 深耕细作

深耕细作不仅能促进植物根系发育，增强抗病性，还能破坏土壤中害虫的巢穴和土室、破坏病菌越冬的场所；或将土表或落叶层中越冬的病菌、害虫翻进土层深处，使得病菌无法萌发、害虫无法孵化或羽化；或将潜伏在土壤深处的害虫及病菌翻露土面，利用鸟兽啄食、温度不适(干死、冻死)等直接消灭一部分，达到减少病虫害发生的目的。如人参、西洋参在播种前，要求土地要休闲一年，进行翻耕晾晒，这已成为减少土壤中致病菌数量的重要防治措施之一。但对土传病害要尽量采用免耕技术或减少耕作次数，并及时挖除病穴土壤，以防病菌的扩散，如细辛菌核病、丹参根腐病。

2. 调节播种期

某些病虫害的发生常与药用植物某一生长发育阶段物候期有密切的关系，如果设法使这一阶段错过病虫大量发生的危险期，就可以避免或减轻该病虫的为害程度。例如荆芥适时早播可避开或减轻茎枯病的发生；菊花春栽可减轻黑斑病的为害；北方薏苡适期晚播可减轻黑粉病的发生；黄芪夏播可避免春季苗期害虫的为害；红花适期早播(如在春季土壤解冻后到清明前)可减轻红花指管蚜的为害。

3. 加强肥水管理

合理施肥能促进药用植物生长发育，增强抵抗力和被病虫为害后的恢复能力。偏施氮肥的地块常会造成药用植物的贪青徒长，抗病性降低；增施磷钾肥则可增强植物的抗病性。如延胡索后期施氮肥过多，会造成霜霉病和菌核病的严重发生；红花使用氮肥过多或偏晚，易造成植物贪青徒长、组织柔嫩，诱发炭疽病的发生；白术施足有机肥，适当增施磷、钾肥，可减轻花叶病的为害。使用无机肥时要注意氮、磷、钾等营养成分的配合，防止施肥过量或出现缺素症。

施用有机肥时一定要使用充分腐熟且无异味的有机肥，否则肥中的残存病菌和害虫卵未被杀灭，易使某些病害和虫害加重。

浇水方式、浇水量、浇水时间等都影响着病虫害的发生。喷灌和洒水等方式往往容易引起叶部病害的发生，最好采用滴灌或沿根部边缘注浇。浇水量要适宜，浇水过多易引起多种根部病害的发生，浇水过少则易使药用植物因缺水而生长不良，出现各种生理性病害或加重侵染性病害的发生。浇水时间最好选择晴天的上午，以便及时降低叶表湿度。多雨季节要及时排水。对根茎类药用植物，在收获前要避免大量浇水，以防腐烂。对温室栽培的药用植物，经常通风换气、降低湿度，可减轻灰霉病、霜霉病等病害的发生。

4. 及时清洁田园

田间杂草、药用植物收获后的病虫残株和掉在田间的枯枝落叶，往往是病虫隐蔽和越冬的场所，成为翌年的病虫来源。因此，及时除草、清洁田园和结合修剪将病虫残体和枯枝落叶烧毁或深埋，可大人降低越冬病虫基数和翌年病虫的为害程度。

学习任务三 物理机械防治

利用物理因素、人工或各种机械来防治病虫害的方法称为物理机械防治。该法具有简便易行、成本较低、无污染等优点，既能用于预防病虫害的发生，也可在病虫害发生时与其他防治方法协调应用，作为应急措施，满足了 GAP 的要求。其缺点是一些措施具有一定的局限性，某些方法通常要耗费较多的劳力，功效较低，有些方法也能杀伤天敌。

一、捕杀法

捕杀法适用于活动性不强、具有假死性、群集性或其他目标明显易于捕捉的害虫。如多数金龟子、象甲的成虫具有假死性，可在清晨或傍晚将其震落杀死；地老虎幼虫白天潜伏在土中，夜间出来为害，且被害幼苗常拉到洞穴附近，利用此特点，早晨翻检新受害植株附近的土块，很容易找到幼虫；也可结合日常管理，人工捏死发现的幼虫、虫苞，摘除虫卵和病虫叶果，拔除病株；蛀入树干内的天牛幼虫可用铁丝钩杀；飞行能力较差和群集习性的成虫如芫菁等可人工网捕；冬季或早春轻刮树皮消灭一些越冬病虫害等。

二、诱杀法

诱杀法是利用害虫的趋光性、趋化性和其他习性进行诱集，然后加以杀灭处理。

1. 灯光诱杀

利用害虫对灯光的趋性，人为设置灯光来诱杀害虫的方法称为灯光诱杀。目前生产上应用较多的是黑光灯。黑光灯在田野中接通电源后，可发出 360 nm 左右波长的光，对此波长敏感的害虫就会纷纷飞来，再在黑光灯下放置一个水深 20 cm 的水盆（水中放入少许洗衣粉和杀虫剂，每 2～3 d 换一次水），被诱来的害虫见到水盆里折射的光时窜入水中即被淹没或毒死。

利用黑光灯诱杀害虫无污染无残留、成本低廉、使用简便、杀虫效率高。如浙江贝母产区用黑光灯诱杀金龟子，一夜最多能诱集到 385 头，减轻了对贝母的为害。此外，近几年生产上应用较多的频振式杀虫灯(图 1-1)，利用害虫较强的趋光、趋波、趋色特性，将光的波段、波的频率设定在特定范围内，近距离用光，远距离用波，灯外配以频振式高压电网触杀，使害虫落入灯下的接虫袋内，达到杀灭害虫的目的。

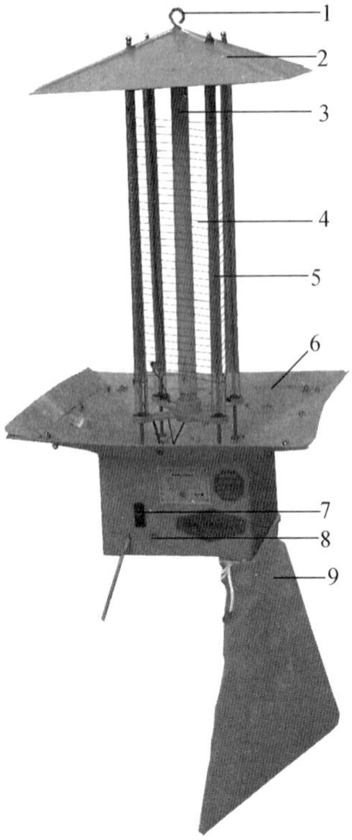

图 1-1　频振式杀虫灯

1. 挂环　2. 风雨帽　3. 频振灯管　4. 高压电网　5. 绝缘柱　6. 接虫盘　7. 电源开关　8. 光感器　9. 接虫袋

2. 食物诱杀

(1)毒饵诱杀。利用害虫的趋化性，在其喜欢的食物中掺入适量毒剂来诱杀害虫。如蝼蛄、地老虎等地下害虫，可用炒香的麦麸、豆饼、谷糠等作饵料，掺入适量敌百虫、辛硫磷等药剂制成毒饵来诱杀；用糖醋液加入适量晶体敌百虫可诱杀大量地老虎成虫。糖醋液的配方可为糖：醋：酒：水＝6：3：1：10。

(2)植物诱杀。利用害虫对某些植物有特殊的取食、产卵习性，人为种植或采集此种植物诱集捕杀害虫。如在地块周围种植蓖麻，可使金龟子误食后麻醉，从而集中捕杀。

3. 潜所诱杀

利用害虫在某一时期喜欢某一特殊环境的习性，人为设置类似的环境来诱杀害虫。如在田间堆集新鲜杂草或泡桐叶，能诱集地老虎幼虫，然后集中杀灭；在田间放置杨树枝把，可诱到地老虎、蛴螬、棉铃虫、烟青虫等多种夜蛾科害虫；梨星毛虫、梨小食心虫、苹果小食心虫等潜藏在粗树皮裂缝中越冬，冬前在树干上束草或包扎麻布片，诱集它们进入越冬，集中歼灭。

4. 色板诱杀

将黄色黏胶板设置于田间，可诱黏到大量有翅蚜、白粉虱、斑潜蝇等害虫，在温室保护地内使用效果更好。

三、阻隔法

根据病虫的为害习性人为设置各种障碍，切断病虫害的侵害途径，这种方法称为阻隔法，也叫障碍物法。

1. 涂环、涂白

对于有上、下树习性的害虫的幼虫，可在树干上涂毒环或胶环，阻隔和触杀幼虫。在木本药用植物树干上刷白色涂剂既可减少冻害，增加伤口愈合，又可防治病菌感染，杀死树皮内越冬虫卵，有效防治病虫害。白色涂剂的配方是生石灰 12 份(用凉水化开)、硫黄 2 份或石硫合剂原液 3 份、食盐 2 份(用热水化开)、水 36 份、兽油或废矿物性油适量。石灰和硫黄可以防冻、防日灼，还能防病杀虫，食盐有助于石灰渗入树皮保持水分，防止石灰龟裂剥落，加入兽油可增强涂白剂的黏着性。白色涂剂应于晴天涂刷，涂刷前先将树干上粗糙易脱落的树皮刮去。

入冬一次，早春一次，效果更好。

2. 设障碍物

有的害虫雌成虫无翅，只能爬到树上产卵。对这类害虫，可于上树前在树干基部设置障碍物阻止其上树产卵，如在树干上绑塑料布，制成光滑的陡面。此外，在药用植物周围种植高秆植物，可阻隔飞行能力差的外来害虫为害。土表覆盖银灰色薄膜，可驱避蚜虫，从而保护药用植物免受蚜虫的为害，并减少蚜虫传播病毒病的机会。覆膜或盖草不仅对病原物的传播起到了机械阻隔作用，而且覆膜后土壤温度、湿度的提高，加速了病残体的腐烂，减少了侵染来源，盖草腐烂后还可增加肥料。

3. 纱网阻隔

在温室及各种塑料拱棚内，可采用 40～60 目的纱网覆罩，不仅可以隔绝蚜虫、叶蝉、粉虱、蓟马、斑潜蝇等害虫的为害，还能有效地减轻病毒病的侵染。

四、温度处理法

任何生物包括植物病原物、害虫对温度都有一定的忍耐力，超过限度生物就会死亡。害虫和病菌对高温的忍受力都较差，因此，可通过提高温度来杀死病菌或害虫，这种方法称温度处理法，又称热处理。

1. 种苗的热处理

有病虫的种子可用 35～40℃热风处理 1～4 周，也可用一定温度（40～60℃）的温水浸泡 10 min 至 3 h，减轻病虫害的发生。例如薏苡于播种前用 60℃温水浸种 30 min 或用开水烫 5～8 s，黑穗病防效可达 70.9%～80.9%；山药在种薯萌动前在太阳下晒 1～2 d，再放入 50～55℃温水中浸泡 10～20 min，可有效防治山药短体线虫病。种苗热处理的关键是温度和时间的控制，一般对休眠器官处理比较安全。对有病虫的种苗做热处理时升温要缓慢，使之有个适应温热的锻炼过程。现在已有可以准确地控制处理温度的种子苗木消毒机，可根据需要灵活调节温度，既保证杀死有害生物又确保被处理物的安全。处理后的种苗既可杀灭病虫，又可促进后期的生长。

2. 土壤的热处理

在 7～8 月份将土壤摊平做垄，垄为南北向，浇水并覆盖塑料薄膜（25 μm 厚为宜），在覆盖期间要保证有 10～15 d 的晴天，利用太阳能对土壤的暴晒，耕层温度可高达 60～70℃，能基本上杀死土壤中的病原物和害虫。温室大棚中的土壤也可照此法处理。在发达国家，蒸汽热处理已成为常规管理，如使用热蒸汽（90～100℃）处理 30 min，可大幅度降低菊花枯萎病及地下害虫的发生程度。

五、近代物理技术的应用

近几年随着生物物理技术的快速发展，原子能、高频电流、超声波、紫外线、红外线、γ 射线、激光等正在病虫害防治中得到越来越多的应用。这些方法具有穿透力强、杀灭效果好、无污染、成本低和快速等特点。例如直接用 32.2 万伦琴的 ^{60}Co γ 射线照射仓库害虫，可使害虫立即死亡；既使用 6.44 万伦琴剂量，仍有杀虫效力，部分未被杀死的害虫，虽可正常生活和产卵,但生殖能力受到了损害,所产的卵粒不能孵化。利用高频电流在物质内部产生温度的特点,可用来消灭土壤等隐蔽场所为害的害虫;国外设计的一种高压放电机器,两极之间可以产生 5 cm 的火花,可使土壤表面的害虫在很短时间内就死亡。

学习任务四 生物防治

生物防治是指利用有益生物及其代谢物质来消灭或抑制有害生物的方法。生物防治能改变生物群落,直接消灭病虫害,具有对人、畜、植物、天敌安全,无残留,无污染,害虫不产生抗性,效果持久,来源广泛等特点,且使用灵活,对防治药用植物病虫害有着极为重要的意义。但该法往往作用缓慢,需提前使用,且使用技术要求较高,必须与其他防治措施相结合,才能充分发挥其应有的作用。

一、利用害虫天敌

生物在进化过程中形成了稳定的食物链,在害虫的为害地,其天敌的种类和数量很多,对害虫的种群密度起着重要的控制作用。

1. 寄生性和捕食性昆虫

有些昆虫寄生在害虫体内(或卵内),在发育过程中逐步摄取寄主体内(或卵内)的营养,最后使寄主死亡,或使卵不能孵化;也有些昆虫寄生在其他昆虫体外,通过口器吸取寄主体内的物质作为自身营养,这些昆虫被称为寄生性昆虫。这类昆虫个体一般较寄主小,数量比寄主多,常见类群有姬蜂、小茧蜂、蚜茧蜂、土蜂、肿腿蜂、黑卵蜂、小蜂类和寄蝇类,如寄生菊天牛、金银花咖啡虎天牛的肿腿蜂,寄生木通枯叶夜蛾卵的赤眼蜂,寄生地黄蛱蝶的绒茧蜂等。这些寄生性昆虫经过人工繁殖后释放到田间,可有效地控制害虫虫口密度。

专以其他昆虫或小动物为食物的昆虫,称为捕食性昆虫。它们利用咀嚼式口器直接蚕食虫体的一部分或全部;或利用刺吸式口器刺入害虫体内吸食害虫体液使其死亡,有害虫也有益虫,因此,捕食性昆虫并不都是害虫的天敌。自然界捕食性益虫种类很多,主要有肉食性瓢虫、草蛉、螳螂、步行虫、食蚜蝇、食蚜虻等,对抑制害虫虫口数量起着重要作用。目前在药用植物生产上应用较多的是瓢虫和草蛉。

2. 其他有益动物

(1)鸟类。据调查,我国现有 1 200 多种鸟,其中食虫鸟约占半数,它们能够食用大量的害虫,如每对大山雀每天喂雏加自己吃的,捕虫达 200～400 条;啄木鸟防治越冬吉丁虫幼虫效果达 97.0%以上,防治光肩星天牛效果达 99.9%。近几年人工悬挂鸟巢招引食虫鸟控制害虫为害收到良好效果,值得推广。

(2)蛙类。两栖类动物中的青蛙、蟾蜍等,主要以昆虫及其他小动物为食。所捕食的昆虫,绝大多数为农林害虫。蛙类食量很大,如泽蛙 1 d 可捕食叶蝉 260 头。

(3)蜘蛛和螨类。蜘蛛为肉食性,主要捕食昆虫,在害虫防治中有着重要作用。捕食叶螨和植食性害虫的螨类(主要包括植绥螨科、长须螨科)也可用于防治害虫。这两个科中有的种类已能人工饲养繁殖并释放于温室和田间，对防治叶螨收到良好效果。

此外，鸡、鸭等在药用植物害虫防治中也有良好的效果。

为充分发挥天敌对害虫的控制作用，必须善于保护和利用当地的自然害虫天敌。对害虫进行防治时，要尽量减少对天敌的伤害。如化学防治时，应选用选择性强或残效期短的杀虫剂，选择适当的施药方法，避开天敌活动盛期，减少杀虫剂对天敌的伤害；保护天敌的安全越冬，增加天敌基数；通过改善天敌的营养条件，加快天敌的繁殖等。

二、利用有益微生物

1. 利用有益微生物防治害虫

常用的病原微生物有细菌、真菌、病毒、线虫、原生动物等，目前生产上应用较多的是前3类。该方法具有杀虫效力高、无污染、对人、畜无害、害虫不易产生抗性等优点，符合药用植物GAP生产的要求，具有较好的推广应用前景。

(1)细菌。已经发现的昆虫病原细菌有90余种，在害虫防治中应用较多的是芽孢杆菌科芽孢杆菌属和梭状芽孢杆菌属的细菌。病原细菌主要通过消化道侵入虫体，导致败血症或由于细菌产生的毒素使昆虫死亡。被细菌感染的昆虫，食欲减退，口腔和肛门具黏性排泄物，死后虫体颜色加深，并迅速腐败变形、软化或组织溃烂，有恶臭味。病程较短，感菌虫一般1～3 d后死亡。

目前生产上应用较多的是苏云金杆菌(包括杀螟杆菌、松毛虫杆菌、青虫菌、金龟子芽孢杆菌等均为其变种)，已有工业品出售。该类药剂可与其他农药混用，并且对温度要求不严，在温度较高时发病率高，对鳞翅目幼虫防效好。

(2)真菌。寄生于昆虫上的病原真菌的类群有530余种，主要有白僵菌属、绿僵菌属、虫霉属、蛾霉属、轮枝孢属等。病原菌以孢子或菌丝从昆虫体壁侵入体内，以虫体各种组织和体液为营养，随后虫体上长出菌丝，产生孢子，随风和水流进行再侵染。被真菌感染的昆虫常出现食欲锐减，虫体萎缩，死后虫体僵硬，体表布满菌丝和孢子。病程较长，感菌虫在3～15 d后死亡。

目前生产上应用较多的是白僵菌、绿僵菌，其寄生范围包括鳞翅目、膜翅目、螨类等200余种害虫。

(3)病毒。当前已知的昆虫病毒有1 600多种，主要有杆状病毒、多角体病毒、颗粒体病毒和痘病毒等。寄生于昆虫的病毒寄主专化性很强，一般一种病毒在自然条件下只能寄生一种昆虫。昆虫感染病毒后，表现烦躁，食欲不振，横向肿大，皮肤易破，后期流出大量液体，无臭味，体表无丝状物。病程较长，约1周后死亡。

目前生产上应用较广的有甜菜夜蛾核多角体病毒、舞毒蛾核多角体病毒、甘蓝夜蛾核多角体病毒、棉铃虫核多角体病毒、小菜蛾颗粒体病毒等，对鳞翅目、双翅目、膜翅目、鞘翅目等相应害虫的幼虫有很好防效。

(4)线虫。昆虫病原线虫(又称嗜虫线虫)种类很多。线虫通过寄生到健康害虫的幼虫、蛹或成虫体腔，或通过其携带的细菌、病毒而使昆虫感染病原菌，导致害虫受抑制或死亡。被线虫寄生的昆虫通常表现为褪色或膨胀、生长发育迟缓、繁殖能力降低，有的出现畸形。线虫大多用于防治土栖性害虫或是钻蛀性害虫，如日本丽金龟、蝼蛄、小木蠹蛾等。

(5)原生动物。原生动物是许多单细胞真核生物的总称,其细胞壁能完成运动、摄食、消化、排泄等功能。微孢子虫是重要的昆虫病原原生动物,寄生昆虫体内的微孢子虫有200种以上,都是昆虫专性病原物,主要寄生鳞翅目、膜翅目和双翅目昆虫。常随污染的粪便在敏感寄主中传播,经口、皮肤和卵感染,昆虫感染后呈现发育迟钝、运动不活泼、食欲下降、变态异常、繁殖力降低、寿命缩短等症状。相对于病原菌的快速起效和急性作用而言,原生动物通常起效较慢。

近几年,我国已先后筛选出了斜纹夜蛾微孢子虫、小菜蛾微孢子虫、甜菜夜蛾微孢子虫、天牛微孢子虫、棉铃虫微孢子虫、玉米螟微孢子虫等,并对其生物学特征、发病规律、饲养条件等进行了较深入的研究,某些微孢子虫(如蝗虫微孢子虫)已在生产上成功应用。

2. 利用有益微生物防治病害

应用颉颃作用和交叉保护作用防治病害已成为生物防治的重要方面。某些微生物在生长发育过程中能分泌一些抗菌物质,抑制另一种生物的生存和发展,这种现象称颉颃作用。用于防治植物病害的病原菌既可是活体微生物,也可是其代谢产物(抗生素)。直接用于生物防治的活体微生物主要有细菌(如假单胞杆菌、放射性土壤杆菌、枯草芽孢杆菌等)、真菌(如木霉菌、尖孢镰刀菌等)和放线菌(如链霉菌及其变种),多用于土传病害。如哈茨木霉菌对西洋参锈腐病、人参立枯病及根腐病有很好的防治效果。目前在药用植物病害防治中应用较多的抗生素有多抗霉素、农抗120、农用链霉素、新植霉素、中生霉素、井冈霉素等。如农抗120对西洋参疫病、西洋参黑斑病具有较好的防效。

用非病原微生物或不亲和的病原小种先行接种植物,往往导致这些植物对以后接种的亲和性病原物产生抗性,称为交叉保护或诱导抗病性。用交叉保护法防治枸杞黑果病已获初步成功。

三、利用昆虫激素

昆虫激素是由昆虫体内某些细胞或腺体分泌的具有特殊作用的生理活性物质或特殊化学物质。这种物质具有生物活性,直接参与并影响昆虫体内的各种生理活动。昆虫激素具有生物活性很高、毒性极低、不污染环境等特点,在害虫防治中正取得越来越多的应用。昆虫激素分外激素和内激素两大类型。

1. 昆虫的外激素

昆虫的外激素是昆虫分泌到体外的微量挥发性物质,是昆虫对它的同伴发出的信号,便于寻找异性和食物,又称昆虫信息素。昆虫外激素专化性很强,已经发现的外激素有:性外激素、聚集外激素、追踪外激素和告警外激素,生产上应用最多的是雌性外激素,某些昆虫的雌性外激素已能人工合成(又叫"性诱剂",如马尾松毛虫、白杨透翅蛾、桃小食心虫、梨小食心虫、苹小卷叶蛾等的性诱剂)。利用雌性外激素可将雄蛾诱来,配以黏胶、毒液等方法将其杀死。在成虫发生期向田间施以适量的性诱剂,雄虫分不清真假而迷失寻找雌虫的方向;或者由于雄虫的触角长时间接触高浓度的性外激素而处于麻痹状态,失去对雌虫召唤的反应能力,导致雌虫得不到交配,不能繁衍后代,达到消灭害虫的目的。此外,昆虫性外激素还可应用于害虫的预测预报,通过成虫期悬挂性诱芯,掌握害虫发生始期、盛期、末期及发生量,指导施药时机和施药次数。

目前性诱剂通常被做成诱芯的形式来使用。通过模拟自然界雌蛾释放性信息素的原理，将人工合成或提取的高活性昆虫性信息素溶渗于特殊物质内，微量的昆虫性信息素均匀地释放到空中，把目标害虫引诱至昆虫诱捕器内，达到虫情测报和虫害防治的目的。使用时，将诱芯悬挂于诱捕器中央(如直径为20～30 cm的水盆内装八分满的水，加少量洗衣粉或杀虫剂)，昆虫受诱芯所释放的信息素引诱自动投入诱捕器中。

2. 昆虫的内激素

昆虫的内激素是昆虫分泌在体内的一类激素，用以控制昆虫的生长发育和蜕皮，主要有保幼激素、蜕皮激素及脑激素。保幼激素是由昆虫咽侧体分泌的、保持昆虫幼虫期特性、阻止成虫期出现的一类激素。保幼激素具有广谱性，对哺乳动物和鱼类毒性较低，在土壤中易降解为无毒物质。保幼激素的作用机制是：①具有变态抑制作用，可以抑制幼虫→蛹→成虫的变态，使之形成过龄幼虫，或幼虫→蛹→成虫的中间类型，或即使变成正常的成虫也即死亡。②具有胚发育抑制作用，可抑制卵胚的正常发育，达到杀卵的效果，这种作用已在无翅红蝽和天蚕蛾、柞蚕中得到证实。该激素不仅影响已产下的卵，而且对雌虫体内的卵也有作用，从而出现雌虫不育的现象。③潜伏效应：在卵期用保幼激素处理，幼虫虽能正常发育，但潜伏效应能抑制成熟幼虫→蛹→成虫的变态。脱皮激素是抑制几丁质合成的一类激素，抑制昆虫幼虫蜕皮时外骨骼的形成，从而不能形成新皮，引起昆虫生长发育紊乱。如用含有0.01%～0.1%脱皮激素的饲料去喂家蝇，能使80%雌蝇不育。丽蝇的环腺和一些昆虫的卵巢及卵也能分泌脱皮激素，其他节肢动物和植物中也能分泌脱皮激素活性化合物，为应用脱皮激素作杀虫剂提供了更多来源。目前保幼激素、蜕皮激素已有工业化产品。

四、利用昆虫不育技术

在防治害虫中，采用多种特异方法(如辐射源或化学不育剂)处理害虫，破坏其生殖腺，杀伤其生殖细胞；或利用雌雄生殖细胞的杂交不育，胞质不亲和性，染色体的倒位、易位，半致死因子等遗传学上的现象，使害虫遗传成分发生改变，培育出有遗传缺陷的害虫；将培育的不育个体大量释放于自然群体中与同种昆虫交配，引起后代不育，达到消灭或减少害虫的目的。科学家采取这一方法已在蝇类、蛾类等害虫的防治中取得了令人满意的成果。

1. 辐射不育技术

目前我国采用辐射不育技术防治的害虫近20种，主要种类有黄地老虎、桑天牛、光肩星天牛、玉米螟、黏虫、小菜蛾、桃小食心虫、油茶尺蠖、柑橘大实蝇、红铃虫等。如用^{60}Co γ辐照光肩星天牛雄虫后发现，110 Gy辐照处理的野生雄性天牛和实验室饲养的雄性天牛，与野生雌天牛交尾后所产卵的孵化率分别平均降低到3.4%和0；野生和实验室饲养雄虫适宜的辐照剂量率分别为1.75 Gy/min和1.40 Gy/min；在释放比为5∶1的田间纱笼试验条件下，能有效降低卵的孵化率。值得注意的是，不同种类的昆虫具有不同的辐射敏感性；同一种昆虫不同虫期对辐射的敏感性也有差异。因此，采用辐射不育技术时，必须了解昆虫的种类及其生活习性，在最敏感的时期，采用适当的剂量处理昆虫，达到理想的防治效果。

2. 化学不育技术

化学不育技术是利用化学不育剂破坏细胞的有丝分裂而阻碍其繁殖的方法。目前所用的化学不育剂有三类：①代谢竞争物质。这些物质含有与昆虫所含成分类似的化学结构和生化特性，在代谢过程中与昆虫的某些分子发生竞争，从而抑制雌虫卵巢的发育，诱发不育。②生物烷化剂。使用生化或生理手段把这类物质导入到生物体遗传物质的分子中，使雄虫的精子不活化，或精子不能形成，雌虫的卵巢停止发育。③其他诱发不育的物质。这类物质较多，如尿素及硫脲的衍生物、保幼激素类、氮丙啶核类化合物、三苯锡化合物等均有诱发害虫不育作用。据报道，使用化学不育剂处理棉铃虫、苹果蠹蛾、甘蓝根花蝇后，释放这些雄性昆虫能使田间害虫密度急剧下降。

但是，一些对害虫有效的化学不育剂，对天敌昆虫及其他哺乳动物也会产生不良影响，使哺乳动物呈现畸形或癌变，而且这些不良作用可能有遗传性，因此，在使用化学方法诱发不育时，宜采取谨慎态度。

学习任务五　药物防治

药物防治是指用各种天然药物、生物农药或化学农药来防治病、虫、杂草等有害生物的一种方法，也叫农药防治。药物防治的优点是作用快，效果好，使用方法简单，不受地域限制，便于大面积机械化操作，能在短期内消灭或控制大量发生的有害生物。但药物防治也有不可忽视的缺点，如天然药物和生物农药常作用缓慢；化学农药易引起人、畜中毒，杀伤天敌，易造成污染和残留，长期使用同一种化学农药时害虫易产生抗药性，导致次要害虫再猖獗等。特别是多数药用植物是用于内服的，农药残毒问题必须严加注意。有的农药能使某些药用植物的有效成分含量降低而影响药材质量。因此，当病虫害大发生时，药物防治尤其是化学农药防治通常是有效的急救措施，但应采用科学的方法减少其毒副作用，同时与其他防治方法相结合，扬长避短，充分发挥药物防治的优越性，达到安全、有效、经济、简便的防治目的。

一、农药的分类

(一)按防治对象分类

农药按防治对象可分为杀虫剂、杀菌剂、杀螨剂、杀线虫剂、杀软体动物剂、杀鼠剂、植物生长调节剂等 8 大类。

(二)按作用方式分类

1. 杀虫剂

(1)胃毒剂。药剂必须通过害虫的消化系统进入虫体内，使害虫中毒死亡。多数杀虫剂具有胃毒作用，适合防治咀嚼式口器的昆虫。

(2)触杀剂。药剂必须接触害虫虫体，经体壁及气门进入虫体内，使害虫中毒死亡。多数有机磷类、拟除虫菊酯类杀虫剂具有触杀作用。触杀剂对各种口器类型的害虫均适用，但对体被蜡质分泌物的介壳虫、木虱、粉虱等效果差。

(3)内吸剂。药剂易被植物根、茎、叶和种子等器官吸收，并传导到植株的各部分，或经过植物的代谢作用而产生更毒的代谢物，当害虫取食植物或吸取汁液时便引起中毒死亡，如吡虫啉、噻虫嗪等。内吸剂对刺吸式口器昆虫的防治效果好，对咀嚼式口器昆虫也有一定的效果。

(4)熏蒸剂。药剂在常温下气化为有毒气体而充斥其作用的空间，通过害虫的呼吸系统进入虫体，使害虫中毒死亡，如磷化铝等。熏蒸剂一般在温室等密闭环境条件下使用，效果才好，如用磷化铝片剂防治蛀干害虫时，要用泥土封闭虫孔。

此外，一些杀虫剂可使害虫的发育、行为、习性、繁殖等受到阻碍或抑制，从而达到控制为害的目的。这类杀虫剂对人、畜安全，选择性高，不会杀伤天敌，害虫不易产生抗药性，不会污染环境。主要类型有：拒食剂(如杀虫脒、拒食胺)、引诱剂(如棉铃虫性诱剂)、黏捕剂(如松脂合剂)、忌避剂(如驱蚊油、樟脑)、绝育剂(如绝育磷、六磷胺等)、昆虫生长调节剂(如灭幼脲)等。

2. 杀菌剂

(1)保护剂。药剂喷布于植物体表后，形成一层保护膜，病原物着落到有药剂的表面后，被药膜中的有效成分抑制或杀死，起到防止侵入的保护作用。该类药剂对已经侵入并已进入潜育期的病菌无效，所以，保护剂必须在病菌侵入之前施用。保护剂典型代表有波尔多液、代森锌等。

(2)治疗剂。又称内吸剂。药剂能被植物内吸，并能在植物体内传导，直接抑制或杀死已经侵入植物体内的病原物而达到治疗的作用。这类药剂可施于叶片、根系甚至种苗，然后在植物体内传导到各处，只要植物体内药剂达一定浓度，便可起周身治疗作用。内导性又分为上导性和下导性，有的治疗剂以上导性为主，施于根系可以上导致枝叶，施于叶片则未必能输导到根系，有的则反之，以下导为主。只有少数能兼行上下内导。三唑酮、甲基托布津、瑞毒霉、甲霜灵等都是较好的内吸性治疗剂。

(3)铲除剂。用于铲除休眠期植株表面的病原物、种苗表面消毒、仓库和工具的消毒以及土壤消毒等，不能用于生长期间的植株。常用的有福尔马林、硫酸铜等。有些药剂，低浓度可作保护剂或治疗剂，高浓度可作铲除剂，如0.3～0.5波美度的石硫合剂是保护剂，而5.0波美度的石硫合剂则是铲除剂。

(4)免疫剂。药剂被吸收后并不能直接抑制或杀伤病原物，而是诱发植物增强抗病性或耐病性，从而起到减轻病害的作用。如乙膦铝可诱发侵染点周围的植物组织产生大量的酚类物质，抑制病菌的生长。目前生产上使用的这类杀菌剂还很少。

实际上，农药作用并不完全是单一的，多数农药往往兼具几种作用。如敌敌畏具有触杀、胃毒、熏蒸3种作用，但以触杀作用为主；华光霉素则可防治多种害螨和真菌病害。

(三)按有效成分来源分类

1. 矿物源农药

矿物源农药是指来源于天然矿物的无机化合物，又称无机农药。例如，砷化合物(砒霜)等。目前，由于它们的毒性大、药效低，已逐渐被淘汰，仅有少数矿物源农药还在使用，如石硫合剂、波尔多液、硫黄、碘等。矿物源农药使用浓度较高，常会对植物产生药害，使用时必须注意防止药害的产生。

2. 生物源农药

生物源农药是利用天然生物资源开发的农药。根据其生物资源类型的不同，又可分为植

2. 液体制剂

(1)水剂。利用某些原药能溶解于水中的特性，直接用水配制而成。优点是可兑水使用，成本低，克服了乳油中有机溶剂的污染问题，但是不易在植物体表湿润展布，黏着性差，久存易分解失效。

(2)水乳剂。是将不溶或微溶于水的原药先溶解在与水不相溶的有机溶剂中形成 0.1～50 μm 的小液滴，再将小液滴分散于水中的制剂。外观为乳白色牛奶状液体，具有良好的热贮稳定性、冻熔稳定性和水稀释稳定性。

(3)微乳剂。原药分散在含有大量表面活性剂、增溶剂的水溶液后形成的透明或半透明的液体农药。微乳剂的乳化作用极强，可迅速形成 10～100 nm 的微粒，一般田间药效比乳油高 5%～10%。微乳剂不能制成高浓度的制剂，活性物质含量一般最高仅在 25%左右，且存在潜在的慢性毒性。

(4)乳油。原药按一定比例加入乳化剂和有机溶剂制成的透明状液体。乳油在水中不能溶解，但加水搅拌后，形成无数微小的油滴而均匀地悬浮在水中，形成乳白色的乳状液，称之为乳化。乳化程度常是判定乳油质量的一个重要指标。可喷雾、泼浇、涂抹、拌种、浸种、土壤处理等。喷雾时能在植株表面湿润展布，黏附性好、渗透力强，不易被雨水冲刷，防治效果好，持效期长，使用方便。乳油是目前生产上应用最广的一种剂型，但因其含有机溶剂，对环境污染较严重。

(5)悬浮剂。又称胶悬剂，由原药、微粒、水、分散剂和防冻剂等构成的黏稠性悬浮液，兼具乳油和可湿性粉剂的优点，主要用于常规喷雾和超低容量喷雾。

(6)种衣剂。原药以高分子膜为载体，加微量元素、植物生长调节剂等成分制作而成。种衣剂具有成膜迅速、膜质牢固、污染小、作用范围集中、持效期长、用药量小、使用方便等特点。用作种子处理时能缓慢释放所加成分，达到防虫、防病、促进生长等作用。

随着农药加工技术的不断进步，各种新的制剂不断出现，如缓释剂、胶囊剂、固体乳油、漂浮颗粒剂、泡腾片剂、超低容量制剂等。

常用农药剂型符号及其含义见表 1-2。

表 1-2　常用农药剂型符号及其含义

符号	剂型	符号	剂型	符号	剂型
AE	气雾剂	ME	微乳剂	SL	可溶性液剂
AS	水剂	MG	微粒剂	SP	可溶性粉剂
DP	粉剂	OL	油剂	TC	原药
EC	乳油	RB	毒饵或饵剂	TK	母粉或母液
ES	乳剂	SC	悬浮剂	VP	熏蒸剂
EW	水乳剂	SD	种衣剂	WG	水分散粒剂
GR	颗粒剂	SG	可溶性粒剂	WP	可湿性粉剂

(二)农药的使用方法

农药的品种繁多，加工剂型也各种各样，又由于防治对象的为害部位、为害方式、环境条件

等各不相同,因此,农药的使用方法也很多。常用的方法有:

(1)喷雾。利用喷雾器械将按一定比例配好的药液均匀地喷布于防治对象及被保护的寄主植物上,是目前生产上应用最广泛的一种方法。其优点是展布性和均匀性较好,药效期长,与病虫草接触的机会较多;缺点是药液易被风吹走造成药害。根据喷雾容量的多少又分为常量喷雾、低容量喷雾、超低容量喷雾。喷雾时要求均匀周到,使目标物上均匀地有一层雾滴,且不形成水滴从叶片上滴下为宜。喷雾时最好不要在中午进行,以免发生药害和人体中毒。

(2)喷粉。利用喷粉器械产生的风力,将粉剂均匀地喷布在植物上的施药方法。此法的缺点是用药量大,粉剂黏附性差,且易被风吹走和雨水冲刷,易造成污染环境。施药时宜在早晚叶面有露水或雨后叶面潮湿且无风条件下进行,使粉剂易于附着在叶面,提高防治效果。

(3)土壤处理。将药剂与细土、细砂、炉灰等混合均匀,撒施于地面,然后进行耧耙翻耕等。主要用于防治地下害虫、土传病害或某一时期在地面活动的病虫。

(4)种苗处理。包括拌种、浸种(苗)、闷种和包衣。拌种是将药剂与种子均匀地拌和在一起,使种子表面均匀地覆上一层药粉或药膜,在种子播种后,发挥其防治病虫的药效。拌种可在拌种器内进行,也可先将药剂配成药液,均匀地喷洒在摊开的种子上,边喷边拌,拌匀后堆闷一定时间再播种,能充分发挥药效,提高防治效果。但堆闷时间不宜过长,以防发热影响发芽率。浸种(苗)是先将药剂配成一定浓度的药液,然后将种子(幼苗)浸在药液里,使种子(幼苗)表面能吸收和黏附一部分药液,以消灭种子(幼苗)表面和内部病菌的一种方法。气温高浸种时间短些;气温低浸种时间长些。闷种是把种子摊在地上,把稀释好的药液均匀地喷洒在种子上,并搅拌均匀,然后堆起熏闷并用麻袋等物覆盖,经一昼夜后,晾干即可。包衣是将种子与特制的种衣剂按一定的药剂比充分搅拌混合,使每粒种子表面涂上一层均匀的药膜,形成包衣种子(或包膜种子),其有效成分缓慢有序释放,以增强种子的抗逆性和提高生长特性。

(5)泼洒、灌根。把定量的药剂加在适量的水里搅拌均匀后进行泼浇,或将药剂与湿润细土或化肥等拌和后由人工直接洒灌。该法的优点是农药对天敌影响小,药剂不飘移,残效期较长,操作方便,使用工具简单,但施药均匀度不够。

(6)毒谷、毒饵。将害虫喜吃的食料与药剂配制成一种含毒食物后撒布在害虫活动的场所,引诱害虫前来取食,产生胃毒作用将其毒杀而死。常用的饵料有麦麸、米糠、豆饼、花生饼、玉米芯、菜叶等,主要用于防治蝼蛄、地老虎、蟋蟀等地下害虫,使用时应根据害虫取食习性,于傍晚撒布于田间诱杀。

(7)熏蒸。利用有毒气体来杀死害虫或病菌的方法。一般应在密闭条件下进行,主要用于防治温室大棚、仓库、蛀干害虫和种苗上的病虫。

(8)涂抹。利用内吸性农药在植物体能运输到各个部位的特点,将其直接涂布在植物幼嫩部分或刮去老皮露出的韧皮部分上,或将触杀性强的农药涂抹到害虫经常活动的地方。可用于防治某些病害和具有上、下树习性的幼虫,以及在植物体上越冬的害虫。

(9)注射。用注射机或兽用注射器将内吸性药剂注入树干内部,使其在树体内传导运输而杀死害虫。一般将药剂稀释 2～3 倍,多用于防治为害木本植物的钻蛀性害虫。

(三)农药的稀释

正确、合理、科学的稀释农药是节约资金、防止浪费、保证药效的重要条件。

1. 农药浓度

农药浓度通常有百分比浓度、倍数法 2 种表示法。

(1)百分比浓度(%)。即 100 份药剂中含有多少份药剂的有效成分。如 5%醚菊酯可湿性粉剂,表示 100 份这种可湿性粉剂中含有 5 份有效成分醚菊酯。

(2)倍数法。药液(或药粉)中稀释剂(水或填充料)的用量为原药剂用量的多少倍,即药剂稀释多少倍。如 1.8%阿维菌素乳油 2 000 倍液,即表示 1 g 1.8%阿维菌素乳油应加水 2 000 g。可见,倍数法一般不能直接反映出药剂的有效成分。

2. 稀释计算法

(1)按有效成分计算。通用公式:

原药剂浓度×原药剂重量=稀释药剂浓度×稀释药剂重量

(2)按稀释倍数计算。通用公式:

稀释药剂重量=原药剂重量×稀释倍数

根据所要求稀释倍数的大小,在生产应用上通常有内比法和外比法两种配法。

内比法:此法用于稀释 100 倍以下(包括 100 倍)的药剂,计算稀释量时要扣除原药剂所占的份数。

例 1:用 1%碱式硫酸铜悬乳的稀释液进行土壤消毒防治人参菌核病,若用 30%的碱式硫酸铜悬乳液 10 L 配制成稀释液,需加水多少?

解:稀释剂重量=(原药剂浓度-稀释剂浓度)×原药剂量÷稀释剂浓度

=(30%-1%)×10÷1%=290(L)

例 2:用 98%乐果晶体 50 倍液灌注树干防治厚朴星天牛,若配制 80 kg 药液,需要原药剂的量为:

解:原药剂重量=稀释药剂量÷(稀释倍数-1)=80÷(50-1)=1.63(kg)

外比法:此法用于稀释 100 倍以上的药剂,计算稀释量时不扣除原药剂所占的份数。

例 3:若用 1 000 L 的有效浓度为 0.01%灭幼脲喷雾防治小菜蛾,需取 25%灭幼脲悬浮剂多少?

解:原药剂量=稀释药剂浓度×稀释药剂量÷原药剂浓度

=0.01%×1 000÷25%=0.4(L)

例 4:配制 25%扑海因悬浮剂 1 000 倍液喷雾防治细辛叶枯病,问 1.0 kg 该悬浮剂需兑多少水?

解:稀释药剂量=原药剂量×稀释倍数

=1.0×1 000=1 000(kg),即需兑水 1 000 kg。

(四)农药的科学使用

农药的科学合理使用就是要求贯彻“安全、有效、经济、简便”的原则,从综合防治的角度出发,运用生态学的观点来使用农药。使用农药时应注意以下问题:

1. 对症下药

各种药剂都有一定的性能和防治范围，即使是广谱性药剂也不可能对所有的病害或虫害都有效。因此，在施药前应根据病、虫种类和农药的性能选用高效、低毒、低残留、持效期短的药剂品种，切实做到对症下药。

2. 适时用药

在调查研究和预测预报的基础上，掌握病虫害的发生发展规律，抓住病虫害最敏感的阶段或最薄弱的环节用药，既可节约用药，又能提高防治效果，且不易发生药害。如对食叶害虫和刺吸式口器害虫在低龄幼虫、若虫盛发期防治为好；对钻蛀性害虫在卵孵化盛期、钻蛀前防治为好；防治病害时，一定要在寄主发病之前或发病早期使用，尤其是保护性杀菌剂必须在病原物接触侵入寄主前使用。即使是在同一天的不同时间，其施药效果也存在极大的差异，如夜出为害的害虫，以傍晚施药效果较好；而在炎热的中午施药，不仅害虫躲藏在阴凉处不易杀死，还容易引起中毒。此外，还要考虑当地气候条件和物候期等因素。

3. 适当施药

(1)选择适当的用量和浓度。施用农药时，应根据商品说明书的用量标准(如规定的浓度、单位面积用量等)来施药，切不可任意提高浓度、加大用药量或增加使用次数。否则，不仅浪费农药、增加污染、抬高成本，而且还易对植物体产生药害，甚至造成人、畜中毒。在用药前应搞清农药有效成分的含量，准确称量，科学配制。

(2)选择科学的施药方法。不同的农药剂型应采用不同的施药方法。如乳油、可湿性粉剂、水剂等以喷雾为主；颗粒剂以撒施或深层施药为主；粉剂以撒毒土为主；内吸性强的药剂，可采用喷雾、泼浇、撒毒土法等；触杀性药剂以喷雾为主。防治为害上部叶片的病虫以喷雾为主；防治为害植物基部的害虫以撒毒土或泼浇为主。施药时要细致周到，根据病虫在植物上为害的部位，把农药用在要害处。

(3)轮换用药。长期使用一种农药防治某种害虫或病菌，易使害虫或病菌产生抗药性，降低防治效果，导致病虫越来越难治。轮换使用性能相似而作用机制不同的农药品种，就会减缓抗药性的产生，提高农药的防治效果。

(4)合理混用农药。将 2 种或 2 种以上的对病虫具有不同作用机制的农药混合使用，可扩大防治范围，提高防治效果，节省劳力，延缓病虫产生抗药性。但不能盲目混用，否则不仅造成浪费，还会降低药效，甚至引起人、畜中毒等不良后果。农药混用时必须注意：①遇碱性物质分解、失效的农药，不能与碱性农药、肥料等物质混用；②混合后会产生化学反应或减效作用明显的农药不能相互混用；③混合后会引起植物药害的农药不能相互混用；④混合后出现乳剂破坏现象、产生絮结或大量沉淀的农药剂型不能相互混用。

4. 安全用药

在使用农药时，要严格遵照安全使用规程，防止中毒事故和药害的产生，同时要注意农药残留问题。

(1)防止用药中毒。施用农药时必须注意下列事项：

①施药人员必须做好一切安全防护措施。配药、喷药时应穿戴防护服、手套、风镜、口罩、防护帽、防护鞋等防护用品，不能谈笑、吃东西、抽烟等。

②有药物过敏者，孕期、经期、哺乳期的妇女等不能施药。

③施药中间休息或工作完毕时，需用肥皂洗净手脸，工作服也要洗涤干净。

④喷药过程中,如有不适或头疼目眩,应立即离开现场,寻一通风阴凉处安静休息,如症状严重,必须立即送往医院,不可延误。

⑤药品应放在阴凉、通风、干燥处,与水源、食物严格隔离;用完后的药品包装材料(瓶、袋、箱等)和未用完的药品应集中处理,不得随意乱丢、乱放或派作他用。

(2)药害及其预防。农药在施用过程中,由于药剂、植物、施用技术和环境条件等多种因素的影响,常会在植物上产生药害,给生产造成损失。药害是指因用药不当对植物造成的伤害,分为急性药害和慢性药害。急性药害指用药几小时或几天内,叶片很快出现斑点、失绿、黄化等;果实变褐,表面出现药斑;根系发育不良或形成黑根、鸡爪根等。慢性药害指用药后药害现象出现相对缓慢,主要表现为植株矮化、生长发育受阻、开花结果延迟、产量质量下降等。

尽管农药对植物的药害多种多样,且比较复杂,但只要本着预防为主、防患未然的原则,科学合理的用药,采取适当的措施,药害是可以避免的。如果已经产生了药害,在药害不严重的情况下,可采取用水淋灌、增施速效肥料、施用植物生长调节剂或解毒剂、除去药害部位、耕翻补种等措施进行补救,以减少药害带来的损失;药害严重而导致植株大面积枯死时,应先对田块曝晒,再洗药,后耕翻,使土壤残留农药无影响后再种植物;若是局部发生药害,可先放水冲洗,局部补种补栽,通过加强管理使后种植物赶上前种植物,达到平衡生长。

四、药用植物常用农药简介

(一)矿物源农药

1. 杀虫剂

松脂酸钠:以天然原料为主体的新型杀虫剂,具有良好的脂溶性、成膜性和乳化性能。对害虫以触杀为主,兼有黏着、窒息、腐蚀害虫表皮蜡质层使虫体死亡的作用,对蚜虫、红蜘蛛有较好的防效。对人、畜安全。主要剂型:30%水乳剂。

硅藻土:为仓储害虫防治剂,利用害虫在储存物中活动时与有棱角的硅藻土接触摩擦,刺破害虫表皮使其失水死亡,达到杀虫目的。对多数仓储害虫如玉米象、印度谷螟、赤拟谷盗等均有良好防效。该药无毒、无污染,可在药材净制时通过水洗等方法将其祛除。

矿物油:从原油蒸馏和精制而得,是一种无内吸和熏蒸作用的杀虫杀螨剂,对虫卵具有杀伤作用,低毒、低残留,对人、畜安全,不伤害天敌,持效期长。主要用于防治蚜虫、螨类。主要剂型:94%、95%、97%、99%乳油。

硼酸:影响昆虫的新陈代谢和腐蚀掉其外骨骼,常做成含有引诱剂的食物饵杀死害虫,直接用干燥的硼酸也有同样的效果。可当作控制蟑螂、白蚁、跳蚤和其他爬行昆虫的杀虫剂。主要剂型:10%、12%胶饵,10%、35%饵剂。

2. 含铜杀菌剂

含铜杀菌剂的杀菌机理是 Cu^{2+} 进入病原菌细胞,使病原菌细胞膜及细胞内的蛋白质、酶凝固或变性,达到杀灭病原菌的目的。因此,含铜杀菌剂多具有较宽的杀菌谱,可防治多种植物的真菌和细菌性病害,并且病菌的抗药性形成缓慢。含铜杀菌剂多数品种属保护性杀菌剂,少数品种有保护和治疗双重作用,一般要在植物发病前或发病初期施药,而且必须均匀周到,才能发挥好保护作用。有些植物对铜离子敏感,特别是在阴湿和露水未干、盛夏高温及花期时易发生药害，使用时应注意安全。

波尔多液：为硫酸铜和生石灰按照一定比例配制成的天蓝色胶状悬浮液。该药剂为保护性杀菌剂，杀菌的主要成分是碱式硫酸铜释放出的铜离子，药效期持久，杀菌谱广。喷雾后附着性好，在植物表面形成一层保护膜，不易被雨水冲刷，宜在发病前使用。对人、畜低毒，对蚕有杀伤作用。本品对金属有腐蚀性，不能用金属容器盛装。

碱式硫酸铜：又名蓝矾、胆矾、绿得宝、杀菌特等。为碱式硫酸铜与钾、钙、镁、锌、铁、硼等微量元素配制而成的保护性杀菌剂，是波尔多液的换代产品。药效高，持效期长，使用方便，病菌不易产生抗性，对人、畜低毒。主要剂型：30%悬乳液。不能用金属容器盛装；对铜敏感的植物应慎用。

氢氧化铜：又名可杀得、冠菌铜。为保护性铜基的广谱、低毒杀菌剂。药剂颗粒细微，扩散和附着性好，施药后能均匀地黏附在植物表面，不易被雨水冲失，病菌不易产生抗药性，并具有刺激植物增产作用。适用于预防多种植物的真菌和细菌性病害。对人、畜安全。主要剂型：77%可湿性粉剂，38.5%、46%水分散剂。

氧化亚铜：又名靠山、铜大师。为保护性低毒杀菌剂，能有效地抑制菌丝生长，破坏其繁殖器官，防止蔓延。用于种子处理和叶面喷雾，可防治白粉病、叶斑病、枯萎病、疮痂病、腐烂病等多种病害。主要剂型：56%水分散微粒剂，86.2%可湿性粉剂。

王铜：又名氧氯化铜、碱式氯化铜。为广谱、低毒的保护性杀菌剂，施药后在植物表面形成一层保护膜，在一定湿度条件下，释放出 Cu^{2+} 杀菌，起到防治病害的作用。用于防治柑橘溃疡病、柑橘疮痂病、瓜类霜霉病、疫病以及多种植物的炭疽病等。主要剂型：30%悬浮剂，50%、70%可湿性粉剂，10%、25%粉剂。

络氨铜：硫酸四氨络合铜，为广谱性多功能低毒杀菌剂，对多种真菌、细菌病害具有预防、铲除和治疗作用。主要通过 Cu^{2+} 发挥杀菌作用，Cu^{2+} 与病原菌细胞膜表面上的 K^+、H^+ 等阳离子交换，使病原菌细胞膜上的蛋白质凝固；同时部分 Cu^{2+} 渗透入病原菌细胞内与某些酶结合，影响其活性，从而达到杀菌目的。主要剂型：15%、25%水剂。

喹啉铜：又名必绿。为广谱高效低残留的有机铜螯合杀菌剂，对真菌、细菌性病害具有良好的预防和治疗作用。在植物表面形成一层严密的保护膜，抑制病原菌萌发和侵入，达到防病治病的目的。主要剂型：50%可湿性粉剂，33.5%悬乳剂。

噻菌铜：为低毒杀菌剂。具有内吸性，有很好的保护和治疗作用，对植物细菌性病害特效，对真菌性病害高效。可防治多种植物的叶斑病、溃疡病、枯萎病、轮纹病、炭疽病等病害。主要剂型：20%悬浮剂。

二元酸铜：又名琥珀肥酸铜、DT、琥珀酸铜。为混合二元酸（丁二酸、戊二酸、己二酸）的铜盐按一定比例配制而成的广谱、低毒杀菌剂，具有保护作用，兼有治疗作用。防治对象基本上与波尔多液相同，但对细菌性角斑病以及真菌中的霜霉菌和疫霉菌引起的病害有良好防效，有刺激植物生长作用。主要剂型：30%悬浮剂，50%可湿性粉剂。

松脂酸铜：又名绿菌灵、得铜安、绿乳铜等。为广谱、高效、低毒的保护性杀菌剂，对真菌、细菌蛋白质的合成起抑制作用，致使菌体死亡。对多种真菌病害有效。主要剂型：12%、16%、20%乳油。

铜高尚：又名三元基铜。为低毒广谱性杀菌剂。本产品悬乳性和附着力强，耐雨水冲刷，保存期长达4年，对人、畜安全，不污染环境。对包括药用植物在内50多种植物的细菌性、真菌性及藻类病害有明显的防治效果。主要剂型:27.12%悬浮剂。

3. 其他杀菌剂

硫悬浮剂:又名硫黄、胶体硫等。为无机硫类低毒杀菌剂,兼具杀虫和杀螨作用,其杀菌机制是作用于氧化还原体系细胞色素b和c间的电子传递过程。对白粉菌科真菌孢子具有选择性,多年来用作该科病害的保护性杀菌剂。本品分散性好,可与水以任何比例混合,防效高,长期施用不产生抗性。主要剂型:45%、50%悬浮剂。

石硫合剂:又名多硫化钙、石灰硫黄合剂等。是有强烈臭鸡蛋味的无机硫类保护性杀菌剂,兼有杀虫杀螨作用。本品遇酸、高温及光照易分解,形成的硫黄和硫酸钙可渗透到菌体起杀菌作用;硫黄具有亲油性,对脂肪含量高的白粉菌和锈菌表现出较强的杀菌作用;其具有的碱性特征也能侵蚀昆虫表皮蜡质层。对人、畜中等毒性。主要剂型:45%晶体,30%、45%固体,29%水剂。不能用铜铝容器盛装。

碘:在一定的浓度下对病毒、真菌、细菌引起的各种病害具有快速抑制作用。各种作物对碘敏感性不同,碘对"碘毒阈值"高的作物具有明显地增产效果。但超过"碘的毒阈值"时就会对作物产生毒害,使用时要注意浓度。

噻唑锌:是由噻唑基团和锌离子组成的杀菌剂,前者在植物体内是高效的治疗剂,而后再具有既杀真菌又杀细菌的作用,在两个基团的共同作用下,杀病菌更彻底,防治效果更好,防治对象更广泛。对细菌性病害特效,对多种真菌性病害高效。主要剂型:20%、40%悬浮剂,60%水分散颗粒剂。

(二)生物源农药

1. 杀虫、杀螨剂

烟碱:为茄科烟草属植物中提取的能抑制昆虫神经系统的活性物质,易挥发。对害虫具有触杀作用,兼有胃毒、熏蒸和杀卵作用,击倒速度快,持效期短。主要用于防治各种蚜虫、飞虱、叶蝉等害虫,也可以用于防治菜青虫、小菜蛾等害虫幼虫。烟碱属高毒农药,制剂应含量低而对人、畜安全。主要剂型:10%烟碱乳油,10%高渗水剂,2%水乳剂。

除虫菊素:为天然除虫菊花提取的神经毒剂,内含除虫菊素Ⅰ、Ⅱ,在强光和高温下分解失效。具有强力触杀作用,胃毒作用较弱,击倒力强,残效期短。主要用于防治蚜虫、蓟马、飞虱、叶蝉和菜青虫、蝽、金花虫等。对人、畜低毒。主要剂型:0.5%粉剂,3%、5%乳油,0.5%气雾剂。

鱼藤酮:为豆科鱼藤属植物根部提取物。具触杀和胃毒作用,无内吸作用,作用机制是抑制细胞呼吸链的电子传递而使呼吸代谢受阻。对鳞翅目、半翅目、鞘翅目、双翅目、膜翅目等多种害虫有效。对人、畜中毒。主要剂型:2.5%、7.5%乳油。

印楝素:为楝科植物的树皮和种子中提取的杀虫物质。具有胃毒、触杀和拒食作用,对多种害虫有很强毒杀作用,持效期长。对人、畜低毒。主要剂型:0.3%、3%乳油。

苦参碱:又名苦参素。为苦参中提取的广谱杀虫、杀螨剂,有胃毒和触杀作用,能麻痹昆虫神经中枢,堵塞气门,使其窒息而死;还有抑菌作用。对人、畜低毒,对环境无污染。主要剂型:1%醇溶液,0.2%~0.5%不同含量的水剂、乳油、粉剂、可溶性液剂。

毒藜碱:为速效性植物源杀虫剂,具有触杀、熏蒸、胃毒等作用。硫酸毒藜碱主要是触杀和胃毒作用,可有效防治多种植物的蚜虫、桑粉蚧、粉虱、木虱、潜叶蛾等害虫。主要剂型:30%硫酸毒藜碱、40％硫酸毒藜碱。

茼蒿素：主要成分为山道年和百部碱。具有触杀和胃毒作用，兼具杀卵作用，可用于防治蚜虫、菜青虫、尺蠖等害虫。对人、畜低毒，主要剂型：0.65％水剂。

雷公藤碱：为卫矛科植物雷公藤根皮中的提取物。对多种害虫具有驱避、拒食、胃毒及生长发育抑制和产卵忌避作用，但触杀效果不理想，对介壳虫、黄守瓜、小菜蛾、斜纹夜蛾、黏虫等有较强的驱避拒食活性。害虫取食后发生麻痹，但 48 h 后会复苏。

樟脑：从樟树等植物上提取而得，也可人工合成，是具有特殊辛辣芬芳气味的昆虫拒避剂，对人体无毒，可用于中药材储藏时的防霉、防蛀。主要剂型：94％、96％片剂和球剂。

白僵菌：白僵菌是一种好气性真菌。人工施用后，白僵菌分生孢子经昆虫体壁、消化道、气孔及伤口等侵入虫体，然后繁殖，消耗害虫体内养分，破坏虫体组织结构，导致死亡。死亡虫体上布满菌丝和分生孢子，引起再次侵染。用于喷雾防治多种鳞翅目害虫幼虫。对人、畜安全。主要剂型：菌粉（每克含 50 亿个孢子以上）。使用时菌液应随配随用，不能与杀菌剂混用。

苏云金芽孢杆菌：又名 Bt。苏云金芽孢杆菌是一种革兰氏阳性土壤芽孢杆菌，在其形成芽孢时产生的不溶性伴孢晶体蛋白可使昆虫细胞质膜形成孔或病灶，导致细胞裂解而引起致病或死亡。对鳞翅目、鞘翅目、膜翅目、同翅目和直翅目昆虫及螨类、线虫等具有杀虫活性，对鳞翅目昆虫特效。对人、畜低毒，对蜜蜂和其他天敌昆虫安全，对家蚕有杀伤作用。主要剂型：100 亿活芽孢/g 可湿性粉剂，100 亿孢子/mL 乳剂、悬浮剂等。本剂不能与杀菌剂及碱性农药混用。施药应选择阴天或傍晚进行，以免紫外线对菌体的杀伤。

块状耳霉菌：又名杀蚜霉素、杀蚜菌剂。为人工培养的块状耳霉菌活孢子制成的乳黄色活体真菌杀虫剂，施用后使蚜虫感病而死亡，可以防治各种蚜虫，对抗性蚜虫防效也高，专化性强，是灭蚜专用生物农药。对人、畜、天敌安全，无残留，不污染环境。主要剂型：200 万孢子/mL 悬浮剂。

青虫菌：好气性细菌（蜡螟杆菌）杀虫剂，革兰氏阳性。对害虫具有胃毒作用，昆虫食入青虫菌后很快停止进食。芽孢在昆虫体内发芽，进入体腔，利用昆虫体液大量繁殖，使虫得败血症而死。病虫粪便和死虫再传染给其他昆虫，引起流行病，从而控制害虫为害。杀虫谱广，尤其对鳞翅目类害虫效果明显。对人、畜安全。主要剂型：100 亿活芽孢/g 可湿性粉剂，1.0 亿芽孢/mL 菌液。

甜菜夜蛾核多角体病毒：从死亡甜菜夜蛾上分离得到的一种病毒，主要作用机制为甜菜夜蛾幼虫通过取食感染核多角体病毒（NPV）后，病毒包涵体在高碱性的中肠内溶解，释放出包有衣壳蛋白的病毒粒体，进入寄主的血淋巴并增殖，最终导致幼虫死亡。表皮破裂，大量的包涵体被释放到环境中造成再感染。对小幼虫的活性比对大龄幼虫的高。杀死害虫的速度较慢，感病幼虫通常在 5～10 d 后死亡，死亡虫体组织流出无臭味的脓液。对人、畜安全。主要剂型为可湿性粉剂、悬乳剂和水乳剂。

棉铃虫核多角体病毒：从死亡棉铃虫上分离得到的一种病毒，其作用机制同甜菜夜蛾核多角体病毒。本品对人、畜安全，长期使用棉铃虫不会产生抗性。主要剂型：10 亿/g 可湿性粉剂。

甲氨基阿维菌素苯甲酸盐：又名埃玛菌素、甲维盐。阿维菌素 B_1 的结构修饰产物，其作用方式主要是胃毒，兼有一定的触杀作用，不具有杀卵功能。药剂可以渗透到目标植物的表皮，形成一个有效的贮存层，药效长。对鳞翅目害虫幼虫的活性极高，对同翅目、缨翅目、鞘翅目和螨类等害虫均有较高的活性。用量小，易降解。制剂为微毒或低毒。主要剂型：0.2%、5%乳油，2%、5%水分散颗粒剂。

依维菌素：以阿维菌素为先导化合物经过结构优化而开发出的新型农药，与母体阿维菌素相比，不但保留了其驱虫和杀螨活性，而且安全性更高，不易产生抗药性。主要剂型：0.5%饵剂。

多杀霉素：又名多杀菌素。是从土壤放线菌刺糖多胞菌发酵液中提取的一种大环内酯类抗生素杀虫剂。其作用方式新颖，可持续激活靶标昆虫乙酰胆碱烟碱型受体，但是其结合位点不同于烟碱和吡虫啉，与目前常用的杀虫剂不存在交叉抗性，杀虫速度快，安全采收期为 1 d。杀虫谱广，可防治小菜蛾、甜菜夜蛾及蓟马等害虫。对人、畜、鸟类低毒。主要剂型：2.5%、48%、25 g/L、480 g/L 悬浮剂，0.02%饵剂。

浏阳霉素：又名多活菌素、杀螨霉素等。是从灰色链霉菌浏阳变种中分离出的一类大环四内酯类抗生素杀螨剂。对多种植物的叶螨有良好的触杀作用，对螨卵有一定抑制作用，对蚜虫也有较高的杀虫效果。对人、畜、蜜蜂、家蚕低毒，对鱼类毒性大。主要剂型：10%乳油。

华光霉素：又名日光霉素、尼柯霉素。是由唐德轮枝链霉菌 S-9 发酵产生的核苷肽类抗生素杀螨、杀真菌剂。其作用机制是竞争抑制细胞内几丁质合成酶，阻止葡糖糖胺的转化，从而干扰细胞壁几丁质的合成。可防治多种害螨和真菌病害，低残留，无药害。对人、畜低毒，对天敌安全。主要剂型：2.5%可湿性粉剂，10%乳油，20%复方乳油。

螨速克：又名二甲基二硫醚。为百合科植物中提取的低毒杀螨剂，属神经毒剂，对昆虫神经传导物质乙酰酯酶的合成有显著的抑制作用，具有胃毒、触杀作用。主要剂型：0.5%乳油。

2. 杀菌剂

乙蒜素：又名抗菌剂 402。高效广谱仿生杀菌剂，作用机理是与菌体内含硫基的物质作用，从而抑制菌体的正常代谢。兼具植物生长调节作用，能促进萌芽、提高发芽率、增加产量和改善品质。中等毒性，对皮肤和黏膜有强烈的刺激作用。主要剂型：80%乳油。

邻烯丙基苯酚：又名银果。为合成的拟银杏提取液的高效、广谱、低毒杀菌剂，具有杀菌、抑菌双重作用，对几乎所有的真菌病害都有效，尤其对灰霉病、白粉病等病害防效显著。主要剂型：10%乳油、20%可湿性粉剂。

绿泰宝：为微生物发酵的低毒杀菌剂。药肥合一，活性强，水溶性好，无残留、无公害。防病、抗病、抗逆、营养多重功效一次完成，对防治真菌引起的各种植物病害有良好效果，对柑橘疮痂病、溃疡病有特效。主要剂型：0.05%水剂。

健根宝：为绿色木霉 TR-8 和细菌 BA-2I 复合发酵后经特殊加工而成的低毒杀菌剂。具有杀菌谱广、药效持久、低毒、无污染、对植物安全等特点，是防治土传、种传病害、解决重茬问题的理想农药，施用后颉颃菌可在植物根表面及根际周围迅速大量增殖并蔓延，对多种植物的猝倒病、立枯病和枯萎病有特效。主要剂型：1.0×10^{8} CFU/g 可湿性粉剂。

寡雄腐霉：是自然界中存在的一种攻击性很强的寄生真菌，能在多种植物根围定殖，不仅不会对植物产生致病作用，而且还能抑制或杀死其他致病真菌和土传病原菌，诱导植物产生防卫反应，减少病原菌的入侵；同时，寡雄腐霉产生的分泌物及各种酶，是植物很好的促长活性剂，能促进作物根系发育，提高养分吸收。是大部分致病真菌的天敌，可有效防治由疫霉属、轮枝菌属等 20 多种植物病原真菌引起的数十种病害。主要剂型：500 万孢子/g 原药，100 万孢子/g 可湿性粉剂。

多黏类芽孢杆菌：又名康地蕾得。对细菌性和真菌性土传病害具有较好的防治作用，尤其对土传性植物青枯病、枯萎病具有很好的防治效果，并可有效防治植物叶部的细菌和真菌病害。主要剂型：1.0×10^{9} CFU/g 可湿性粉剂，1.0×10^{7} CFU/g 细粒剂。

木霉菌：又名特立克。为低毒杀菌剂，对环境安全。为半知菌丛梗孢目木霉属的真菌孢子，具有抑菌、重寄生、溶菌、竞争等多种作用，使用后可迅速消耗侵染位点附近的营养物质，致使病菌停止生长和侵染，再通过丁质酶和葡聚糖酶消融病原菌细胞壁。对多数常见病原菌均具有颉颃作用，可防治多种植物的霜霉病、灰霉病、根腐病、猝倒病、立枯病、白绢病、疫病等。主要剂型：1.5 亿、2 亿活孢子/g 可湿性粉剂。

氨基寡糖素：又名施特灵。为新型广谱、高效、低毒的海洋生物杀菌剂。具生物农药和化学农药的优点，有调节植物细胞和促进生长的作用。可同时防治真菌性、细菌性和病毒性病害。对各种植物的白粉病、叶斑病、斑点落叶病、叶霉病等，特别是对疫病、炭疽病、枯萎病、病毒病、根腐病等有明显而独特的功效。杀菌机理是诱导植物体产生抗病因子，在短时间内产生抗病物质，溶解真菌、细菌等病原体细胞壁，干扰病毒 RNA 的形成，故病菌不易产生抗药性。主要剂型：0.5%、3%水剂。

混合脂肪酸：又名 83 增抗剂。为低毒的耐病毒诱导剂，对植物本身有激素活性，对病毒有钝化作用，能有效抑制植物体内病毒的增殖和扩展速度，能诱导植物抗病基因的表达，使感病品种达到或接近抗病品种的抗性水平，对植物病毒病具有明显的防治效果。主要剂型：10%水乳剂。

植物病毒疫苗：为低毒生物杀病毒剂。能够有效地破坏植物病毒基因和病毒组织，抑制病毒分子的合成，在病毒发病前使用，使植物不感染病毒。主要适用于植物苗期，提高幼苗对病毒的免疫性；病毒发生后使用防效仅 80%左右。主要剂型：水剂。

菇类蛋白多糖：又名抗毒剂 1 号、抗毒丰。为低毒的预防型抗病毒剂。对病毒起抑制作用的主要组分为食用菌菌体代谢所产生的蛋白多糖，由于制剂内含丰富的氨基酸，还有增产作用。主要剂型：0.5%水剂。

井冈霉素：又名有效霉素。是一种放线菌产生的抗生素。内吸性强，能很快被菌丝吸收并在菌体内传导，干扰和抑制菌体细胞正常生长发育，从而起到治疗作用。主要剂型：3%、5%水剂，2%、5%、10%、12%、15%、17%、20%水溶性粉剂，0.33%粉剂。

多抗霉素：又名多氧霉素、多效霉素、保利霉素。为抗生素类广谱杀菌剂，主要成分是多抗霉素 A 和多抗霉素 B 等 14 种不同的同系物，具有良好的内吸传导作用，其作用机制是干扰病菌细胞壁几丁质的生物合成，抑制病菌产孢。可有效防治多种真菌病害。主要剂型：1.5%、2%、3%、10%可湿性粉剂，0.3%水剂。

腈嘧菌酯：又名阿米西达。一种具有预防兼治疗作用的仿生杀菌剂。作用机制是抑制线粒体的呼吸作用，破坏病菌的能量合成。能防治卵菌、子囊菌、担子菌和半知菌四大类真菌引起的多种真菌病害，对多种植物上的霜霉病、晚疫病、早疫病、炭疽病、白粉病、叶霉病、立枯病、猝倒病、根腐病、锈病、灰霉病、褐纹病、褐斑病等都有很好地预防和治疗效果。主要剂型：25%悬浮剂。

3. 杀线虫剂

淡紫拟青霉菌：又名线虫清、防线霉。该菌孢子萌发后，所产生的菌丝通过分泌几丁质酶穿透线虫的卵壳、幼虫及雌性成虫的体壁，菌丝在其体内吸取营养，进行大量繁殖，破坏卵、幼虫和雌性成虫的正常生理代谢,从而导致寄生植物的线虫死亡。可明显减轻多种作物根结线虫、胞囊线虫、茎线虫等植物线虫病的为害,具有高效、广谱、长效、安全、无污染、无残留等特点,并可明显刺激作物生长。主要剂型:200 亿、300 亿活孢子/g 母药,5 亿活孢子/g 颗粒剂,2 亿活孢子/g 粉剂。

厚孢轮枝菌:又名线虫必克,是一种安全、高效的绿色环保型农药。该菌施入土壤后,即迅速萌发大量菌丝,菌丝寄生于线虫的卵及雌虫体内,达到杀死线虫目的,同时对各种地下害虫有驱避作用。主要剂型:25 亿孢子/g 母粉,2.5 亿孢子/g 颗粒剂。

(三)化学合成农药

1. 有机磷类杀虫、杀螨剂

有机磷杀虫、杀螨剂多数化学性质不稳定,遇碱易分解,易氧化,有蒜臭味。一般药效高,作用范围广,不同药剂有触杀、胃毒、内吸、熏蒸等不同的作用方式。害虫对有机磷杀虫剂的抗药性发展相对较缓慢。不同品种毒性差异大,多数品种在生物体内能降解成磷酸化合物而对人、畜无毒,某些对哺乳动物急性毒性很大的品种正逐渐被替代或禁止使用。

有机磷杀虫剂的作用机制主要是抑制神经系统内的乙酰胆碱酯酶或胆碱酯酶,使其丧失水解乙酰胆碱的能力,导致乙酰胆碱的大量积累,使神经过度兴奋。因人和哺乳动物体内也含有乙酰胆碱酯酶或胆碱酯酶,故使用不当时会引起中毒,可用阿托品、解磷定、氯磷定、双复磷等解毒。

敌百虫:又名毒霸、三氯松等。对害虫有很强的胃毒作用和部分触杀作用,可用于防治鳞翅目、鞘翅目、双翅目等多种咀嚼式口器害虫,在昆虫体内的碱性条件下可转化为毒性更高、挥发性更强的敌敌畏。对人、畜低毒。主要剂型:80%、90%、95%晶体,50%、80%可溶性粉剂,30%、50%乳油,2.5%、5%、6%、25%粉剂,25%油剂。但由于易降解,要随配随用。

哒嗪硫磷:又名哒净松、苯达磷等。为高效、低毒、低残留广谱性杀虫剂,具有触杀和胃毒作用,但无内吸作用,对多种咀嚼式和刺吸式口器害虫均有较好的防治效果,对螨卵也有明显抑制作用。主要剂型:20%乳油,2%粉剂。

灭蚜松:为低毒、残效期长的内吸性杀蚜剂,兼有触杀作用,对多种蚜虫有特效,持效期可达 2 个月以上。适合于土壤处理或种子处理,保护作物幼苗。主要剂型:70%可湿性粉剂,40%悬浮剂。

噻唑磷:又名地威刚。具有优异的杀线虫活性和显著的内吸杀虫活性,对传统的杀虫剂具有抗药性的各种害虫也具有强的杀灭能力,主要用于防治线虫、蚜虫等,对根结线虫、根腐线虫有特效。毒性较低。主要剂型:10%颗粒剂。

2. 氨基甲酸酯类杀虫、杀螨剂

氨基甲酸酯类杀虫剂是一类高效、低毒的杀虫剂,其分子结构接近于天然有机物。该类药剂大多数品种具有较好的选择性和速效性,在自然界中易被分解,持效期短。不同结构类型的品种生物活性和防治对象差别很大。其对咀嚼式口器害虫防效常优于有机磷剂,但一般不能防治螨类和介壳虫。多数品种对高等动物低毒。

氨基甲酸酯类杀虫剂的作用机制与有机磷相似,一般认为是抑制了虫体内的乙酰胆碱酯酶,直接作用部位是昆虫的神经系统。

抗蚜威:又名辟蚜雾、灭定威等。紫外光照时易分解。具有触杀、熏蒸和叶面渗透作用,选择性强，能防治除棉蚜以外的所有蚜虫，施药后数分钟即可杀死蚜虫，且残效期短。对人、畜中等毒性，对蚜虫天敌毒性很低，对植物安全。主要剂型：50％可湿性粉剂，25％、50％水分散粒剂，10％烟剂、乳油、气雾剂等。本剂必须用金属容器盛装。

甲萘威：又名西维因、氨甲萘、加保利等。具有触杀、胃毒和弱内吸作用，可防治鳞翅目、鞘翅目和其他咀嚼类、吮吸类害虫，但对介壳虫、螨类毒力很小。对人、畜、鱼类低毒。主要剂型：50％、80％可湿性粉剂，1.5％、2％、5％粉剂，20％乳油。

双氧威：又名苯氧威、苯醚威。具有胃毒和触杀作用，并具保幼激素(JH)活性，可杀卵，能抑制幼虫的蜕皮和成虫的羽化，持效期长，不污染环境，杀虫谱广，可有效防治木虱、蚧和多种鳞翅目害虫，尤其对菊酯类、有机磷类等常规农药已产生抗性的害虫有特效。对人、畜低毒。主要剂型：25％可湿性粉剂，5％粉剂、3％、5％微乳剂等、1％毒饵、24％乳油。

3. 拟除虫菊酯类杀虫、杀螨剂

拟除虫菊酯类杀虫、杀螨剂是一类高效、广谱、低毒、无污染的仿生合成农药，具有很强的触杀活性，兼有胃毒、杀卵、驱避、拒食作用，无内吸和熏蒸作用，且杀虫活性高、击倒速度快、用药量小、残效期适中。该类农药在动物体内及环境中能被降解，无积累作用，对植物组织没有渗透作用。温度对其杀虫效果有明显影响，一般Ⅰ型菊酯(包括天然除虫菊酯、胺菊酯、丙烯菊酯及二氯苯醚菊酯等)温度低时药效高，Ⅱ型菊酯(包括溴氰菊酯、氯氰菊酯、杀灭菊酯等)温度高时药效高。但长期单一使用时害虫会很快产生抗药性，应该与其他杀虫剂轮换使用以免产生抗性。

拟除虫菊酯类杀虫剂主要作用于昆虫神经突触的末梢，引起膜电位的异常，促进神经突触和肌肉间的传导，导致反复兴奋。此外还可引起某些组织器官发生诸如神经细胞、肌肉组织的病变，甚至其他一些如失水、泌尿等不正常生理生化现象，促使昆虫死亡。

氟丙菊酯：又名罗速发、氟酯菊酯、杀螨菊酯等。对多种植食性害螨有良好的触杀和胃毒作用，对刺吸式口器害虫和鳞翅目害虫也有杀虫活性，有极好的击倒作用。对人、畜低毒。主要剂型：2％、15％乳油，3％可湿性粉剂。

乙氰菊酯：又名赛乐收。具有触杀、胃毒、驱避和拒食作用，以触杀作用为主，无内吸和熏蒸作用，对鳞翅目、鞘翅目、半翅目、缨翅目等多种害虫有效。对人、畜低毒。主要剂型：10％乳油，2％颗粒剂。

七氟菊酯：本品是第1个可用作土壤杀虫剂的拟除虫菊酯，对鞘翅目、鳞翅目和双翅目昆虫高效，可以颗粒剂、土壤喷洒或种子处理的方式施用。挥发性好，在土壤中残效期较长，可有效防治土壤害虫。在推荐剂量下对人、畜安全。主要剂型：3％粒剂，1.5％粒剂，乳油(100 g/kg)，胶悬剂(100 g/kg)。

4. 新型杂环类杀虫、杀螨剂

新型杂环类杀虫剂是继有机磷、氨基甲酸酯和拟除虫菊酯类杀虫剂之后的第四大类杀虫剂。主要有吡啶类、吡咯类、嘧啶类、吡唑类、三唑类、酰肼类、烟碱类等杂环化合物，它们结构各异，作用机理、杀虫谱也不尽相同，有的是新开发的品种，在生产中很有应用价值。

吡虫啉：为第一代烟碱类杀虫剂，略带特殊气味，主要作用于昆虫烟酸乙酰胆碱酯酶受体而干扰运动神经系统。以内吸作用为主，兼有胃毒和触杀作用，持效期长。用于各种蚜虫、飞虱及鳞翅目害虫幼虫的防治。对人、畜及天敌昆虫低毒。主要剂型：2.5％、10％、20％可湿性粉剂，5%乳油，70%水分散粒剂，20%浓可溶剂等。

噻虫嗪：又名阿克泰、快胜。为第二代新烟碱类低毒杀虫剂，其作用机理主要是通过抑制乙酰胆碱受体的活性而干扰神经传导。具有良好的胃毒、触杀活性、强内吸传导性和渗透性，生物活性约为烟碱活性的100倍左右。杀虫谱广，对刺吸式害虫如蚜虫、叶蝉、白粉虱、蓟马以及土壤害虫和一些鳞翅目害虫均有优良的防治效果，对害虫卵也有一定的杀灭作用，且不易与其他杀虫剂发生交互抗性。主要剂型：25%水分散粒剂及悬浮剂，颗粒剂，拌种用可湿性粉剂、拌种用悬浮剂等。

呋虫胺：又名呋啶胺、护瑞。为第三代烟碱类杀虫剂，具有触杀、胃毒、根部内吸性强、速效高、持效期长、杀虫谱广等特点，且对刺吸口器害虫有优异防效，并在很低的剂量即显示了很高的杀虫活性。主要用于防治多种植物上的蚜虫、叶蝉、飞虱、蓟马、粉虱及其抗性品系，同时对鞘翅目、双翅目、鳞翅目、甲虫目和总翅目害虫有高效，并对蜚蠊、白蚁、家蝇等卫生害虫有高效。主要剂型：20%悬乳剂，20%水溶性粒剂。

溴虫腈：又名除尽、虫螨腈。为芳基取代吡咯类杀虫、杀螨剂，作用机制是阻止昆虫体内细胞线粒体的呼吸功能，使ADP不能转化为ATP。具有胃毒、触杀作用，兼有内吸渗透作用。杀虫谱广，对鳞翅目、同翅目、鞘翅目等目中的70多种害虫都有极好的防效。对人、畜低毒，对鱼类毒性大。主要剂型：10%悬浮剂。

螺虫乙酯：为新型季酮酸类杀虫剂，通过干扰昆虫的脂肪生物合成导致幼虫死亡，降低成虫的繁殖能力。具有在木质部和韧皮部双向内吸传导性能，可以在整个植物体内向上向下移动，抵达叶面和树皮，这种独特的内吸性能可以保护新生茎、叶和根部，防止害虫的卵和幼虫生长。高效广谱，持效期可长达8周。可有效防治各种刺吸式口器害虫，如蚜虫、蓟马、木虱、粉蚧、粉虱和介壳虫等，且对重要益虫如瓢虫、食蚜蝇和寄生蜂具有良好的选择性。主要剂型：240 g/L悬浮剂。

唑螨酯：又名霸螨灵。为肟类新型杀螨剂，具有强烈触杀作用，速效性好，持效期长，对螨虫的卵、幼螨、若螨、成螨各发育期均有特效，并可有效地兼治小菜蛾、斜纹夜蛾、白粉病、霜霉病等病虫害。对人、畜低毒。主要剂型：5%悬浮剂。

溴螨酯：又名螨代治、溴杀螨等。为抑制神经组织的卤代芳烃脂肪酸酯杀螨剂，具有触杀作用，对卵、若螨、成螨都有防治效果，杀螨谱广，持效期长，可防治叶螨、瘿螨、线螨等多种害螨。对人、畜低毒。主要剂型：50%乳油。

苯丁锡：又名托尔克、克螨锡。为抑制神经组织的有机锡类杀螨剂，杀螨活性较高，主要起触杀作用，对幼螨和成、若螨杀伤力较强，对螨卵的杀伤力不大。对高等动物低毒。主要剂型：25%、50%可湿性粉剂，10%乳油。本品属感温型杀螨剂，气温在22℃以上时药效增高，22℃以下时活性降低，15℃以下时药效较差，不宜在冬季使用。

喹螨醚：又名螨即死。属喹唑啉类杀螨剂，具有触杀和胃毒作用，可作为电子传递体取代线粒体中呼吸链的复合体Ⅰ，从而占据其与辅酶Q的结合位点导致害螨中毒。对成螨具有很好的活性，也具有杀卵活性，阻止若螨羽化。可有效地防治真叶螨、全爪螨和红叶螨以及紫红短须螨。该化合物亦具有杀菌活性。主要剂型：95 g/L乳油。

硫酰氟：具有扩散渗透性强、杀虫速度快、用量小、易散发、低残留、低温使用方便、对发芽率没有影响和毒性较低等特点，可用于中药材仓储害虫的防治。杀虫谱广，对赤拟谷盗、谷象、黑皮蠹、烟草甲、麦蛾、粉螟、粉蠹和多种蚩螊等仓储害虫均有良好的防治效果。但该药剂散发到空气后会成为一种强效温室气体。

5. 沙蚕毒素类杀虫、杀螨剂

沙蚕毒素类杀虫剂是对沙蚕毒素化学结构进行改进而得到的一类仿生杀虫剂。该类药剂对害虫具有触杀、胃毒、内吸、拒食和杀卵作用，杀虫谱广，广泛用于多种害虫的防治。

该类杀虫、杀螨剂为神经毒剂，一般认为在昆虫体内的作用部位是神经节突触，从而抑制突触的传递。这与有机磷类、氨基甲酸酯类、拟除虫菊酯类杀虫、杀螨剂不同，因此，它们之间没有交互抗性。但是沙蚕毒素也能作用于脊椎动物的胆碱能突触，刺激温血动物的消化管和泪管的运动，促进泪腺和唾液腺的分泌，并使瞳孔缩小。因此，沙蚕毒素本身不宜作为杀虫剂使用。经过对沙蚕毒素化学结构中的双硫结构进行改造，开发出的杀螟丹、多噻烷等优良杀虫剂，在昆虫体内被转变成沙蚕毒素而起作用。

杀螟丹：又名巴丹、派丹、沙蚕胺等。胃毒作用强，同时具有触杀和一定拒食、杀卵等作用，对害虫击倒快，残效期长，杀虫广谱，可用于防治鳞翅目、鞘翅目、半翅目、双翅目等多种害虫和线虫，对捕食性螨类影响较小。对人、畜中等毒性。主要剂型：50%、95%、98%可湿性粉剂。

多噻烷：为沙蚕毒素类农药新品种，是一种高效、低毒、低残留、广谱性的新型杀虫、杀螨剂，可防治多种植物害虫，尤其是防治棉蚜、棉铃虫效果优良，兼有一定的杀卵、杀菌效果，又可灭血吸虫钉螺，且不易产生抗药性，可作为其他同类杀虫剂的替代品种。对人、畜安全。主要剂型：40%、50%可溶性粉剂，30%乳油。

6. 昆虫生长调节剂类杀虫、杀螨剂

昆虫生长调节剂是对昆虫的生长、变态、滞育等主要生理现象有重要调控作用的各类化合物的通称。该类杀虫剂具有较高选择性和特异作用，持效期长，在动植物体内容易分解，对环境相对安全，一般不会引起抗性，是一类高效、低毒、低残留的农药。但其作用较慢，对低龄幼虫及若螨高效，对大龄幼虫及成螨作用甚微。使用时要注意选择最佳施药时间（在各类害虫卵的盛孵期），而不同于一般药剂的最佳施药期（低龄幼虫期），施药时期应比有机磷类、菊酯类杀虫剂提早 3 d 左右。要严格按照有关药剂标签要求规定的用药剂量使用，不要随意增加或减少，才能取得最好的防治效果。

昆虫生长调节剂的作用机理较特殊，是通过干扰昆虫的生理功能，使其不能正常生长发育而导致死亡。根据其作用机制的不同分为几丁质抑制剂类和昆虫激素类。由于其他动物没有几丁质、保幼激素和蜕皮激素，故昆虫生长调节剂类农药对其毒性很低。

除虫脲：又名敌灭灵、伏虫脲等。抑制几丁质合成，具有胃毒和触杀作用，无内吸活性，可广泛用于防治各种鳞翅目害虫幼虫和多种鞘翅目、双翅目害虫，对刺吸式害虫一般无效。对人、畜低毒。主要剂型：20%悬浮剂，5%、25%可湿性粉剂。

氟虫脲：又名卡死克。抑制几丁质合成，具有胃毒和触杀作用，与同类药相比，其速效性强，并耐雨淋，持效长。对叶螨属和全爪螨属多种害螨的幼螨杀伤效果好，对抗药性很强的小菜蛾、斜纹夜蛾、甜菜夜蛾等有较好防治效果。对人、畜低毒。主要剂型：5%乳油，5%可分散液剂。

噻嗪酮：又名扑虱灵、优乐得等。抑制几丁质合成和干扰新陈代谢，具触杀、胃毒作用，对叶蝉、飞虱、粉虱、介壳虫等同翅目害虫有特效，且持效期长。对人、畜低毒。主要剂型：20%、25%可湿性粉剂，10%、20%、25%乳油。

乙螨唑：又名来福禄。属于二苯基噁唑啉衍生物，选择性触杀型杀螨剂。几丁质抑制剂，抑制螨卵的胚胎形成以及从幼螨到成螨的蜕皮过程，对卵及幼螨有效，对成螨无效，但对雌性成螨具有很好的不育作用。因此其最佳的防治时间是害螨为害初期。耐雨性强，持效期长。对叶螨、始叶螨、全爪螨、二斑叶螨、朱砂叶螨等螨类有卓越防效。主要剂型：11%悬浮剂。

抑食肼：又名虫死净。有胃毒作用和较强的内吸作用，具有抑制进食、加速蜕皮和减少产卵作用，对鳞翅目及某些同翅目、鞘翅目和双翅目害虫有特效，并能抑制害虫产卵。对人、畜低毒，对天敌安全。主要剂型：20%、25%可湿性粉剂，20%胶悬剂，5%颗粒剂。

甲氧虫酰肼：以触杀作用为主，并具有一定的内吸作用。属仿生型蜕皮激素类。害虫取食药剂后，即产生蜕皮反应开始蜕皮，由于不能完全蜕皮而导致幼虫脱水、饥饿而死亡。该药与抑制害虫蜕皮的药剂的作用机制相反，可在害虫整个幼虫期用药进行防治。对鳞翅目害虫具有高度选择杀虫活性。主要剂型：24%悬浮剂。

呋喃虫酰肼：又名忠臣。是我国具有自主知识产权的杀虫剂，具有胃毒、触杀、拒食等活性。害虫取食后很快出现不正常蜕皮反应，停止取食，提早蜕皮，但由于不正常蜕皮而无法完成蜕皮，导致幼虫脱水和饥饿而死亡。对多种鳞翅目害虫效果很好，对鞘翅目和双翅目害虫也有效，对人、畜低毒。主要剂型：10%悬浮剂。

虫酰肼：又名米螨。促进鳞翅目幼虫提早不正常蜕皮致死，具有胃毒作用，对鳞翅目幼虫有极高的选择性和药效，特别是对已产生抗性的害虫防治效果明显。对人、畜低毒。主要剂型：20%、24%悬浮剂，75%可湿性粉剂。

吡蚜酮：对害虫具有触杀作用，同时还有内吸活性。接触到吡蚜酮的蚜虫或飞虱会立即产生口针阻塞效应，立刻停止取食，并最终饥饿致死，而且此过程是不可逆转的。因此，吡蚜酮具有优异的阻断昆虫传毒功能。本品选择性极佳，对七星瓢虫、草蛉、蜘蛛等益虫几乎无害。主要剂型：25%悬乳剂。

7. 含硫杀菌剂

福美双：为有机硫类保护性广谱杀菌剂，可有效防治山药褐斑病、王不留行黑斑病、板蓝根霜霉病、防风斑枯病等多种病害。对人、畜中等毒性，对皮肤、黏膜有刺激作用。主要剂型：50%可湿性粉剂。

代森铵：又名阿巴姆等。为有机硫类杀菌剂，有硫化氢味。有保护和治疗作用，能渗入植物组织内部，对多种真菌和细菌有强烈的杀伤作用。对人、畜低毒。主要剂型：45%、50%水剂。

代森锰锌：又名大生、新万生、喷克、速克净。有机硫类保护性广谱杀菌剂，能抑制菌体内丙酮酸的氧化，常与多种内吸性杀菌剂混用以提高药效和防治范围，对多种药用植物的炭疽病和早疫病等均有效。对人、畜低毒，对鱼类中等毒，对皮肤有刺激作用。主要剂型：50%、70%、80%可湿性粉剂，25%、30%、70%悬浮剂。

萎锈灵：为选择性内吸低毒杀菌剂，主要用于防治锈病和黑粉病，能渗入萌芽的种子而杀死种子内的病菌，对植物生长有刺激作用。但易诱发病原菌产生抗药性，持效期短。主要剂型：20%、50%乳油，25%、50%可湿性粉剂。

8. 苯并咪唑类杀菌剂

多菌灵：具有内吸、保护和治疗作用，在植物体内有明显的向上传导特性，除叶面喷雾外，还可用于种子处理和土壤处理。对葡萄孢菌、镰刀菌、小尾孢菌、青霉菌、壳针孢菌、核盘菌、黑星菌、轮枝孢菌、丝核菌有很好的防治效果。对人、畜、鱼类、蜜蜂低毒。主要剂型：25%、50%可湿性粉剂，40%悬浮剂。

甲基硫菌灵：又名甲基托布津。为内吸性广谱杀菌剂，具有保护和治疗作用，在植物体内转化为多菌灵，干扰病原菌的有丝分裂，防治对象基本同多菌灵。对人、畜安全。主要剂型：50%、70%可湿性粉剂，36%、50%悬浮剂。

噻菌灵：又名涕必灵、特克多、硫苯唑。为高效、广谱杀菌剂，具内吸向上传导性能，对子囊菌、担子菌和半知菌有抑制活性，用于防治多种植物真菌性病害及果蔬防腐保鲜。对人、畜安全。主要剂型：42%悬浮剂，60%可湿性粉剂，3%烟剂。

9. 酰胺及酰亚胺类杀菌剂

霜霉威：又名普力克、丙酰胺等。为内吸性低毒杀菌剂，有保护、治疗及刺激植物生长的作用。可抑制病菌细胞膜合成，抑制菌丝生长、孢子囊的形成和孢子萌发，对由腐霉菌引起的土传病害和由疫霉菌、霜霉菌引起的叶部病害有特效。主要剂型：72.2%水剂，60%盐酸盐水剂，72%盐酸盐可溶性水剂，50%热雾剂。

异菌脲：又名扑海因。为接触性广谱杀菌剂，对葡萄孢属、链格孢属、核盘菌属、小核菌属等具有较好的杀菌效果，对多种植物的灰霉病、菌核病有很好的防治效果。对人、畜低毒。主要剂型：25%悬浮剂，50%可湿性粉剂。

乙烯菌核利：又名农利灵、烯菌酮。为接触性广谱、低毒杀菌剂，主要干扰细胞核功能，并对细胞壁和细胞膜有影响，能改变膜的渗透性，使细胞破裂。对多种植物的灰霉病、褐斑病、菌核病有良好的防治效果。主要剂型：50%可湿性粉剂，50%干悬浮剂。

甲霜灵：又名瑞毒霉。为高效、低毒杀菌剂，对植物有很强内吸双向传导作用，主要用于防治由卵菌纲、藻菌纲真菌引起的各种霜霉病、晚疫病、猝倒病以及根腐病、果腐病等。单用仅限于处理种子和根施，常与多种保护性杀菌剂混用以提高药效和防治范围。主要剂型：25%可湿性粉剂，35%拌种剂。

腐霉利：又名速克灵、二甲菌核利。为新型高效、低毒杀菌剂，主要是抑制菌体内甘油三酯的合成，具有保护和治疗的双重作用。对灰霉菌、核盘菌特效，对抗多菌灵等苯并咪唑类杀菌剂菌株很有效，内吸性能较弱。用于防治多种植物灰霉病、菌核病。主要剂型：50%可湿性粉剂，30%颗粒熏蒸剂，25%流动性粉剂，25%胶悬剂，10%、15%烟剂，35%悬浮剂。

10. 唑类杀菌剂

三唑醇：又名百坦。为低毒、广谱的内吸性杀菌剂，对植物病害具有预防、治疗和铲除作用，主要对多种植物的白粉病和锈病有显著防效。做拌种剂时对种子带菌和叶部病原菌有良好活性。主要剂型：15%可湿性粉剂，25%乳油，10%、15%、25%干拌种剂，17%、25%湿拌种剂，25%胶悬拌种剂。

三唑酮：又名粉锈宁。为高效、低毒、低残留、持效期长、内吸性强的杀菌剂，在植物体内有传导作用，对白粉病、锈病具有预防、铲除、治疗和熏蒸等作用。主要剂型：15%、25%可湿性粉剂，20%乳油，15%烟剂。

抑霉唑：又名戴挫霉、烯菌灵。为广谱、内吸性低毒杀菌剂，其作用是干扰病原菌细胞膜的渗透性、酯类合成及代谢等,对长蠕孢属、镰孢属和壳针孢属等真菌性病害有特效,对苯并咪唑类产生抗药性的青、绿霉菌高效,也可作为防腐保鲜剂。主要剂型:25%、50%乳油。

亚胺唑:为新型广谱、低毒杀菌剂,具有保护和治疗作用,喷到植物上后能快速通过叶面渗透到植物体内,土壤施药不能被根吸收。主要作用机理是破坏和阻止病菌的麦角甾醇的生物合成,从而破坏细胞膜的形成,导致病菌死亡。能有效地防治子囊菌、担子菌和半知菌所致病害。主要剂型:15%可湿性粉剂、乳油。

叶菌唑:为新型广谱、内吸性低毒杀菌剂,兼具优良的保护及治疗作用。作用机理是抑制麦角甾醇生物合成中 C-14 脱甲基化酶的活性。同传统杀菌剂相比,其杀真菌谱非常广泛,且活性极佳,田间施用对壳针孢、镰孢属和柄锈菌引起的病害有卓越效果。主要剂型:60 g/L 水乳剂。

腈菌唑:为广谱、高效、内吸性低毒杀菌剂,具有保护和治疗作用,对子囊菌亚门、担子菌亚门、半知菌亚门病原菌引起的多种病害具有良好的预防和治疗效果。主要剂型:12.5%、25%乳油,40%可湿性粉剂,25%悬浮剂,20%水乳剂。

噁醚唑:又名世高、敌萎丹、苯醚甲环唑。为广谱、高效、内吸性低毒杀菌剂,是甾醇脱甲基酶抑制剂,具有预防、治疗、铲除作用,能有效防治子囊菌、担子菌、半知菌等病原菌引起的黑星病、白粉病、叶斑病、锈病、炭疽病等,一次用药可预防多种病害。主要剂型:25% 乳油,10%水分散剂,3%悬浮种衣剂。

11. 其他类杀菌剂

百菌清:又名达科宁。非内吸性广谱取代苯类杀菌剂,以保护作用为主,兼有一定的治疗和熏蒸作用,主要作用是防止植物受真菌的侵染,药效稳定,残效期长。主要剂型:75%可湿性粉剂。

嘧菌酯:新型高效、广谱、内吸性低毒杀菌剂,具有保护、治疗、铲除、渗透、内吸活性,为线粒体呼吸抑制剂。几乎对所有真菌纲病害如白粉病、锈病、霜霉病等均有良好的活性,且与目前已有杀菌剂无交互抗性。主要剂型:悬浮剂、水分散粒剂。

咯菌腈:又名适乐时。为低毒杀菌剂,有效成分对子囊菌、担子菌、半知菌的许多病原菌有非常好的防效。用作种子处理时,少量被内吸的有效成分即可杀死种子表面及种皮内病菌,存留在土壤中的有效成分在种子周围形成一个稳定而持久的保护圈,持效期可长达 4 个月以上。不影响种子出苗,并能促进种子提前出苗。主要剂型:25 g/L、100 g/L 悬浮种衣剂。

嘧霉胺:又名施佳乐。为苯胺基嘧啶类新型低毒杀菌剂,其作用机理是通过抑制病菌侵染酶的产生而阻止病菌的侵染并杀死病菌。具有内吸传导和熏蒸作用,施药后迅速达到植株的花、幼果等部位杀死病菌,药效快。对非苯胺基嘧啶类杀菌剂已产生抗药性的灰霉病菌有效。主要剂型:400 g/L 悬浮剂。药效对温度不敏感,可在相对较低的温度下施用。

氟吗啉:为新型高效杀菌剂,是我国第一个真正具有自主知识产权且实现工业化生产的农药,具有很好的保护、治疗、铲除、渗透、内吸活性,治疗活性和对孢子萌发抑制活性显著,对卵菌纲引起的病害如霜霉病、晚疫病、霜疫病等具有很好的防治效果,主要用于茎叶喷雾。主要剂型:50%、60%可湿性粉剂,35%烟剂。

烯酰吗啉:一种肉桂酸衍生物,新型、广谱、高效、内吸、杀菌剂,具保护治疗作用,对真菌病害有内吸治疗作用,对霜霉科和疫霉属的真菌有特效,主要是引起孢子囊壁的分解。内吸性较强,在极低的浓度下(<0.25 mg/L)即可抑制孢子囊梗及卵孢子的形成,常与接触性杀菌剂

（二嗪农、代森锰锌和铜化合物）混用。主要剂型：10%水乳剂，50%可湿性粉剂。

恶霉灵：又名土菌消、立枯灵。为杂环类内吸性土壤或种子处理剂、植物生长调节剂，是一种高效、低毒、无残留新型农药，对腐霉属、镰孢属、丝核菌属等土壤习居菌有效，用于防治多种植物苗期的立枯病、猝倒病、枯萎病、炭疽病等。主要剂型：70%可湿性粉剂，15%、30%水剂。

菌毒清：又名菌必清、灭菌灵。为高效、低毒的氨基酸类杀菌剂，杀菌机理是凝固病菌蛋白质，破坏病菌细胞膜，抑制病菌呼吸，使病菌酶系统变性，从而杀死病菌。具有一定内吸和渗透杀菌作用，对侵入树皮内的潜伏病菌有一定的铲除作用，可用来防治多种真菌、细菌和病毒引起的病害。主要剂型：5%水剂。

咪鲜胺：又名施保克、施百克。为广谱、低毒杀菌剂，通过抑制甾醇的生物合成而起作用，对多种植物病害具治疗和铲除作用，无内吸性，对子囊菌和半知菌所致病害有特效。用于防治多种植物的种传和土传病害。主要剂型：25%、45%乳油，45%水乳剂。

杀毒矾：又名恶霜锰锌。为恶霜灵和代森锰锌复配而成的低毒杀菌剂。有明显的混合增效和扩大抗菌谱的作用，除控制卵菌病害外，也能控制其他继发性病害。主要剂型：64%可湿性粉剂。

植病灵：为三十烷醇、十二烷基硫酸钠和硫酸铜混合而成。三十烷醇是生理活性较高的生长调节物质。十二烷基硫酸钠与三十烷醇结合起表面活性、乳化发泡作用，浸透组织，从受侵染的宿主细胞中脱落病毒；并可从蛋白质中分离核酸，对病毒起钝化作用。而硫酸铜通过 Cu^{2+} 起杀菌作用，与三十烷醇和十二烷基硫酸钠起偶联作用。主要剂型：1.5%水乳剂。

12. 杀线虫剂

维巴姆：又名威百亩。为二硫代氨基甲酸酯类低毒杀线虫剂，有臭味，对铜、锌等金属有腐蚀作用。原药分解产生的异硫氰酸甲酯对线虫、真菌有杀灭作用。主要剂型：30%、33%、35%、48%水剂。

棉隆：又名必速灭、迈隆。为硫氰酯类低毒杀线虫剂。在土壤中分解成异硫氰酸甲酯、甲醛和硫化氰等物质，对土壤线虫、害虫、真菌、细菌都有杀灭作用。可用于土壤熏蒸防治多种线虫，不会在植物体内残留，但容易污染地下水。主要剂型：50%、75%可湿性粉剂，85%粉剂，98%～100%颗粒剂。

技能项目一　杀虫灯的诱虫原理及使用方法

一、技能目标

杀虫灯是当前用作预测害虫和诱杀害虫的主要工具，可用于昆虫标本采集和预测预报，害虫种类和虫口密度的调查，害虫防治。通过本技能训练，使学生了解杀虫灯的诱虫原理，掌握杀虫灯的使用方法，为指导害虫的预测预报和害虫防治奠定基础。

二、教学资源

1. 仪器设备：各种型号杀虫灯。

2. 材料与工具：若干米电线、插座、5～6 m 高的梯子、天平、杀虫剂（90%晶体敌百虫）、水盆。

3. 实训场所：实验室、实训基地。

三、操作方法与步骤

1. 杀虫灯的诱虫原理

夜间活动的昆虫大部分都有趋光性，如多数蛾类、部分金龟甲、叩头甲、蝼蛄、叶蝉等。不同波长的光对各种害虫的诱集能力不同，其中波长在 330～400 nm 的紫外光对昆虫的引诱力最强。

杀虫灯是一种低气压汞蒸气灯，灯管内充有氟气和微量汞蒸汽，灯管内壁有特殊的荧光粉。通电后荧光粉被激活，发出对害虫引诱力最强的紫外光（以 365 nm 为主，人眼对此波段的光不敏感，故称黑光），因而其引诱力最强，能诱集 15 目、100 多科、上千种昆虫。

2. 杀虫灯的结构

普通杀虫灯包括黑光灯管（常用 20 W 和 40 W）、挡虫板、接虫盘、集虫箱、毒皿、分虫筛板、支架等（图 1-2）。也有不用集虫箱而在灯下设诱杀水盆或接虫袋的。交流杀虫灯用 220 V 的交流电源，直流晶体管杀虫灯用 6～12 V 蓄电池或干电池直流电源，也有太阳能供电的。现在的杀虫灯多在黑光灯管外围设置有高压电网，当害虫接近时被瞬时高压击中而丧失飞行能力，掉入接虫盘，最后被收集到集虫箱或接虫袋中。

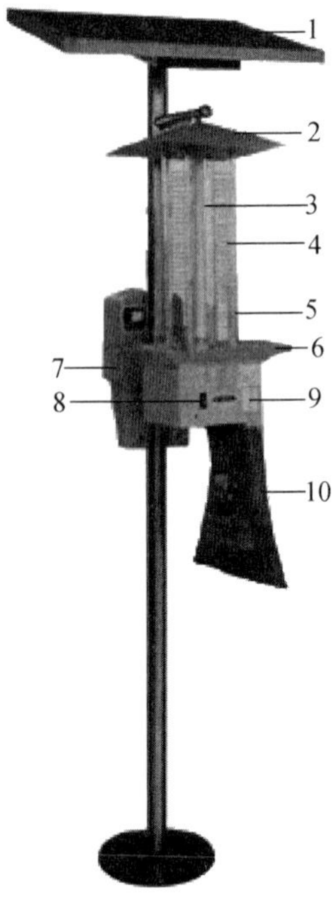

图 1-2 太阳能频振式杀虫灯

1. 太阳能板 2. 风雨帽 3. 频振灯管 4. 高压电网 5. 绝缘柱 6. 接虫盘 7. 蓄电池 8. 电源开关 9. 光传感器 10. 接虫袋

3. 诱虫时间及方法

一般在每年的 5～9 月份，田间常以每 2～3 hm^2 设置一盏灯为宜。杀虫灯要设置在空旷处，灯的高度一般应以灯管下端高出栽培植物 30～70 cm 为宜，也可安装在便于管理的田边或路边。每天黄昏开灯，次日清晨关灯。具有光传感器的杀虫灯可根据光线强弱自动开启和关闭电源。

4. 注意事项

灯光诱杀的效果受天气影响很大，以天气闷热、无月光、无风时诱虫最多。为了减少伤害天敌，最好在害虫的成虫盛发期开灯诱杀。如遇雨天、大风天、月光明亮的夜晚及重要天敌发生期，应停止开灯。

四、考核标准

技能考核标准见表1-3。

表1-3　技能考核标准表

考核内容	要求与方法	需要时间	熟练程	考核方法
灯光诱杀 100分	1. 灯源选择符合要求 2. 安装灯的地点及高度符合要求 3. 集虫装置安装符合要求 4. 开、关灯管理符合要求	训练2 d 考核45 min	掌握	4～6人1组考核，报告评定成绩

五、复习思考题

1. 在什么时期灯光诱杀害虫的效果最好？
2. 怎样用杀虫灯诱杀害虫？

技能项目二　其他物理机械防治措施

一、技能目标

通过本技能训练，使学生了解毒饵诱杀和黄板诱杀原理，熟练掌握毒饵诱杀和黄板诱杀技术要领，为指导害虫的预测预报和防治奠定基础。

二、教学资源

1. 材料与工具：天平、塑料桶、量筒(1 000 mL)、烧杯(1 000 mL)、杀虫剂(90%晶体敌百虫)、麦麸(或米糠、豆饼、谷子)、黄板、干胶黏剂等。
2. 实训场所：实验室、实训基地。

三、操作方法与步骤

1. 毒饵诱杀

利用害虫对于某些食物具有强烈趋化性，把食物制成毒饵诱杀害虫，如蝼蛄特别嗜食煮至半熟的谷子、炒香的豆饼、麦麸等。

诱杀蝼蛄的毒饵配方是：用5 kg炒香的麦麸(或米糠、豆饼、谷子)，加入40%乐果乳油

50～100 g，加适量的水，将药剂稀释喷拌混匀。当田间发现蝼蛄开始为害时，每隔 3～4 m 挖一碗口大的浅坑，放一捏毒饵再覆土，行距 2 m，毒饵 30～45 kg/hm^2。

2. 黄板诱杀

利用特殊光谱（一定的波长、颜色）及特殊胶质（黄油等专用胶剂）制成的黄色胶黏害虫诱捕器（简称黄板），能诱杀对黄色光有趋性的有翅蚜虫、白粉虱、斑潜蝇、叶蝉、蓟马等害虫，在温室大棚内使用效果更好。可将黄色的塑料板、KT 板或木板截成 30 cm×20 cm 的小块，板两面均匀涂上一层黏虫胶（凡士林、黄色的润滑油）即可。黄板的悬挂高度要略高于植株顶端，并随药用植株的生长高度而调整。用塑料绳或铁丝一端固定在温室大棚顶端，另一端拴住捕虫板预留孔；也可用竹竿或棍插入地里，将捕虫板固定在竹竿或棍上。

黄板诱杀时以 400 块/hm^2左右效果最理想，以深黄色板涂黏虫胶为好。插入黄板的时间应在植物尚未出现蚜虫时为好。

四、考核标准

技能考核标准见表 1-4。

表 1-4　技能考核标准表

考核内容	要求与方法	需要时间	熟练程度	考核方法
毒饵诱杀 60 分	1. 根据发生的害虫种类选择的饵料和农药种类要符合要求 2. 毒饵制作和农药的处理符合要求 3. 毒饵施用方法恰当	训练 90 min 考核 90 min	掌握	4～6 人 1 组考核，报告评定成绩
黄板诱杀 40 分	1. 黄板涂不干胶黏剂均匀要符合要求 2. 黄板悬挂的方法和高度符合要求			

五、复习思考题

1. 是否所有的害虫都可以用毒饵诱杀？
2. 怎样应用黄板诱杀害虫？

技能项目三　常用农药主要理化性状识别与检测技术

一、技能目标

常见农药性状与简易鉴别是药用植物病虫害化学防治中的一项主要技能，本技能与农药的选择和合理使用等关系密切。通过此项技能训练，学生应了解禁止和限制使用高毒、高残留农药的种类和逐渐淘汰的农药种类，掌握农药的剂型和理化性质，严格遵守农药使用准则，对常见农药的种类和农药性状能够进行简易的鉴别，为药用植物病虫害防治奠定基础。

二、教学资源

1. 材料与工具：酒精灯、镊子、铁片、分样筛、酒精灯、天平、电炉、石棉网、牛角匙、烧杯、量筒、玻璃棒、蒸馏水、胶皮手套、肥皂等。

供试农药：当地常用的杀虫、杀菌剂，剂型包括颗粒剂、粉剂、可湿性粉剂、可溶性粉剂、片剂、烟剂、乳油、悬浮剂、油剂、水剂等，可根据当地具体情况自行选择。

2. 实训场所：实验室。

三、操作方法

1. 查看农药产品标签的标注

注意标签上的有效成分、含量、产品性能、毒性、农药登记证号（或临时登记证号）、产品标准号、生产许可证号、核准登记的适用范围及防治对象、使用方法、生产日期、有效期、注意事项、生产企业名称、地址和邮政编码等。

2. 粉剂类农药的鉴别

合格的粉剂和可湿性粉剂应是颜色均匀的疏松粉末，不结团，不成块，易分散，流动性良好。鉴别方法有以下几种：

(1)直观法。看外观，若药剂明显受潮成团、成块或用手捏时湿气很重，药味不浓或有异味，说明药剂已基本失效。

(2)灼烧法。取少量农药放在金属片上加热，若产生大量白烟，并有浓烈的刺鼻气味，说明药剂良好，反之已失效。

(3)指标法。①粉粒细度：对于粉剂、可湿性粉剂、悬浮剂、干悬浮剂、粒剂等，合格农药要求 95%的药剂能通过 200 目筛。②湿润时间：将通过 40 目筛的 5 g 样品，在距水面 10 cm 处，撒入盛有 30℃标准硬水(342 mg/L，钙∶镁＝80∶20)的烧杯中，记录从样品撒入到完全润湿的时间。如果是粉剂，湿润较慢或在水上漂浮，用玻璃棒搅拌均匀，静止后观察，粉剂很快沉淀的说明此农药未失效；可湿性粉剂若 2 min 内湿润并能溶于水，搅动时可产生大量泡沫，说明农药有效，如果湿润时间大于 5 min，有大量沉淀则为失效农药。③悬浮率：按说明书用水将其稀释成悬浮液，在室温下静置 30 min，悬浮液悬浮率在 50%以下的为不合格或失效农药。

3. 液体类农药的鉴别

液体类农药一般是单相液体，无分层现象。悬浮剂农药经存放允许分层，但经手摇动仍能恢复原状，不允许聚结成块。鉴别是否失效可采取以下方法：

(1)观察法。将药瓶静置，若药液浑浊不清或出现分层，有沉淀物生成或絮状物悬浮，可以初步断定药剂已失效。

(2)摇荡法。对已出现分层的农药可上下振荡数次，使其均匀后静置 40～60 min，如不再有分层现象，说明此农药有效；如果再次分层则说明农药已失效。

(3)热溶法。将已形成沉淀的药剂连瓶放入50～60℃的热水中1 h,沉淀慢慢消失的说明未失效,沉淀很难溶解或不溶解的为失效农药。

(4)稀释法。对乳剂类农药,可取少量药液放入适量的水中,搅拌后静置30 min,若药剂呈现出均匀的乳白色,且水面无油珠,下面无沉淀物,说明药剂良好,否则为失效农药。

4. 颗粒剂类农药的鉴别

颗粒剂粒径大小在一般为250～600 μm,药粉从颗粒脱落下来的脱落率≤5%。若是包衣颗粒剂药粉脱落很多,或捏合颗粒剂药粒崩解严重,已不成颗粒,包装袋内积粉较多,表明该农药已经失效。

5. 注意事项

在农药的简易鉴别时,因农药有毒,要戴胶皮手套,穿上工作服,操作后一定要用肥皂洗手。要严格按程序操作,否则鉴别结果不准确。

四、考核标准

技能考核标准见表1-5。

表1-5 技能考核标准表

考核内容	要求与方法	需要时间	熟练程度	考核方法
粉剂剂型鉴别 40分	1. 取药放药正确 2. 观察标签信息全面 3. 农药的型、色、味符合要求 4. 粉剂鉴别方法正确 5. 可湿性粉剂鉴别方法正确 6. 药粉质量鉴别结果正确	30 min	熟练 掌握	4～6人1组考核,报告评定成绩
液体剂型鉴别 40分	1. 取药放药正确 2. 观察标签信息全面 3. 农药的型、色、味符合要求 4. 稳定性鉴别符合要求 5. 质量鉴别结果正确	30 min		
颗粒剂类鉴别 20分	1. 取药放药正确 2. 观察标签信息全面 3. 农药的型、色、味符合要求 4. 质量鉴别结果正确	20 min		

五、复习思考题

1. 为什么粉剂农药不能悬浮于水?可湿性粉剂能悬浮于水?
2. 乳油和油剂加水后有什么结果?
3. 为什么在使用农药时可少量添加洗衣粉?

技能项目四　常见农药种类及使用情况市场调查

一、技能目标

1. 通过本技能的训练，使学生掌握当地农药市场主要农药品种及使用情况，能够选择主要病虫害的所用药剂，指导生产用药。

2. 了解本地区主要杀虫剂、杀菌剂、杀线虫剂、杀螨剂等农药产品的化学成分、通用名、毒性级别、防治对象、作用方式、使用方法、加工剂型等。

3. 培养学生与他人的沟通能力、乐于实践。

二、教学资源

1. 材料与工具：记录本、笔、简易包装袋等。

2. 实验场所：农药市场。

三、操作方法

将学生按5人一组分组，分别拿好记录本和笔，到农药大市场，或各大、中、小农药店进行调查，调查当前主要应用农药种类，每组至少25种。

记录农药的商品名、通用名、剂型、有效成分及其含量、防治对象、使用方法、适用作物、用药量等相关信息，并要求学生收集新农药宣传单页和宣传手册等资料。

向农药店的技术人员询问、学习。

四、考核标准

技能考核标准见表1-6。

表1-6　技能考核标准表

考核内容	要求与方法	需要时间	熟练程度	考核方法
常见农药种类 100分	1. 调查农药种类多样，收集农药资料多 2. 调查记录内容完整 3. 对农药的剂型和使用方法理解及掌握准确	训练 2 d 考核 2 h	熟练掌握	4人1组 实训模拟考核

五、复习思考题

1. 写出当地常用农药种类、使用情况及存在问题。
2. 谈谈自己农药调查后的感想。

技能项目五 波尔多液的配制及质量检测技术

一、技能目标

波尔多液的配制是一种应用很强的技能，本技能与农药的合理使用和安全使用等关系密切。通过本技能训练，学生应掌握波尔多液的配制方法及质量优劣的检测方法，为药用植物病虫害防治奠定基础。

二、教学资源

1. 材料与工具：电子天平、生石灰、硫酸铜、pH 试纸、量筒(1 000 mL)、烧杯、玻璃棒、铁丝等。
2. 实验场所：实验室等。

三、操作方法

1. 原料的选择

硫酸铜以天蓝色有光泽的为最好，不宜采用颜色发绿的；生石灰最好选用色白、块状、未经风化的。

2. 配方

波尔多液是由硫酸铜溶液与石灰乳混合而成的一种碱性的天蓝色胶状悬浮液，配制波尔多液所用的硫酸铜和生石灰的比例根据不同的植物种类、不同生育期与不同的气候条件而定，常用原料配比如表 1-7 所示。

表 1-7 波尔多液原料配比表

配合式	硫酸铜	生石灰	水
石灰半量式	1	0.5	100
等量式	1	1	100
石灰倍量式	1	2	100
硫酸铜半量式	0.5	1	100

生石灰量的比例增大时，所形成的碱式硫酸铜化合物的溶解度较小，对植物安全。反之，所形成的碱式硫酸铜化合物的溶解度较大，虽然防治效果可提高，但因铜离子浓度过高，容易产生药害。因此，要根据植物的种类和品种、防治对象、气温等因子确定适宜的配合比例。

3. 配制方法

生产上多用等量式，最常用的方法有两种：

(1)两溶液对等法。用 1/2 水溶解硫酸铜，另用 1/2 水溶化生石灰，然后同时将两溶液注入第三个容器内，边倒边搅即成。

(2)稀硫酸铜溶液注入浓石灰水法。用 4/5 水溶解硫酸铜，另用 1/5 水溶化生石灰，然后将硫酸铜溶液慢慢倒入石灰乳中，边倒边搅即成。

4. 质量检测

药液配好以后，常用以下方法鉴别质量：

(1)物态观察。波尔多液配制后立即装入 200 mL 量筒中静置，观察比较不同方法配制的波尔多液其颜色质地是否相同。质量优良的波尔多液应为天蓝色胶态悬乳液。观察不同方法配制的波尔多液沉淀的快慢，以沉淀速度慢者为优。

(2)石蕊试纸反应。取石蕊试纸一条，用玻璃棒蘸取所配制的波尔多液滴到试纸上，试纸慢慢变为蓝色(即碱性反应)为好。

(3)镀铜现象。用磨亮的铁丝或小刀浸入药液片刻，观察铁丝或小刀上有无镀铜现象，以不产生镀铜现象为好。

5. 注意事项

(1)配成的石灰乳如有砂粒，应先用纱布过滤。

(2)配制成的溶液不能盛于金属容器中(对金属有腐蚀作用)，最好用陶器或木桶，也不能与肥皂、松脂合剂、石硫合剂、矿油乳剂混用。

(3)硫酸铜溶液和石灰乳两种液体应冷却到室温才可混合，因波尔多液胶粒在高温下极易凝聚而发生沉淀，两溶液混合后稍加搅拌即可，不要搅拌太久从而影响其悬浮性。

(4)不能以浓硫酸铜溶液与浓石灰乳先配成高浓度的波尔多液，即配制好的波尔多液，不能用水稀释使用。

(5)波尔多液要现配现用，不宜放置过久。

四、考核标准

技能考核标准见表 1-8。

表 1-8　技能考核标准表

考核内容	要求与方法	需要时间	熟练程度	考核方法
波尔多液配制 100 分	1. 配料的选择符合要求 2. 按配方要求称量石灰、硫酸铜和水 3. 配制操作过程及要求符合标准 4. 过滤、保存方法正确	训练 60 min 考核 20 min	熟练掌握	4 人 1 组考核，报告评定成绩

五、复习思考题

1. 为什么硫酸铜溶液不能盛于金属容器中？
2. 比较不同方法制成的波尔多液质量的优劣？

技能项目六　石硫合剂的熬制与质量检测技术

一、技能目标

掌握石硫合剂的熬制方法及质量检查技术，为农药的合理使用和病害防治奠定基础。

二、教学资源

1. 材料与工具：电炉、天平、分样筛、波美比重计、生石灰、硫黄粉、烧杯、量筒、玻璃棒、砂锅、纱布、石蕊试纸等。

2. 实验场所：实验室。

三、操作方法与步骤

1. 原料的选择

最好选用色白、块状、未经风化的生石灰和粉状的硫黄粉。如果是块状硫黄，经磨细后，其粉粒细度要求通过 40 目筛。

2. 石硫合剂的煮制方法

石硫合剂主要成分是多硫化钙，原料配比大致有以下几种（表 1-9）。

表 1-9　石硫合剂原料配比表

原料	重量比例				
硫黄粉	2	2	2	2	1
生石灰	1	1	1	1	1
水	5	8	10	12	10
原液浓度（波美度）	32～34	28～30	26～28	23～25	18～21

目前多采用 2∶1∶10 的重量配比。称取硫黄粉 2 份，生石灰 1 份，水 10 份，取少量水将硫黄粉调成糊状，另取少量水将生石灰化开，倒入锅内加热煮沸，等石灰完全溶解后，再慢慢倒入硫黄糊，边倒边搅，边搅边煮。继续煮沸 40～60 min，药液颜色由淡黄变为橘黄色、橘红色，

至红褐色时立即停火，冷却后用纱布过滤所得澄清液即为石硫合剂原液。煮制的石硫合剂原液，一般为25波美度左右，使用时再加水稀释。

3. 质量检查

(1)颜色。优良的石硫合剂应为透明的红褐色溶液。

(2)气味。有浓厚的臭鸡蛋气味。

(3)用石蕊试纸测试呈蓝色。

(4)用波美比重计测其浓度，读数越大，其质量越好。注意药液的深度应大于比重计长度，使比重计能漂浮在药液中。观察比重计的刻度时，应以药液面的凹液面表明的度数为准。测出原液浓度后，根据需要，用公式或石硫合剂浓度稀释表计算加水倍数。

$$\text{加水倍数}=\frac{\text{原液波美度}-\text{稀释液波美度}}{\text{稀释液波美度}}$$

4. 注意事项

(1)煮制过程中注意火力要均匀，使药液保持沸腾而且不外溢。煮制时应先将药液量在煮制容器上做出标记，然后用热水不断补充所蒸发的水量，切忌加冷水或一次加水过多，防止因降低温度影响原液质量。

(2)熬煮时不宜过多地剧烈搅拌，防止将空气带入原液里，使生成的多硫化钙氧化而降低原液质量。

(3)石硫合剂原液可贮存于密闭的陶瓷容器中。如果存放于大缸中，在原液上面应倒入一层煤油或废柴油，以隔离空气，防止分解。

(4)石硫合剂有腐蚀性，沾染皮肤、眼睛时，必须用清水洗净。

(5)熬制时间不能过长或过短，过短了停留于黄色，过长药液呈黑色，有效成分分解，药效降低。

四、考核标准

技能考核标准见表1-10。

表1-10　技能考核标准表

考核内容	要求与方法	需要时间	熟练程度	考核方法
石硫合剂的煮制 100分	1. 原料的选择符合要求 2. 按配方要求称量石灰、硫黄粉和水 3. 煮制操作过程及要求符合标准 4. 过滤、保存方法正确	训练60 min 考核20 min	熟练掌握	4人1组考核，报告评定成绩

五、复习思考题

1. 要获得高质量的石硫合剂原液，需要注意哪些问题？

2. 为什么硫酸铜溶液不能盛于金属容器中？

3. 在石硫合剂煮制过程中，为什么不能过多地加以搅拌或加冷水补充蒸发的水量？

技能项目七　农药田间药效试验

一、技能目标

掌握农药田间药效试验的方法，为正确使用农药和防治药用植物病虫害奠定基础。

二、教学资源

1. 材料与工具：背负式喷雾器、玻璃棒、胶皮手套、插地杆、记号牌、记号笔、烧杯、标签、气象资料。

供试农药：当地常用的杀虫、杀菌剂各 2～3 个品种。

2. 试验场所：实训基地。

三、操作方法与步骤

(一)田间药效试验设计

1. 选地

选择肥力均匀、田间管理水平基本相同、植物长势较均匀、病虫发生情况有代表性的田块做试验。

2. 试验设计

比较农药在不同种类、不同剂型(或不同使用浓度)下的药效差异。药效试验的小区面积一般为 15～50 m^2，小区形状以狭长形为好，每个处理的重复次数为 3 次，并设清水处理为空白对照(以 CK 表示)，如设计两种农药的两种使用浓度(代号分别为 1、2、3、4)，设空白对照(代号 5)，重复 3 次的试验，试验小区的设计如图 1-3 所示。

1	3	2	4	5
4	2	3	5	1
3	1	5	4	2

图 1-3　试验小区的设计

在药效试验时应保证农药配制浓度准确、施药均匀，所有处理应尽快完成，最长不可超过 1 d。

3. 施药时间及方式

喷药时间应根据药剂性质及病虫害特点而定，保护性药剂应在病菌侵入前或田间少量发病时喷药；治疗性药剂一般在病菌侵入初期或发病后喷药。喷药质量务求一致，药液喷洒需均匀。

(二)药效试验类型及方法

1. 田间药效试验的类型

(1)农药品种比较试验。测定多种农药新品种或当地尚未使用过的品种的药效，为当地推广使用提供依据。

(2)农药不同剂型比较试验。确定某农药生产上最适合的剂型。

(3)农药使用方法试验。包括用药量、用药浓度、用药时间、用药次数等。以选择最经济有效的施药方法，求得最佳经济效益。

(4)药害试验。了解各种农药及不同剂型对植物是否安全，产生的药害程度等。

2. 试验方法

(1)小区药效试验

①选择当地发生较普遍的一种害虫或病害，制订试验计划。按供试农药品种划定小区，以当地常用药、常用剂量、常用方法作对照。

②定点调查防治前各小区虫口密度或发病率、病情指数。

③按供试农药品种及所需浓度配药，分别喷于各小区。

④害虫防治效果调查统计。喷药后 1 d、3 d、5 d、7 d 在原定点调查虫口密度，计算各小区害虫死亡率。当害虫的自然死亡率超过 5%或害虫繁殖力很强时，应根据不施药对照区的害虫死亡或增殖情况，计算校正死亡率(或校正虫口减退率)。

$$\text{死亡率或虫口减退率}=\frac{\text{防治前活虫数}-\text{防治后活虫数}}{\text{防治前活虫数}}\times 100\%$$

$$\text{校正虫口减退率}=\frac{\text{防治区虫口减退率}-\text{对照区虫口减退率}}{1-\text{对照区虫口减退率}}\times 100\%$$

⑤病害防治效果调查统计。喷药后 7 d、10 d、15 d 调查发病率和病情指数，根据防治前后的发病率和病情指数计算病害减退率或防治效果。

$$\text{相对防治效果}=\left(1-\frac{\text{防治区病情指数或发病率}}{\text{对照区病情指数或发病率}}\right)\times 100\%$$

$$\text{实际防治效果}=\left(1-\frac{\text{防治区病情指数增长值}}{\text{对照区病情指数增长值}}\right)\times 100\%$$

(2)田间大区药效试验。一般在小区药效试验的基础上，选择药效较高和有希望的少数几种药剂或剂型，进行大区比较试验，试验田数量需在 3～5 块以上，面积 0.3～0.7 hm^2 以上；化学除草大区试验面积不少于 1.4 hm^2。大区药效试验因面积较大可不设重复。大区药效试验一般误差较小，试验结果的准确性较高。试验时，应设标准药剂对照区。

(3)大面积示范试验。经小区和大区试验完全肯定了药效及经济效益的农药品种，可继续进行大面积多点示范试验。再经实践检验，切实可行时，方可正式推广使用。

四、考核标准

技能考核标准见表 1-11。

表 1-11 技能考核标准表

考核内容	要求与方法	需要时间	熟练程度	考核方法
农药田间药效试验 100 分	1. 试验用具的选取 2. 试验设计符合要求 3. 施药方法正确 4. 试验结果	训练 2 d 考核与训练同步	掌握	4 人 1 组考核，报告评定成绩

五、作业

根据药效试验结果写一份药效试验报告。

模块二　药用植物病害及其防治

基础知识一 植物病害相关概念

知识目标

- 了解植物病害的相关概念。
- 掌握药用植物病害的侵染过程和侵染循环。
- 掌握药用植物病害的类型及特点。

一、植物病害的基本概念及类型

我国幅员辽阔，气候和地理条件复杂，药用植物资源丰富，但药用植物在栽培过程中常因某些病害的严重发生而导致巨大的经济损失。目前已发现的药用植物病害有500多种，普遍发生的有300多种，其中真菌性病害约240种，细菌性病害13种，线虫病15种，病毒病15种，寄生性高等植物76种，生理性病害10种。病害发生不仅影响中药材的产量，还使药材的品质下降，如人参红皮病使根内总皂苷含量比健根减少11%，总氨基酸含量比健根减少20%；植物病害发生后，为了防治病害还要使用农药、药械等，增加了投入，也造成环境污染和公害。

(一)植物病害

药用植物病害是指在药用植物生长发育过程中，或收获、贮藏、运输过程中，受到不良环境条件的影响或病原物的感染，使其代谢作用受到干扰和破坏，从而在生理机能和组织结构上发生一系列的变化，以致外部形态上表现出病态，使植物不能正常生长发育，局部或整株死亡，最后导致减产、品质下降，甚至失去药用或商品价值的现象。

引起药用植物发生病害的原因称为病因，包括生物因素和非生物因素。生物因素主要指病原物，包括真菌、原核生物、病毒和类病毒、线虫、寄生性种子植物等，也包括植物自身的遗传性或生理性病变，如白化苗等。非生物因素主要是指植物所处的生态环境中温度、湿度、光照等气象因子异常，土壤中养分失调、空气污染和农药化肥等物质的毒害；或由于植物自身的生理缺陷或遗传性疾病等，导致植物生长受到影响，产量下降或品质变劣，由这类因素所致的病害在植物不同个体之间不能相互传染，因此称非侵染性病害。

植物和病原是病害形成的两个基本要素。可以说病害的形成是植物与病原相互作用的结果，但是它们之间的相互作用自始至终都在一定的外界环境条件影响下进行。因此，在自然情况下，植物病害形成的过程涉及植物、病原和环境三方面，呈一种三角关系，即“病害三角”关系(图2-1)。

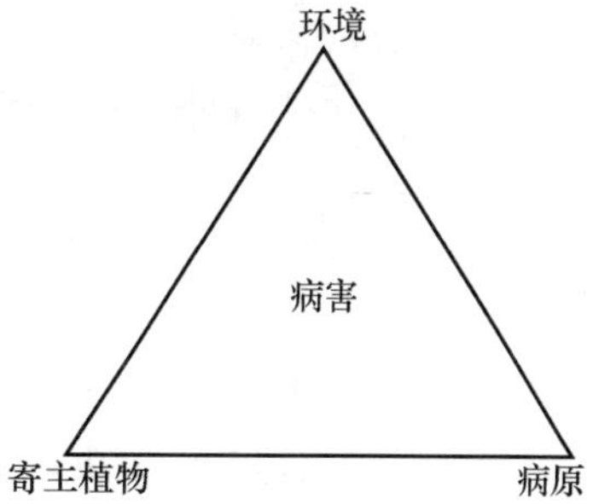

图2-1 植物病害三角关系

随着社会的发展，人类活动对植物病害的发生和流行也密切相关。种植不同的品种、选择不同的耕作制度、采用不同的栽培措施等生产活动都可以助长或抑制病害的发生发展；远距离调运带病的种苗，可以导致病区的迅速扩大。

因此植物病害的发生和流行除了涉及植物、病原和环境三个自然因素外，还应加上“人类干扰”这个重要的社会因素。

植物病害的发生是一个持续的过程，要经过一系列的病理变化过程。当药用植物受到病原物的侵染或不适宜环境因素影响后，首先是生理机能出现变化，进而出现细胞或组织结构上不正常的改变，最后在形态上产生各种各样的症状，这种逐渐加深和持续发展的过程，称为病理程序。根据这一特点，虫伤、雹伤、风灾、电击以及各种机械损伤对植物造成的破坏没有一个逐渐变化的病理程序，不能称为病害，而称为伤害。

(二)药用植物病害的症状

植物受病原物或不良环境因素影响后，经过一定的病理程序，最后表现出来的病态特征叫作症状，由病状和病征所组成。

症状是植物与病原物相互作用的结果，是一种表现型，它是人们识别病害，描述病害和命名病害的重要依据，因此在病害诊断中十分重要。

1. 病状类型

病状是感病植物本身的各种异常变化，如颜色变化、形态变化、质地变化等。常见的病状类型有 5 种，即变色、坏死、腐烂、萎蔫和畸形。

(1)变色。植物生病后局部或全株失去正常的颜色称为变色。大多出现在病害症状的初期，尤其是病毒病中最为常见，变色有两种表现形式：①均匀的变色。指整株植物、整个叶片或者叶片的一部分均匀的发生颜色改变，表现为褪绿和黄化。褪绿是由于叶片中叶绿素的减少而表现出浅绿色或淡绿色，当叶绿素的量减少到一定程度就表现为黄化(图 2-2)。还有的植物叶绿素合成受抑制而花青素生成过盛，使叶色变红或变紫，称红叶。②不均匀的变色。如常见的花叶，由形状不规则的深绿、浅绿或黄绿部分相间而形成不规则的杂色，不同变色部分的轮廓是很清楚的，如番红花花叶病。变色部分的轮廓不清楚的称为斑驳，斑驳症状在叶片、果实上常见。

(2)坏死。植物受害部位细胞和组织的死亡称坏死(图 2-3)。植物的根、茎、叶、花、果实都能发生坏死，坏死有以下几种表现形式：①斑点：局部组织变色，然后坏死而形成斑点。②枯死：

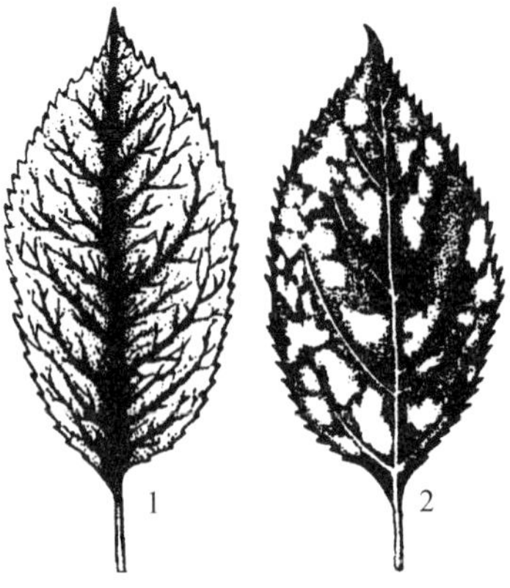

图 2-2　变色类型

1. 黄化　2. 花叶

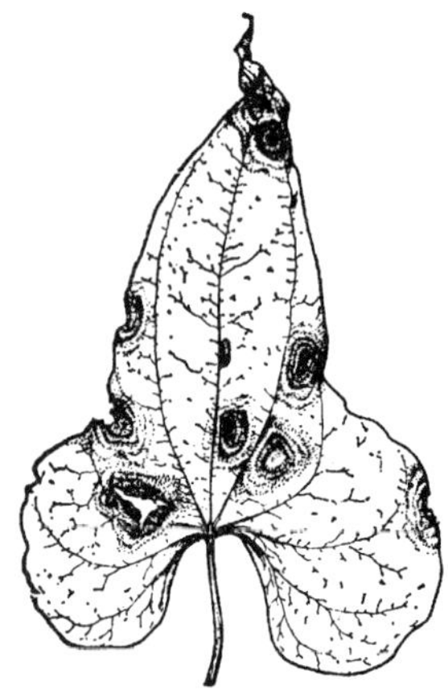

图 2-3　坏死(山药炭疽病)

植物组织连片坏死而呈现黄白色、褐色或黑色，形成叶斑、叶枯、环斑、条斑或轮纹斑。③穿孔：叶片的局部组织坏死后脱落。④疮痂：植物体表先呈现疱状隆起，然后表皮细胞破裂。⑤溃疡：树木枝干的局部组织腐烂。

（3）腐烂。植物细胞和组织发生较大面积的消解和破坏称为腐烂。根、茎、叶、花、果都可发生腐烂，幼嫩或肉质多汁的组织更易发生。腐烂与坏死的区别是：一般来说，腐烂是整个组织和细胞受到破坏和消解，而坏死则多少还保持原有组织和细胞的轮廓。

根据腐烂的部位，可分为根腐、基腐、茎腐、花腐、果腐等；根据组织分解的程度不同，有干腐、湿腐和软腐之分，比较坚硬的植物组织发生腐烂称为干腐，柔软而多汁的植物组织发生腐烂称为湿腐，寄主组织细胞间中胶层的破坏称为软腐。

（4）萎蔫。植物由于失水而导致枝叶萎垂甚至枯死的现象称为萎蔫。萎蔫有生理性和病理性之分：生理性萎蔫是由于土壤中含水量过少，或高温时过强的蒸腾作用而使植物暂时缺水，若及时供水，则植物可以恢复正常。病理性萎蔫是指植物根或茎的维管组织受病原物的侵染，发生供水不足而出现的凋萎现象，如黄萎、枯萎、青枯等。这种萎蔫大多不能恢复，导致死亡，称永久性萎蔫（图 2-4）。

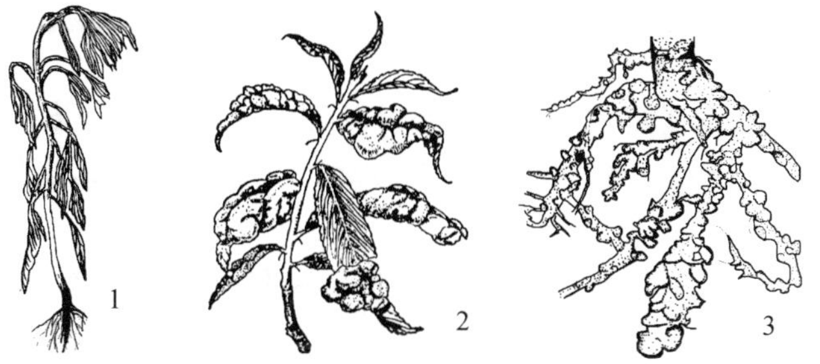

图 2-4　萎蔫和畸形类型

1. 紫菀萎蔫病　2. 桃缩叶病　3. 黄芪根结线虫病

（5）畸形。由于病组织或细胞生长受阻或过度增生而造成的形态异常现象称为畸形（图 2-4）。植物发生抑制性病变，生长发育不良，出现矮化、叶片皱缩、卷叶、蕨叶等病状。病组织也可发生增生性病变，生长发育过度，病部膨大形成肿瘤，枝或根过度分枝，产生丛枝或发根。各类病原物引起的病害大都能产生畸形症状，但多数表现畸形症状的病害是由植物病毒或植原体侵染所引起的。

2. 病征类型

病征是指植物感病部位病原物的营养体或繁殖体所表现的特征。病征是许多传染性病害具有的特征，但也有些病害不表现病征，如病毒性病害、线虫病和单纯环境因素引发的病害只有病状而无病征。常见的病征有：

（1）霉状物。病原真菌在病部出现各种毛绒状的霉层，其颜色、质地和结构变化较大，常见的有霜霉、黑霉、灰霉、青霉、白霉等。

（2）粉状物。病原真菌在病部出现白色或黑色粉层，是白粉病或黑粉病的病症。

（3）锈状物。病原真菌在病部表面形成小疱状突起，破裂后散出白色或铁锈色的粉状物，是白锈病和各种锈病的病征。

（4）粒状物。病原真菌在病部产生的大小、形状、颜色各异的颗粒状物。如真菌的分子孢子盘、分子孢子器、子囊壳、子座、闭囊壳等。

(5)菌核与菌索。病原真菌在病部先产生白色绒毛状物,后期聚结成大小、形状不一的菌核,颜色逐渐变深,质地变硬。菌索是由菌丝形成的,呈绳索状。如人参菌核病。

(6)脓状物。病原细菌在潮湿条件下在病部溢出的含有细菌菌体的脓状黏液,一般呈露珠状,或散布为菌液层,在气候干燥时,会形成菌膜或菌胶粒。

(三)药用植物病害的类型

植物病害种类繁多,为了掌握各种病害发生规律,便于诊断并指导防治,必然对病害进行适当分类。常见的分类法如下:

(1)根据致病因素的性质,分侵染性病害和非侵染性病害两大类。

①侵染性病害是由病原生物(真菌、细菌、病毒、线虫以及寄生性植物等)的侵染而引起的,能相互传染,从少到多,从点到面,逐渐扩大蔓延为害。其发生、发展包括3个基本环节:病原物与寄主接触,进行初次侵染活动,由于初侵染的成功,病原物数量不断扩大,并在适当的条件下进行传播,进行多次的再侵染,使病害不断扩展;当寄主组织死亡或进入休眠,病原物随之进入越冬阶段,病害处于休眠状态;次年春天,病原物从其越冬场所经新一轮传播再对寄主植物进行新的侵染。

②非侵染性病害是由非生物因素即不良环境条件引起的病害,又称生理性病害。这类病害不能传染,如土壤中水分的过多过少、营养失调、空气中有毒物质过多等。实践中以侵染性病害更重要。

(2)根据病原物的种类,分为真菌性病害、细菌性病害、病毒性病害、线虫病害等,它们在侵染过程、症状、流行特点等方面有一定特征和差异。

(3)根据病原物的传播途径,分为气传病害、土传病害、种传病害、雨水传病害和以昆虫等介体传播的病害等。有些病害不止一种传播途径,但在病害流行中起主导作用的通常只有一种。不同传播途径的病害在防治策略及病害控制难易上有很大不同。

(4)根据表现的症状类型,分为花叶病、炭疽病、溃疡病、腐烂病、疫病等。

(5)根据植物的染病部位,分为根部病害,叶、花、果病害、枝干病害等。

(6)根据病害流行特点,分为单年流行病害和积年流行病害。前者发病速度快,由少数植物到全田流行在一个生长季节内完成,例如,一般气传病害中的锈病和白粉病等;而后者发展速度较慢,要经过几年或几个生长季节才能达到全面流行,如土传病害中的枯萎病和黄萎病等。

二、病原物的寄生性、致病性与植物的抗病性

(一)病原物的寄生性

病原物克服寄主植物的组织屏障和生理抵抗,从寄主植物体内夺取营养物质而生存的能力,称为寄生性。所有病原物都是异养生物,它们必须从寄主植物体中掠取营养物质才能生存。被夺取养分的植物,叫作该病原物的寄主。不同病原物的寄生性有很大的差异,可区分为三大类:

1. 专性寄生物

又称严格寄生物、纯寄生物。这类病原物只能在活的寄主体上生活，不能在人工培养基上生长，如病毒、寄生性种子植物、真菌中的白粉菌、锈菌、霜霉菌等。

2. 非专性寄生物

这类病原物既能在活的寄主组织上寄生，又能在死亡的病组织和人工培养基上生长。依据寄生能力的强弱，又分为两种情况：

(1)兼性寄生物。一般以寄生生活为主，但在某一个发育时期，或在寄主死后，可在寄主残体上或在土壤中继续腐生，多数病原物属于这一类。如丝核菌、镰刀菌、腐霉菌等。

(2)兼性腐生物。一般以腐生方式生活，在一定条件下也可进行寄生生活，但寄生性很弱。如腐烂病菌、白绢病菌、软腐病菌等，只有在不良条件下寄主受到一定损害后才能发病，否则无能为力。

3. 专性腐生物

这类病原物以各种无生命的有机质作为营养来源，称为专性腐生物。专性腐生物一般不能引起植物病害，但可造成木材腐朽，如木腐菌等。

(二)病原物的致病性

病原物在寄生过程中，对受害植物的破坏能力称为致病性。病原物对寄主植物的破坏作用，一方面表现在对寄主体内养分和水分的大量消耗，另一方面还由于它们可分泌各种酶、毒素、生长调节物质等，直接或间接地破坏植物细胞和组织，使寄主植物发生病变。

寄生性和致病性是病原物统一的特性，二者密切相关。一般说来，寄生性强的病原物对寄主破坏性小，受害部位通常表现为褪色、畸形等，而弱寄生菌对植物的破坏性大，首先毒死寄主细胞，然后在死亡的组织里生长蔓延，寄主病部表现腐烂、溃疡、斑点等。所以一般寄生性很强的病原物，只具有较弱的致病力，而寄生性弱的种类，致病力往往很强。

(三)植物的抗病性

植物的抗病性是指植物避免、终止或阻滞病原物侵入与扩展，减轻发病和损失程度的一类特性。抗病性是植物与病原物在长期的协同进化中相互适应、相互选择的结果，病原物发展出不同类别、不同程度的致病性，植物也相应地形成了不同类别、不同程度的抗病性。抗病性是植物普遍存在的、相对的性状，所有植物都具有不同程度的抗病性。

1. 植物对病原物侵染的反应

(1)免疫。寄主植物抵抗病原物侵入，使病原物不能与寄主植物建立寄生关系，表现为完全不发病，或观察不到可见症状。

(2)抗病。病原物能侵染寄主植物，并能建立寄生关系。但由于寄主植物的抗逆反应，病原物被局限在很小的范围内，寄主植物仅表现轻微症状。在此情况下，病原物的繁殖受到抑制，对寄主植物的为害不大，叫作抗病。抗病有高抗、中抗之分。

(3)耐病。寄主植物遭受病原物侵染后，虽能发生较重的症状，但由于寄主植物自身的补偿作用，对其生长发育，特别是对植物的产量和品质影响较小，叫作耐病。

(4)感病。寄主植物发病严重，对其生长发育、产量、品质影响很大，甚至引起局部或全株死亡，表现出病原物的极大破坏作用，叫作感病。感病也有高感、中感之分。

2. 植物抗病性的机制

(1)抗接触。指植物感病期与病原物盛发期不一致的状况。实际上是植物避开了与病原物接触的机会,而不是真正的抗病。

(2)抗侵入。病原物能与寄主植物接触,但由于植物外部组织结构和性能上的机械特性,或由于植物外渗物质的影响,使病原物不能完成侵入过程,叫作抗侵入。如植物表面角质层、蜡质层的厚度,气孔的多少、大小、结构、开张时间长短等,直接影响病原物的侵入。植物表皮外渗物质影响:一类是可以刺激病菌孢子萌发,这类物质分泌多,利于病菌侵入;另一类是抗菌物质,可抑制其萌发,甚至有杀菌作用,这类物质多,有利于增强寄主抗侵入特性。

(3)抗扩展。病原物侵入植物后,植物抵抗病原物繁殖,阻止病原物进一步扩展的特性叫作抗扩展。植物抗扩展的原因:一是由于寄主植物组织结构引起的,寄主植物细胞壁的厚度、茎秆和叶片中厚壁组织与薄壁组织的比例、导管中孔径的大小和凝胶物质的形成、维管束中侵填体的产生等,都影响病原物的扩展。有的寄主植物在病原物侵入后,产生离层,形成穿孔,使病部脱落,阻止病害扩展。二是由于寄主植物的生理生化引起的抗扩展特性,寄主植物细胞组织中的酸度、渗透压、营养物质及含特殊的抗生物质或有毒物质,不论是自身存在的或后天获得的,都能抑制病菌扩展。草酸、大蒜素、烟碱、几丁质酶和β-(1,3)葡聚糖酶等是植物体内原已存在的物质,可使侵入寄主植物组织的菌丝体离解。有些植物中的蛋白酶能钝化多种病毒。另外,寄主植物受病原物刺激后代谢作用加强,产生对病原有抑制的物质,称为植物抗毒素或植物保卫素,如绿原酸等。此外,寄主植物受病原物侵染时,受侵细胞及其邻近细胞高度敏感,迅速坏死,病原物被封死于枯死的组织中,形成过敏性反应。

三、侵染性病害的侵染过程及侵染循环

(一)侵染过程

植物个体遭受病原物的侵染有一定的过程,常称为侵染过程或病理程序(简称病程)。它是指从病原物与寄主接触开始,到寄主表现症状的整个侵染过程。在这个过程中,不仅病原物的侵染活动贯彻始终,而且寄主植物在生理上、组织上、形态上也产生一系列的变化。病原物的侵染是一个连续的过程,为了便于分析各因素的影响作用,一般将侵染过程分为接触期、侵入期、潜育期和发病期4个时期。

1. 接触期

从病原物(如真菌孢子)与寄主接触,到病原物开始萌发为止称接触期。病原物只有先接触到植物,才有可能侵入到寄主植物体内。接触期能否顺利完成,受到外界各种复杂因素的影响,如大气的温度、湿度、光照、叶面的温湿度及渗出物等。只有克服了各种不利的因素,病原物才能侵入到寄主体内。病毒和类病毒的接触和侵入是同时完成的,细菌从接触到侵入几乎是同时完成。真菌接触期的长短不一,一般说来,从孢子接触到萌发侵入,在适宜的环境条件下,几小时就可以完成。

2. 侵入期

从病原物开始萌发侵入寄主,到初步建立寄生关系为止的一段时间称侵入期。病原物顺利地完成接触期,并通过一定的途径侵入到寄主植物体内。

病原物的侵入途径有：

(1)直接侵入。病原物通过植物无伤的表皮(角质层和细胞壁)直接侵入植物体内。

(2)自然孔口侵入。植物表面的气孔、皮孔、水孔、蜜腺等自然孔口，常成为病原物侵入的通道。

(3)伤口侵入。植物表面的机械伤口、电伤、冻伤、自然裂口、人为创伤等，可成为病原物侵入的通道。

不同的病原物侵入途径不同，如病毒只能通过新鲜的微伤口侵入，细菌能通过伤口和自然孔口侵入，真菌 3 种途径均可侵入。大多数真菌是以孢子萌发后形成的芽管或者以菌丝侵入，典型的过程是(图 2-5)：孢子萌发产生芽管，芽管顶端与寄主表面接触时，可膨大形成附着胞，附着胞分泌黏液，能将芽管固着在寄主表面，然后附着胞产生较细的侵染丝，穿透寄主表皮角质层，侵入寄主体内。

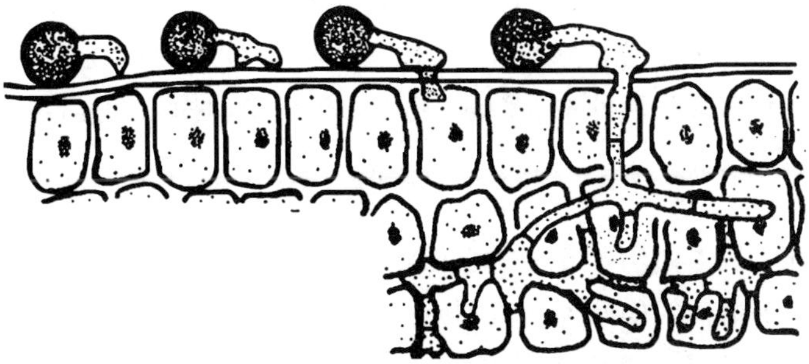

图 2-5　真菌的侵染丝直接侵入寄主表皮

许多真菌也可从嫁接口侵入，所以嫁接后保护好嫁接口可预防病害发生。线虫多以锋利的口针直接穿破表皮侵入植物体内。寄生性种子植物的吸根穿透力强，可直接侵入。

环境条件对病原物的侵入有很大影响，其中湿度和温度是环境因素中影响最大的。在一定范围内，湿度决定孢子能否萌发和侵入，而且常决定某病害发生的时期和季节。大多数病原物的活动和萌发需要高湿或水膜存在；同时水分过多不利于植物的伤口愈合，降低抗病力。所以，湿度常是病原物能否侵入的限制因素。温度则影响萌发和侵入的速度，适宜的温度可以促进真菌孢子的萌发，缩短侵入时间。在生长季节或冬季的温室中，一般温度都能满足孢子萌发的要求，因此，温度不成为限制侵入的因素。光照与侵入也有一定的关系，对于气孔侵入的病原真菌，光照可以决定气孔的开闭，因而影响侵入。

防止病原物的侵入，在防治策略上是至关重要的，目前常用的保护剂只是预防病原物的入侵，病原物一旦侵入后就失去了保护作用。改善生态条件，加强养护管理，防止机械损伤和保护伤口，在防止病原物侵入上也都是有积极意义的。

3. 潜育期

从病原物与寄主建立寄生关系到寄主开始出现明显症状为止称潜育期。潜育期是病原物从寄主体内夺取营养，进行扩展、发育的时期，也是病原物与寄主进行激烈斗争和相互适应的时期。病原物只有克服了寄主的反抗力，建立起稳定的寄生关系，症状才逐渐地表现出来。

各种病害潜育期的长短差异很大，主要取决于病原物的生物学特性，此外，与环境条件和寄主的抗病性也有一定的影响。环境条件对潜育期的影响主要是温度，在一定范围内，温度升高，潜育期缩短。一般湿度对潜育期长短的影响并不太重要。

4. 发病期

发病期是指从症状出现到生长期结束甚至植物死亡为止的整个阶段。发病期是病原物扩大为害、大量产生繁殖体的时期。环境条件对症状表现有明显影响,特别是较高湿度和适当温度,有利于病害症状的产生和流行。

各种病原物在植物体内繁殖和蔓延的部位不同。病原物的分布局限在侵入点附近,形成局部的或点发性的感染,称作局部性侵染;病原物从侵入点向各个部位蔓延,甚至引起全株性的感染,称作系统侵染。植物病害以局部性感染的较多,如各种叶斑病。而大部分的枯萎病,以及由病毒、类病毒、植原体引起的病害属全株性的感染。

(二)侵染循环

植物病害的侵染循环是指病害从寄主的前一个生长季节开始发病,到下一个生长季节再度发病的过程。侵染过程只是整个病害侵染循环中的一个环节。侵染循环主要涉及:病原物的越冬或越夏,病原物的传播、初侵染和再侵染 3 个环节。侵染循环是研究植物病害发生发展规律的基础,也是研究病害防治的中心问题,病害防治措施的提出就是以侵染循环的特点为依据的。

1. 病原物的越冬或越夏

当生长季节结束,寄主植物收获或转入休眠期,这时病原物的侵染活动也暂时终止,进行越冬或越夏,度过寄主植物的中断期。直到下一个生长季节开始,再继续侵染为害,而成为下一个生长季节的初侵染来源。病原物越冬(或越夏)的场所往往比较集中,且处于相对静止状态,所以在防治上是一个关键时期。

病原物越冬或越夏的场所主要有以下几种:

(1)田间病株。是很多病原物越冬越夏的场所,尤其是二年生或多年生的植物。此外,病原物还可在野生寄主和转主寄主上越冬越夏,成为寄主中断期的来源。所以处理田间病株、清除野生寄主等都是消灭病原物来源、防止发病的重要措施之一。

(2)种子、苗木及其他繁殖材料。病原物可以在种子、块根、块茎或鳞茎内外越冬,或者附着在种子上。如薏苡黑粉病菌以冬孢子附着在种子上越冬,姜瘟病的病菌可以在姜块内越冬。种苗和其他繁殖材料的带菌,常常是下年初次侵染最有效的来源,所以,播种前处理种子、苗木和其他繁殖材料,是防止病害发生和病区扩大的重要措施。

(3)病株残体。绝大部分非专性寄生的真菌和细菌都能在病株残体上存活或以腐生方式生活一定时期,如平贝母灰霉病等。这是因为病原物在病残体中受到植物组织的保护,在一定程度上能抵抗外界不良环境,尤其是受土壤微生物的颉颃作用较小。同时病株残体还提供营养,作为病原物再形成繁殖体的营养来源,当病残组织完全分解后,其中的病原物就随之死亡和消失。在农业防治中,清洁田园,处理病残体是杜绝病菌来源的重要措施。

(4)土壤、肥料。真菌的冬孢子、卵孢子、厚垣孢子和菌核、线虫的胞囊、菟丝子的种子等,都可在土壤中存活多年。如果连年在一块地上种植同一种药用植物,就会加重根部病害的发生,因此,深耕翻土,合理轮作、间作,改变环境条件是消灭土壤中病原物的重要措施。病原物也可随病残体混入粪肥中,因此,使用未充分腐熟的肥料,常因其含有许多活的病原物而引起发病。

(5)传病介体。病毒的越冬越夏涉及传毒介体。根据病毒在蚜虫和其他刺吸式口器昆虫介体上存在的部位及病毒的传染机制不同，分 3 种类型：

①口针型病毒：这类病毒只存在于昆虫口针的前端，当昆虫介体在寄主植物上刺探时就可能传毒。这类病毒不能在介体昆虫体内越冬或越夏。

②循回型病毒：蚜虫、叶蝉、飞虱口针吸食获得的病毒，经过中肠和血淋巴到达唾液腺，再经唾液的分泌传染病毒。病毒在昆虫体内有转移过程，要经过一定的潜育期才能传染，但不能在介体内增殖。多数循回型病毒能在昆虫体内保存。

③增殖病毒：这类病毒既能在介体内长期存活，又能在介体内增殖，使介体成为病原的初侵染来源，如叶蝉、飞虱等。

2. 病原物的传播

病原物越冬或越夏后，必须经过传播，才能到达寄主植物，引起初次侵染而发病，还要经过传播，引起再侵染。从病原物传播的动力来看，可分为两类：

(1)主动传播。主动传播是病原物自身活动引起的传播。这种传播距离和范围很有限，仅对病原物的传播为害起一定的辅助作用。如真菌的游动孢子和有鞭毛的细菌可在水中游动传播；有些真菌的孢子可自动弹射传播；真菌的菌丝、菌索能在土壤中或寄主上生长蔓延；线虫在土壤和寄主上的蠕动传播；菟丝子通过茎蔓的生长而扩展传播等。

(2)被动传播。被动传播是靠外力作用进行的传播，是病原物的主要传播方式，能造成病害的发生和流行。主要有：

①气流、风力传播。这是病原真菌的主要传播方式。因为真菌孢子数量大、体积小、重量轻，容易随气流传播。风的传播速度快，传播距离远，波及的面积广，几乎所有真菌孢子都可由风作远距离传播，常引起病害流行；细菌虽不能借风力传播，但病残体可随风飘扬；病毒的昆虫介体有些借气流作远距离迁移，风力对这些病害的传播起间接作用。

借气流远距离传播的病害防治比较困难，既要消灭当地越冬的病原体，还要防止外地传入的病原物的侵染，采用抗病品种或组织大面积联防，才能得到较好的防治效果。

②雨水传播。雨水传播是普遍存在的，但一般的传播距离较近。多数病原细菌和部分具有胶性孢子的真菌在寄主表面产生胶黏的孢子堆，经雨水溶解后，才能散出或随雨滴的反溅作用而传播。所以，雨水是这类病原物传播必不可少的条件，特别是暴风雨更使病原物在田间大范围的传播。雨水还可将病株上的病原物冲洗到下部或土壤中，借雨滴的飞溅，把病原物传播到距离地面较近的寄主组织上侵染。一些在土壤中存活的病原物常常靠流水及灌溉水传播。对于这类雨水传播病害的防治，只要能消灭当地菌源或者防止病原物传播与侵染，就能取得一定的效果。

③昆虫及其他动物的传播。许多病毒是通过昆虫传播的，一些通过伤口侵入的病原真菌和细菌，也可借助昆虫传播。有效防治昆虫介体，对于这类介体传播病害的防治，尤其是病毒性病害的防治非常重要。

④人为因素传播。人一方面要防治病害，另一方面又经常自觉或不自觉地在传播病原物，还可以把病原物从一国传至另一国，比气流传播的距离更远。尤其是改革开放以来，人们的商业活动和科技交流频繁，人为因素传播为害性病害的可能性更大。这种传播方式数量大、距离远，常为某些病害开辟了新区，使药用植物受到严重的损失。因此，严格实施植物检疫制度，防止远距离人为传播，是非常重要的。

此外，施肥、灌溉、播种、移栽、修剪、嫁接、整枝等日常农事操作均能传播病害。

3. 初侵染和再侵染

越冬以后的病原物，在植物开始生长发育后进行的第一次侵染，称为初侵染。初侵染完成后，在病株上所产生的繁殖器官又传播到健康植物上，在一个生长季节内进行重复的侵染称为再侵染。有些病害只有初侵染，无再侵染，如木瓜锈病，但更多的病害具有再侵染，如各种白粉病等。在植物的一个生长季节中，只有一个侵染过程的病害，称单循环病害；有多个侵染过程的病害，称多循环病害。

再侵染的次数与潜育期的长短是紧密相关的，如月季黑斑病的潜育期 7～10 d，因此，在一个生长季节有多次再侵染；而芍药红斑病潜育期约 1 个月，再侵染次数就少。如果只有初侵染，在防治上应强调消灭越冬（或越夏）的病原物，对于有再侵染的病害，除了消灭越冬（或越夏）的病原物外，还要根据再侵染次数的多少，相应地增加防治次数，才能达到防治的目的。

基础知识二　植物病原真菌

知识目标

- 了解植物病原真菌的一般性状。
- 了解真菌的生活史及无性、有性阶段的孢子类型。
- 掌握真菌的主要类群及其引起病害的类型。

真菌是一类非常重要的植物病原物，由真菌侵染引起的植物病害称为真菌性病害，此类病害占整个侵染性病害的 70%～80%。如菘蓝霜霉病、红花锈病、黄芪白粉病等都是由真菌引起的。

药用植物受病原真菌感染后，在感病部位出现变色、腐烂、萎蔫、斑点、立枯、穿孔、溃疡等病状，同时在病部有霉状物、粉状物、锈状物、颗粒状物、煤污状物、绢丝状物或褐色鼠粪状菌核等病征。

一般在潮湿条件下，真菌性病害在发病部位都会有菌丝或孢子产生，这是判断真菌性病害的主要依据。诊断时可借助扩大镜观察病部病征，或经保温保湿培养使病征重新长出后制成临时装片，置显微镜下观察。但要注意区分这些子实体是真正病原真菌的子实体还是次生或腐生真菌的子实体，因为在老病斑或病斑的坏死部分常污染腐生真菌或细菌。较为可靠的方法是从新鲜病斑的边缘作镜检或切取病组织进行分离培养，也可以选用一些特殊性诊断技术，按柯赫氏法则进行鉴定。

真菌是一类没有叶绿素，不能进行光合作用，且无根、茎、叶分化的真核生物。真菌的形态复杂，大多数真菌为多细胞（少数为单细胞），有营养体和繁殖体的分化。

一、植物病原真菌的一般性状

1. 真菌的营养体

真菌营养生长阶段的结构称为营养体（图 2-6）。绝大多数真菌的营养体是可分枝的丝状体，单根丝状体称为菌丝，许多菌丝在一起统称菌丝体。菌丝多数无色透明，少数表现不同颜色，但这些色素不能进行光合作用。低等真菌的菌丝无隔膜，称为无隔菌丝；高等真菌的菌丝有隔膜，称为有隔菌丝。此外，少数低等真菌的营养体不是丝状体，而是无细胞壁且形状可变的原生质，称为原质团，或具细胞壁、卵圆形的单细胞。大多数真菌细胞壁的主要化学成分为几丁质，少数是纤维素。

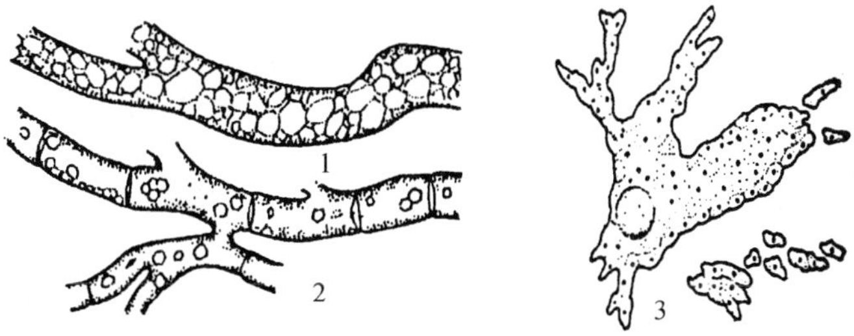

图 2-6　真菌营养体的主要类型

1. 无隔菌丝　2. 有隔菌丝　3. 原质团

寄生在植物上的真菌往往以菌丝体在寄主植物的细胞间或穿过细胞扩展蔓延，并从寄主中摄取营养物质。有些真菌侵入寄主后，菌丝体在寄主细胞内形成吸收养分的特殊机构称为吸器（图 2-7）。

真菌的菌丝体一般是分散的，但有时可密集地纠结在一起形成菌组织。菌丝体纠结比较疏松，菌丝细胞大致平行排列的称疏松组织；菌丝体纠结十分紧密，菌组织中的细胞接近圆形、椭圆形，似高等植物的薄壁细胞，称拟薄壁组织。上述两种菌组织又可形成各种菌丝的变态，如菌核、子座和菌索等。

（1）菌核。是由菌丝紧密交织而成的休眠体，内层是疏松组织，外层是拟薄壁组织，表皮细胞壁厚、色深、较坚硬。菌核的功能主要是抵抗不良环境（低温、高温、干燥）。当环境条件适宜时，菌核能萌发产生新的营养体或繁殖体。菌核的形状和大小差异较大，通常似绿豆、鼠粪或不规则状，如细辛菌核病。

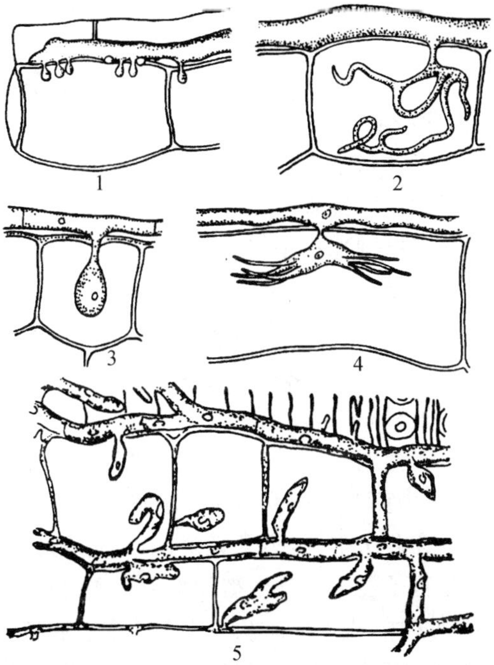

图 2-7　真菌吸器类型

1. 白锈菌吸器　2. 霜霉菌吸器
3、4. 白粉菌吸器　5. 锈菌吸器

（2）子座。是由菌丝在寄主表面或表皮下交织形成的一种垫状结构，有时与寄主组织结合而成。子座的主要功能是形成产生孢子的机构，也有利于度过不良环境。

（3）菌索。是由菌丝体平行排列形成的长条状绳索状结构，外形与植物的根相似，也称根状菌索。生于树皮下或土下，环境条件不适宜时休眠，环境条件适宜后可恢复生长。

2. 真菌的繁殖体

菌丝体生长到一定时期产生的繁殖器官称繁殖体。真菌通常产生孢子繁殖后代,真菌的孢子相当于高等植物的种子,由单细胞或多细胞组成,构造简单。孢子脱离母体后,遇到适宜条件,能靠本身贮存的营养萌发形成芽管,芽管吸收营养后,就可长成新的个体。根据真菌产生孢子的方式不同,可将真菌的繁殖分为无性繁殖和有性繁殖两大类。

(1)真菌的无性繁殖。指不经过两个性细胞或性器官的结合而产生新个体的繁殖方式。无性繁殖过程短,重复次数多,产生的后代个体多,通常在植物的生长季节进行,对病害的发生、蔓延及病原物传播起重要作用。常见的无性孢子有节孢子、粉孢子、厚垣孢子、游动孢子、孢囊孢子、分生孢子(图2-8)。

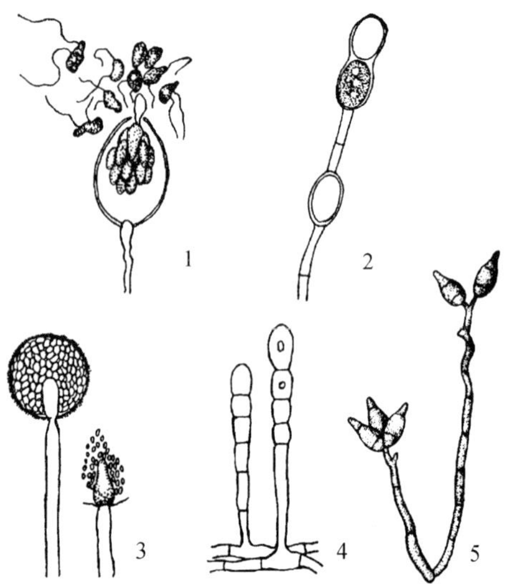

图 2-8 真菌无性孢子类型

1. 游动孢子囊及游动孢子 2. 厚垣孢子 3. 孢子囊及孢囊孢子 4. 粉孢子 5. 分生孢子

①节孢子和粉孢子:有些真菌菌丝通过断裂形式产生的许多长形、单细胞小段,称节孢子。断裂的另一种形式是菌丝上产生更多的隔膜,将原来长形的菌丝细胞分割成较短的近方形细胞,这些细胞排列成串或相互分离,细胞形成后稍微膨大呈椭圆形,称粉孢子。

②厚垣孢子:也称厚壁孢子,有些真菌在菌丝顶端或中间细胞的原生质浓缩,细胞壁增厚形成的圆形或椭圆形孢子,具休眠作用,能抵抗不良环境。

③游动孢子:卵菌、壶菌、根肿菌等的无性孢子,形成于菌丝或孢囊梗顶端膨大的孢子囊内,孢子囊内的原生质体分割成许多小块,小块逐渐变圆,围以薄膜而形成游动孢子。游动孢子有肾形、梨形或球形,具1或2根鞭毛,在水中游动一段时间后,鞭毛收缩,产生细胞壁进行休眠,然后萌发形成新个体。

④孢囊孢子:接合菌的无性孢子,以原生质体割裂的方式产生在孢子囊内。孢子囊成熟后,破裂而散出孢囊孢子。孢囊孢子无鞭毛,不能游动。

⑤分生孢子:为子囊菌、半知菌等的无性孢子。简单的分生孢子产生在由菌丝分化形成的分生孢子梗上。分生孢子着生于梗的顶端或侧方,也有串生。分生孢子形状、大小、颜色、数目多种多样,成熟后易从分生孢子梗上脱落,是真菌中最常见的一种无性孢子,也是真菌最高级的无性繁殖形态。有些真菌的分生孢子着生在由菌丝形成的分生孢子盘(盘状结构)上,或分生孢子器里(为瓶状结构,有孔口),它们都是真菌的无性子实体。

(2)真菌的有性繁殖。是通过两个性细胞或性器官的结合而进行生殖的一种方式。真菌的性器官称配子囊,也称配子体。产生分化的性细胞,称配子。有性繁殖一般要经过质配、核配、减数分裂三个阶段。有性繁殖产生的孢子称有性孢子,主要有卵孢子、接合孢子、子囊孢子、担孢子(图2-9)。

①卵孢子:卵菌的有性孢子。繁殖时先在菌丝上形成两个异型的配子囊,大的叫藏卵器,小的棍棒形叫雄器,通过质配和核配,在藏卵器中形成双倍体的卵孢子。卵孢子壁厚、色深,一般埋藏在病组织内,可抵抗不良的环境条件。

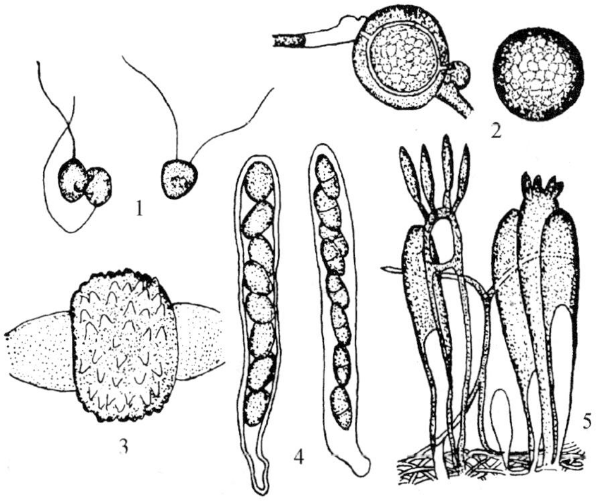

图 2-9　真菌有性孢子类型

1. 合子　2. 卵孢子　3. 接合孢子

4. 子囊及子囊孢子　5. 担子及担孢子

②接合孢子：为接合菌的有性孢子。两个不同菌株的同形异性配子囊互相接触后，接触处的胞壁溶解，在公共细胞内进行质配和核配，形成一个双倍体厚壁的接合孢子。

③子囊孢子：为子囊菌的有性孢子。先从菌丝上分化出不同形状的配子囊——雄器和产囊体，雄器和产囊体结合，在产囊体上长出许多丝状分枝的产囊丝，产囊丝顶端细胞伸长和弯曲形成钩状体，而后形成子囊母细胞，发育成子囊。子囊内的两性细胞核结合后经减数分裂，形成子囊孢子，每个子囊内通常含有 8 个子囊孢子，如白粉菌。

④担孢子：为担子菌的有性孢子。两性器官多退化，通常直接由“＋”、“－”菌丝结合，不直接产生有性孢子，经过一个相当长的双核菌丝时期，再产生担子。核在担子中结合，经减数分裂，在担子上产生 4 个外生的担孢子。有些真菌的双核菌丝在产生担子之前，先产生一个厚壁的休眠孢子，叫冬孢子，再由冬孢子萌发产生担子和担孢子，如黑粉菌。

真菌产生孢子的结构，无论是无性繁殖还是有性繁殖，结构简单或复杂，统称子实体。真菌的无性孢子和有性孢子及产生这些孢子的子实体的形态是真菌分类的重要依据之一。

二、真菌的生活史

从一种孢子开始，经过萌发、生长和发育，最后又产生同一种孢子的过程称为真菌的生活史。典型的生活史包括无性阶段和有性阶段，真菌经过一定时期的营养生长就进行无性繁殖产生无性孢子，这是它的无性阶段。条件适宜情况下，无性繁殖阶段在真菌的生活史中可以独立地多次重复循环，无性孢子数量大，对植物病害的传播、蔓延作用很大。

在真菌的发育后期，寄主植物休眠期或缺乏养分、温度不适宜等情况下，在菌丝体上形成两性细胞（配子）或性器官（配子囊），经过性结合而产生有性孢子，即为真菌的有性阶段。有性孢子 1 年只发生 1 次，数量较少，抵抗不良环境能力强，通常是休眠孢子。有性孢子经休眠后，萌发再产生菌丝体，从而完成真菌个体发育的循环过程（图 2-10）。

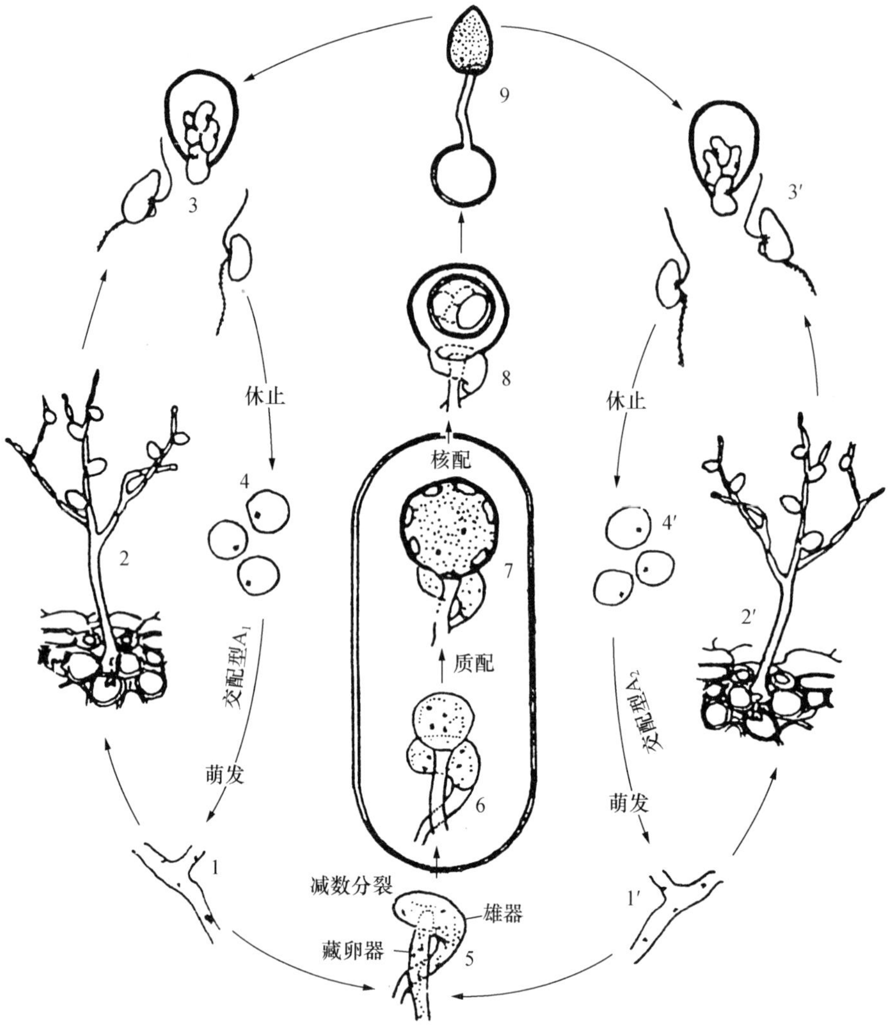

图 2-10　致病疫霉的生活史

1. 营养菌丝　2. 孢囊梗　3. 孢子囊释放出游动孢子　4. 休止孢　5～6. 发育中的藏卵器和雄器　7. 质配、核配　8. 卵孢子　9. 卵孢子萌发形成芽孢子囊

(1′. 营养菌丝　2′. 孢囊梗　3′. 孢子囊释放出游动孢子　4′. 休止孢)

应当指出，有些真菌的生活史中，并不都具有无性和有性阶段。如半知菌的生活史中一般只有无性阶段而缺乏有性阶段，而一些高等担子菌经一定时期的营养生长后就进行有性繁殖，只有有性阶段而缺乏无性阶段。

一种真菌的生活史只在一种寄主上完成，称单主寄生；同一种真菌在两种以上的寄主上才能完成生活史的，称转主寄生。

三、真菌的主要类群及其所致病害

真菌的分类系统很多，各派分类论点各不相同，以安斯沃思(G. C. Ainsworth)(1973)的分类体系被广泛接受和引用，该系统将真菌界分为两个门(真菌门和黏菌门)，在真菌门内根据有性孢子的类型、菌丝是否有隔膜等性状分为5个亚门，即鞭毛菌亚门、接合菌亚门、子囊菌亚门、担子菌亚门和半知菌亚门。随着分子生物学技术的发展，真菌的分类正逐渐由依据形态进行分类过渡到根据系统发育关系进行分类，因此，近些年真菌的分类系统更新比较频繁。目前国内教材多采用《真菌词典》第9版(2001)的分类体系，把真菌放在原生动物界、藻物界和真菌界3个界内，真菌界内分为壶菌门、接合菌门、子囊菌门、担子菌门和半知菌类。与植物病害有关的真菌主要分布在藻物界的卵菌门和真菌界的子囊菌门、担子菌门、半知菌类。

1. 卵菌门(Oomycota)

卵菌门真菌营养体是二倍体，细胞壁主要成分为纤维素，与真菌界的真菌明显不同，因此《真菌词典》第9版(2001)的分类体系中把卵菌从原真菌界鞭毛菌亚门卵菌纲移到藻物界中，并提升为门。卵菌门真菌的共同特征是有性生殖产生卵孢子，因此这类真菌通常称为卵菌。卵菌的无性繁殖产生游动孢子，营养体很发达，菌丝没有隔膜，少数低等的是多核的有细胞壁的单细胞。卵菌多数水生，少数为两栖和陆生，潮湿环境有利于生长发育。引起植物病害的卵菌，多为害植物的根或近地面的茎，引起根腐病或猝倒病；有的可侵染地上部分，专性寄生，如引起霜霉、白锈等病害。卵菌所致病害的发生一般要求较高的湿度。卵菌中与药用植物病害关系密切的有以下几种：

腐霉属(*Pythium*)。菌丝发达，有分枝，生长旺盛时呈白色棉絮状。孢子囊在菌丝的顶端形成，形状与菌丝差别不大，棒状、姜瓣状或球状，成熟后一般不脱落。孢子囊萌发时先形成泡囊，在泡囊中产生游动孢子(图2-11)。存在于潮湿的土壤中，能引起多种药用植物幼苗的猝倒病和根、茎、果实的腐烂病。

疫霉属(*Phytophthora*)。孢囊梗与菌丝略有差别，孢子囊柠檬形或卵形，顶端有乳突，成熟后可以脱落，游动孢子在孢子囊内形成，很少形成泡囊；藏卵器内仅形成一个卵孢子(图2-12)。引起的病害通常称作疫病。如牡丹疫病、人参疫病等。

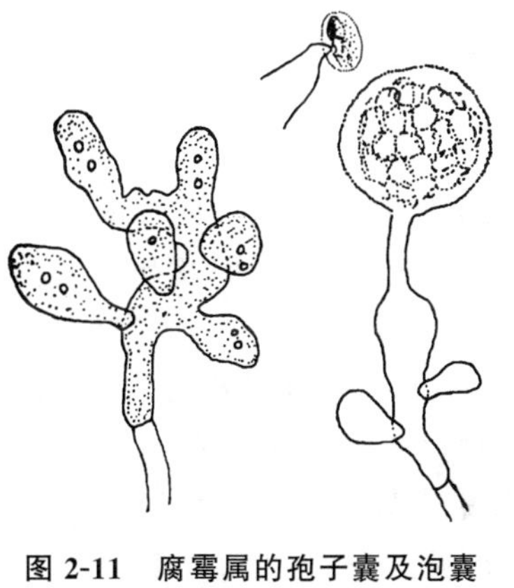

图2-11 腐霉属的孢子囊及泡囊

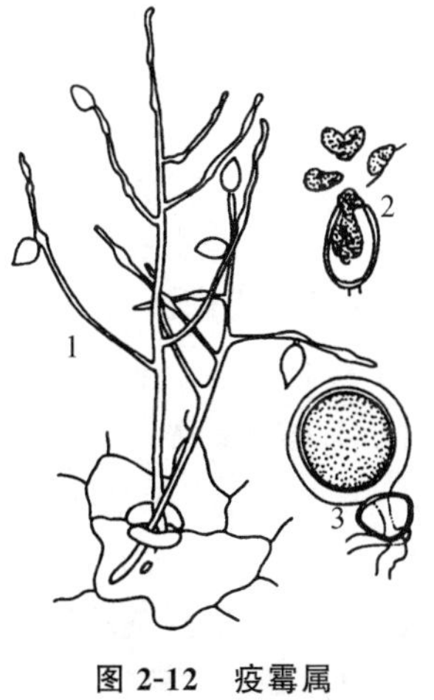

图2-12 疫霉属

1. 孢囊梗与孢子囊 2. 孢子囊释放游动孢子 3. 藏卵器、卵孢子和围生雄器

霜霉属(*Peronospora*)。孢囊梗自寄主气孔伸出，有明显粗壮的主轴，孢囊梗顶端二叉状锐角分枝，末端尖锐(图2-13)。引起许多植物的霜霉病，如菘蓝霜霉病、党参霜霉病等。

单轴霉属(*Plasmopara*)。孢囊梗自寄主气孔伸出，单生或丛生，单轴分枝，分枝与主轴呈直角或近直角，末端平钝（图 2-14）。为害植物的叶片，引起霜霉病，如当归霜霉病、牛膝霜霉病等。

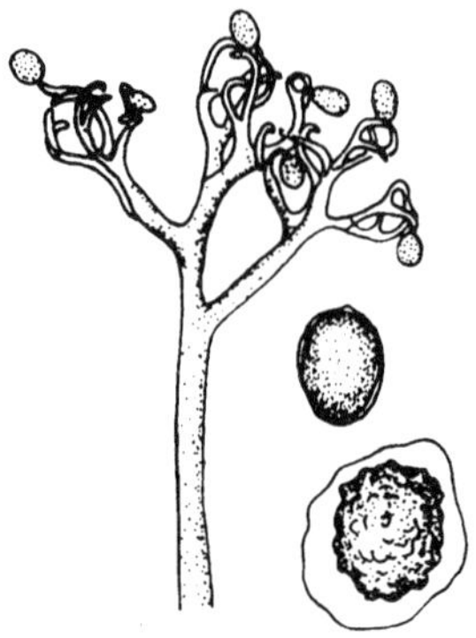

图 2-13　霜霉属

孢囊梗、孢子囊和卵孢子

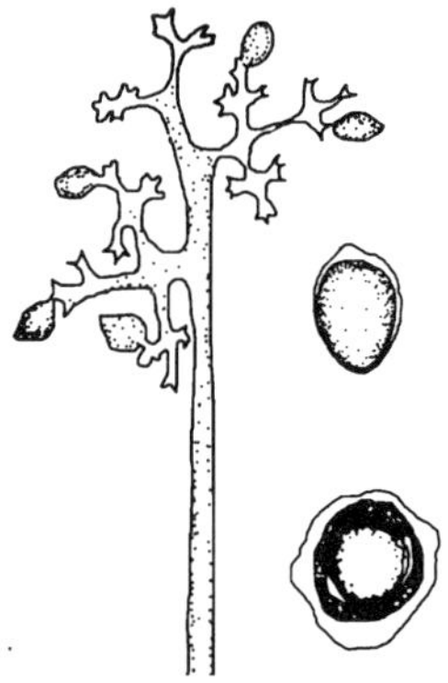

图 2-14　单轴霉属

孢囊梗、孢子囊和卵孢子

白锈菌属（*Albugo*）。孢囊梗平行排列在寄主表皮下，短棍棒状，顶部串生孢子囊，孢子囊呈球形或短圆筒形，无色或淡黄色（图 2-15）。病部形成白色疱状的孢子囊堆，寄主表皮破裂后散出白色粉末，症状似锈病，但孢子囊堆白色，故称白锈病。如牛膝白锈病、马齿苋白锈病等。

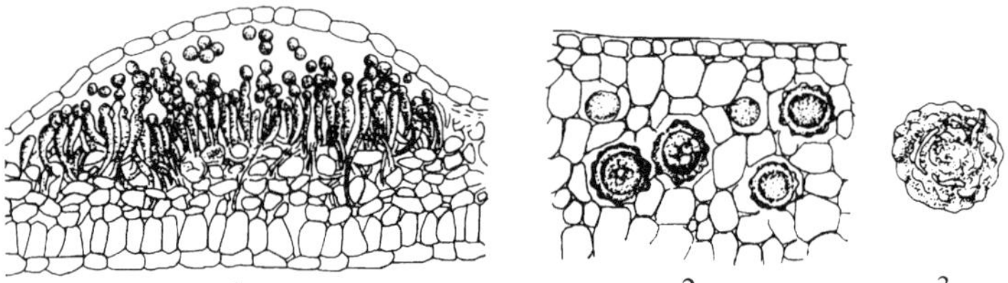

图 2-15　白锈菌属

1. 寄生在寄主表皮细胞下的孢囊梗和孢子囊

2. 病组织内的卵孢子　3. 卵孢子

2. 接合菌门（Zygomycota）

营养体为发达的无隔菌丝，有的种类菌丝可分化成假根和匍匐丝。无性繁殖产生孢囊孢子，有性繁殖产生接合孢子。多为陆生的腐生菌，广泛分布于土壤、粪肥及其他无生命的有机物上，如根霉属和毛霉属真菌常引起中草药贮藏期的霉变或腐烂；少数为弱寄生菌，引起植物花及果实、块根、块茎等贮藏器官的腐烂，病部初期产生灰白色，后期呈灰黑色的霉层。

根霉属（*Rhizopus*）。无隔菌丝体分化出假根和匍匐丝，与假根相对应处向上长出孢囊梗，顶端形成孢子囊。内生孢囊孢子，孢子囊壁破裂散出孢囊孢子。有性繁殖形成接合孢子（图 2-16）。常在成熟期和贮藏期引起药用植物器官腐烂或霉变，如芍药软腐病。

3. 子囊菌门（Ascomycota）

是真菌中形态复杂、种类较多的一个门。除酵母菌外，营养体大多数是发达的有隔菌丝，而且可产生菌核、子座等组织。无性繁殖产生分生孢子，有性繁殖产生子囊孢子。子囊呈棍棒形或圆筒形，少数呈圆形或椭圆形。每个子囊内通常有 8 个子囊孢子，但也有少于 8 个的。大多数子囊菌在产生子囊的同时，下面的菌丝将子囊包围起来，形成一个包被，叫作子囊果，对子

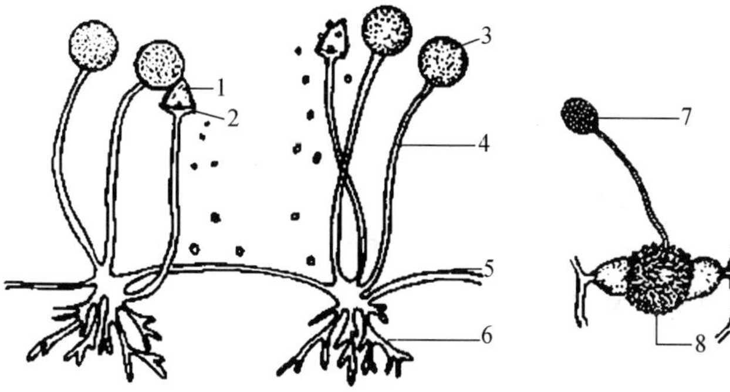

图 2-16　根霉属

1. 囊轴　2. 囊托　3. 孢子囊　4. 孢囊梗　5. 匍匐枝　6. 假根　7. 芽孢子囊　8. 接合孢子囊

囊起保护作用。有的子囊果无孔口，叫闭囊壳，一般产生在寄主表面，成熟后裂开散出孢子；有的子囊果呈瓶状，顶端有开口，叫子囊壳；有的子囊果呈盘状，子囊排列在盘状结构的上层，叫作子囊盘；有的子囊着生在子座的空腔内，称为子囊座。子囊菌几乎全部为陆生，有腐生和寄生的。与药用植物关系密切的有以下几种：

(1)核菌纲(Pyrenomycetes)。是子囊菌门中种类最多的纲。本纲营养体为发达的有隔菌丝，大多数为褐色。无性繁殖产生各种类型的分生孢子，有性繁殖时产生典型的子囊壳和闭囊壳。重要的有白粉菌目。

白粉菌目(Erysiphales)。是高等植物的专性寄生菌，菌丝大都表生，以吸器深入寄主表皮细胞，闭囊壳外有各种形状的附属丝。无性繁殖在菌丝上形成分生孢子梗，着生单个或成串的分生孢子。有性繁殖产生黑色闭囊壳，内含一个或多个子囊。白粉菌常在寄主表面产生毡状粉霉层，即为菌丝体、分生孢子梗和分生孢子，后期产生黑色小颗粒，即为病菌的闭囊壳，引起的病害统称白粉病。白粉菌目的重要的病原菌有：

白粉属(*Erysiphe*)。闭囊壳内有多个子囊，附属丝菌丝状，不分枝或稍有分枝(图 2-17)。可引起黄芪白粉病、菊花白粉病等。

叉丝壳属(*Microsphaera*)。闭囊壳内有多个子囊。附属丝顶端数回叉状分枝(图 2-18)。可引起小檗白粉病、忍冬白粉病等。

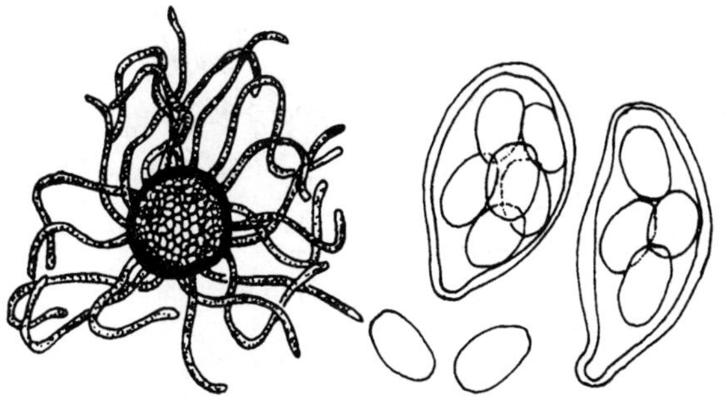

图 2-17　白粉属的闭囊壳、子囊和子囊孢子

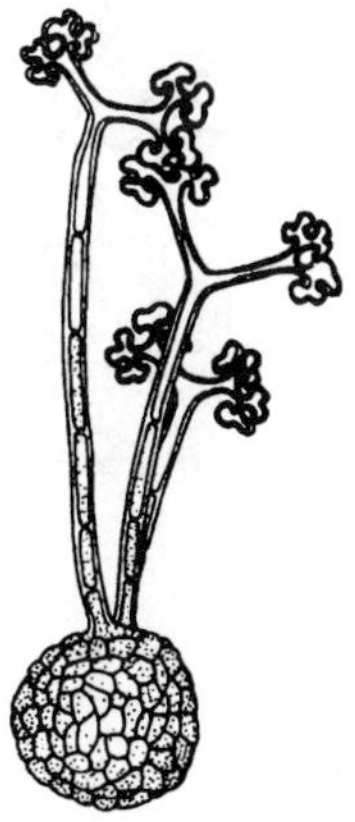

图 2-18　叉丝壳属

单丝壳属(*Sphaerotheca*)。闭囊壳球形,附属丝丝状,闭囊壳内产生一个子囊,子囊内含8个子囊孢子(图 2-19)。可引起牛蒡白粉病,玫瑰、月季白粉病等。

(2)腔菌纲(Loculoascomycetes)。子囊果为垫状、壳状的子囊座,子囊座内有单个或多个子囊腔,单个子囊散生在子座组织内,或多个子囊成束或平行排列在子囊腔内。本纲真菌多为一些半知菌类真菌的有性态,如球腔菌属。

球腔菌属(*Mycosphaerlla*)。子囊座生于寄主表皮层下,子囊圆桶形,初期束生,后期平行排列。子囊孢子椭圆形,无色,双胞,大小相等(图 2-20)。可引起杜仲角斑病。

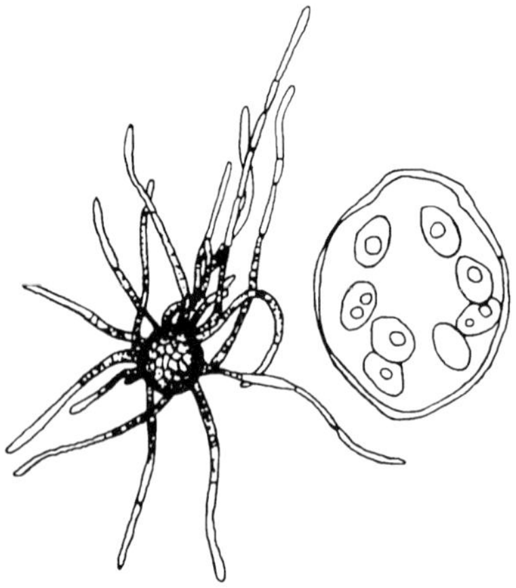

图 2-19　单丝壳属的闭囊壳和子囊

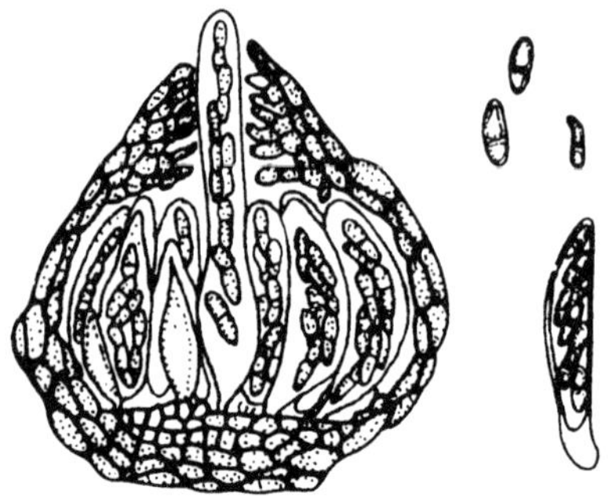

图 2-20　球腔菌属的子囊壳、子囊和子囊孢子

(3)盘菌纲(Discomycetes)。本纲真菌的子囊果为子囊盘,典型的子囊盘为盘状或杯状。子实层由子囊和侧丝相间排列而成,子囊呈圆筒形或棍棒形,平行排列,子囊间有侧丝,子囊孢子通过子囊顶部囊盖开启而释放。与药用植物病害关系密切的是核盘菌属。

核盘菌属(*Sclerotinia*)。菌核在寄主表面或寄主组织中形成。具有长柄的子囊盘产生在菌核上,子囊孢子呈椭圆形或纺锤形,单细胞、无色(图 2-21)。寄主范围很广,可侵染 32 科160 多种植物,如人参菌核病、细辛菌核病等。

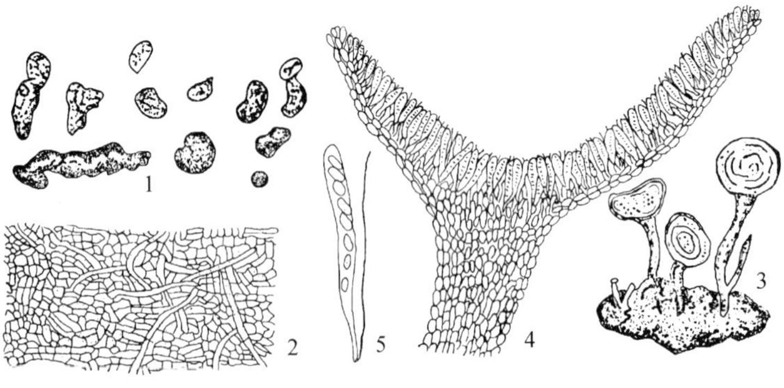

图 2-21　核盘菌属

1. 菌核　2. 菌核的剖面　3. 菌核萌发为子囊盘　4、5. 侧丝、子囊和子囊孢子

4. 担子菌门(Basidiomycota)

担子菌门是真菌中最高等的一个类群,全部陆生。有性繁殖产生担子及担孢子。营养体

为发达的有隔菌丝，多数担子菌的菌丝体分初生菌丝、次生菌丝和三生菌丝 3 种类型。初生菌丝由担孢子萌发产生，初生菌丝的每个细胞内只含有一个单倍体的细胞核，占生活史很短时间。初生菌丝联合质配使每个细胞有两个核，但不进行核配，常直接形成双核菌丝，称为次生菌丝。次生菌丝占生活史大部分时间，主要行营养功能。三生菌丝是组织化的双核菌丝，常集结成特殊形状的子实体，称担子果。大多数担子菌在自然条件下不发生无性繁殖，有些担子菌可通过芽殖、菌丝断裂等方式产生分生孢子、厚垣孢子、节孢子、粉孢子等。担子菌门中重要的是锈菌目和黑粉菌目。

(1)锈菌目(Uredinales)。锈菌目真菌一般称为锈菌，所引起的病害一般称锈病。锈菌绝大多数是专性寄生物，侵入寄主后从寄主活细胞中汲取养分，不引起寄主细胞迅速死亡，因此，锈菌通常只引起局部侵染，形成点发性褪绿病斑，在寄主受害部位形成黄褐色或铁锈色小疱斑，菌丝在嫩茎、幼芽、幼果内扩展快，常出现扭曲、膨肿等症状。锈菌的生活史在真菌中是最复杂的，有多型现象，即一生中出现多种孢子形态，最多可达 5 种，即性孢子、锈孢子、夏孢子、冬孢子和担孢子，分别用 0、Ⅰ、Ⅱ、Ⅲ和Ⅳ表示。

0. 性孢子器和性孢子。担孢子萌发侵入寄主后，由单核的初生菌丝集结形成性孢子器，这是锈菌的性器官，着生在寄主表层组织下。性孢子器中产生性孢子和受精丝。性孢子与受精丝进行交配。

Ⅰ. 锈孢子器和锈孢子。性孢子与受精丝结合形成双菌菌丝，在双核菌丝上再产生锈孢子器。锈孢子器中长有很多串生、单胞、双核、黄色、球形或卵形的锈孢子，表面有小刺或小疣。多数锈菌的锈孢子只在春季产生一次，但个别种可连续产生，也有个别种不产生锈孢子。

Ⅱ. 夏孢子堆和夏孢子。夏孢子堆发生在双核菌丝上，通常继锈孢子之后发生。夏孢子堆黄色或橙黄色，一般着生在寄主表皮细胞下。夏孢子堆内产生单胞、双核的夏孢子。夏孢子多数为鲜黄色，呈球形、卵圆形或椭圆形，夏孢子萌发形成双核菌丝可以继续侵染寄主，在生长季节中可连续产生多次，作用与分生孢子相似，但两者性质不同。

Ⅲ. 冬孢子堆和冬孢子。冬孢子是厚壁的有性孢子，从锈孢子、夏孢子等萌发形成的双核菌丝体上产生。初为双核，经过核配后成为单核双倍体细胞。一般是在寄主生长后期形成的休眠孢子。许多冬孢子聚生在一起形成冬孢子堆。

Ⅳ. 担子及担孢子。冬孢子萌发形成具有 3 个隔膜 4 个细胞的先菌丝，又称担子。每个细胞中有一个单倍体的细胞核，后从每个细胞产生一小梗，每个小梗的顶端产生一个担孢子。锈菌的担孢子一般称作小孢子，是经过减数分裂后形成的单核孢子。

不同种类的锈菌完成生活史所经历的孢子阶段是有差异的。通常将锈菌生活史中除双核的冬孢子外，还有一种双核孢子(锈孢子或夏孢子)的称为长生活史型；冬孢子为唯一双核孢子的为短生活史型。长生活史型的锈菌有单主寄生和转主寄生两种；短生活史型的则都是单主寄生。

胶锈菌属(*Gymnosporangium*)。性孢子器呈球形至扁球形，着生于寄主叶表皮细胞下，初为黄色、橙黄色，渐变为黑色。锈孢子器长管状，群生，锈孢子黄褐色，串生，呈球形至椭圆形，表面有小疣。多数没有夏孢子阶段，冬孢子双细胞有可胶化的长柄(图 2-22)。本属都是转主寄生菌，如木瓜锈病的冬孢子阶段在桧柏上，性孢子和锈孢子在木瓜上。

柄锈菌属(*Puccinia*)。冬孢子双细胞有柄；夏孢子球形或椭圆形，单细胞、黄褐色，壁有小刺(图 2-23)。可引起菊花、党参等的锈病。

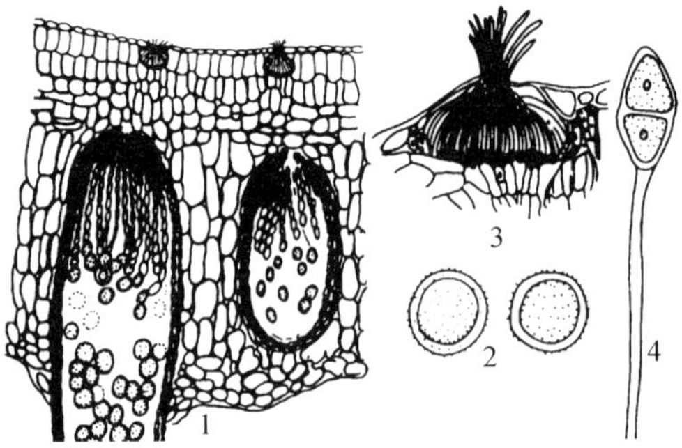

图 2-22　胶锈菌属

1. 锈孢子器　2. 锈孢子　3. 性孢子器　4. 冬孢子

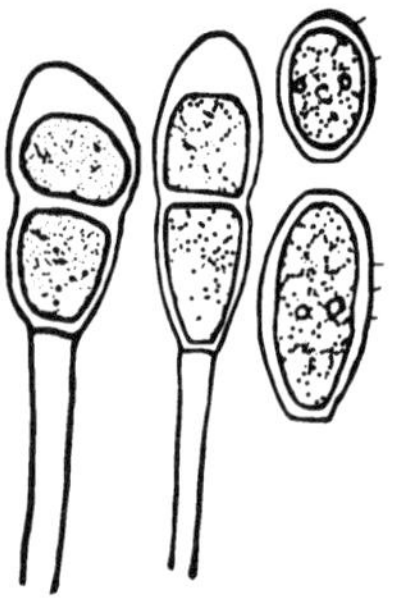

图 2-23　柄锈菌属

冬孢子和夏孢子

鞘锈菌属(*Coleosporium*)。夏孢子浅黄色,呈球形至近球形,表面密生小瘤,冬孢子单孢、无柄,壁光滑,侧面相互连接,不分离,呈圆柱形、棍棒形等,萌发时分隔为 4 个细胞,转变为担子。大多转主寄生,0、Ⅰ在松属植物上,Ⅲ多在单子叶植物和双子叶植物上(图 2-24)。引起药用植物的病害有紫菀锈病、白头翁锈病等。

单孢锈菌属(*Uromyces*)。冬孢子单细胞,黄褐色至栗褐色,平滑,顶部较厚,有柄;夏孢子单细胞,有刺或瘤状突起(图 2-25)。可引起平贝母锈病、甘草锈病等。

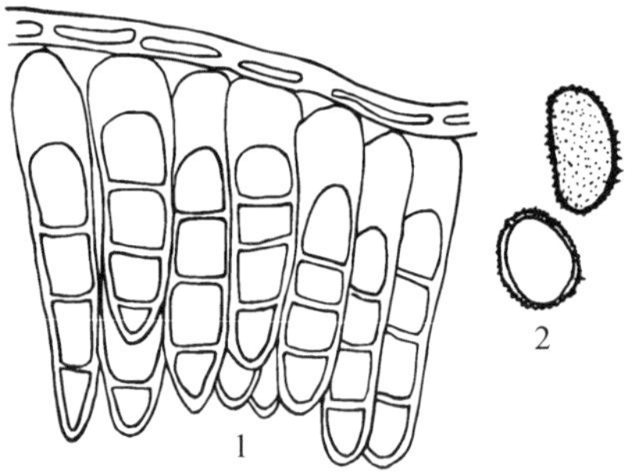

图 2-24　鞘锈菌属

1. 冬孢子　2. 夏孢子

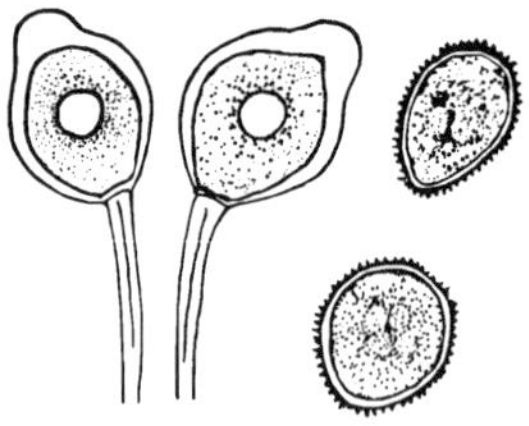

图 2-25　单孢锈菌属

冬孢子和夏孢子

(2)黑粉菌目(Ustilaginales)。黑粉菌目真菌一般称作黑粉菌,特征是形成大量黑色粉状的冬孢子(习惯称作厚垣孢子),因而称黑粉病。冬孢子是由双核菌丝内膜壁加厚而形成的,萌发产生担子和担孢子。黑粉菌全部是植物的寄生菌,主要为害禾本科植物,重要的病原菌属有:

黑粉菌属(*Ustilago*)。为黑粉菌中最大的一个属,冬孢子堆黑褐色,成熟时呈粉状;冬孢子散生,单细胞,呈球形或近球形,黑褐色,壁光滑或有多种饰纹,萌发产生有隔的担子(先菌丝);担孢子侧生或顶生在担子上(图 2-26)。有些种的冬孢子萌发直接产生芽管而不形成担孢子。可引起薏苡黑穗病、茭白黑粉病等。

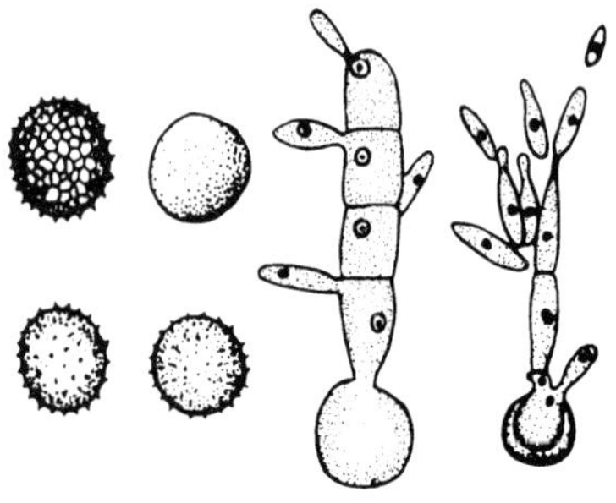

图 2-26　黑粉菌属

冬孢子和冬孢子萌发

5. 半知菌类(Fungi imperfecti)

半知菌类是指那些只有无性阶段或有性阶段尚未发现的真菌，由于对其生活史只了解了一半，这类真菌通常称作半知菌。半知菌的营养体大多为发达的有隔菌丝体，少数为单细胞(酵母类)。菌丝体可以形成子座、菌核等结构。无性繁殖产生分生孢子，分生孢子着生在分生孢子梗上，分生孢子梗单生或丛生，有的聚生在分生孢子盘上或分生孢子器内。分生孢子的形态变化很大，可分为单胞、双胞、多胞，砖隔状、线状、螺旋状、星状等多种类型，有些种类的半知菌不产生分生孢子。在植物病原真菌中，约有半数属于半知菌。由于侵染部位的不同，引起的病害症状不同，多数为坏死斑，其次是萎蔫、腐烂和畸形。与药用植物病害有关的种类主要有以下几类：

(1)无孢目(Agonomycetales)。菌丝体发达，无性繁殖不产生分生孢子，但有时形成某些菌丝结构不开裂的繁殖体，如休眠孢子、菌核、厚垣孢子。本日中重要的植物病原菌有丝核菌属、小核菌属等。

丝核菌属(*Rhizoctonia*)。菌丝褐色，多直角分枝，在分枝处有缢缩。菌核表面粗糙，褐色至黑色，内外颜色一致，菌核之间有丝状体相连(图 2-27)。它们广泛并长期存在于土壤中，为土壤习居菌，侵害药用植物的根、茎、叶，引起根腐病、立枯病、纹枯病等多种病害。如黄芪、桔梗、菊花等植物的幼苗立枯病。

小核菌属(*Sclerotium*)。菌核外表褐色或黑色，内部浅色，组织紧密，干时极硬，无菌丝连接(图 2-28)。侵染植物茎部和根部，引起多种药用植物的白绢病，如白术白绢病、菊花白绢病等。

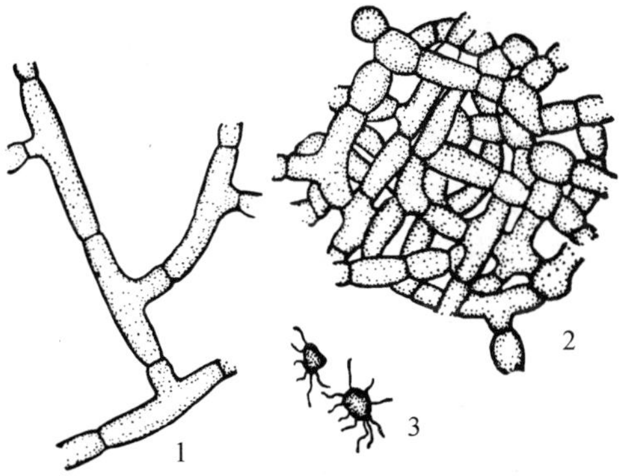

图 2-27 丝核菌属

1. 直角分枝的菌丝 2. 菌丝纠结的菌组织 3. 菌核

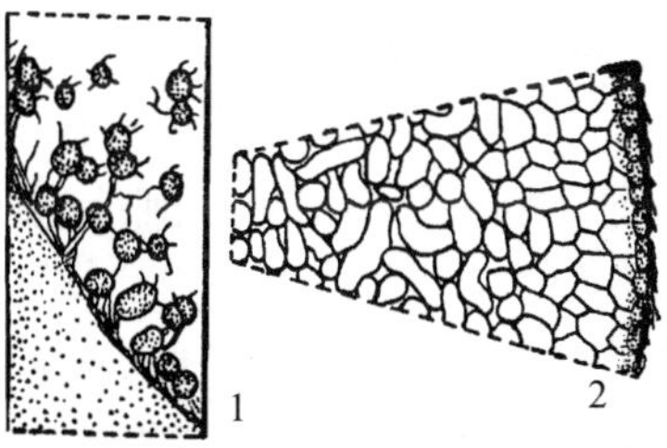

图 2-28 小核菌属

1. 菌核 2. 菌核剖面

(2)丝孢目(Hyphomycetales)。分生孢子梗散生或簇生，分生孢子直接从菌丝上产生或从分生孢子梗上产生。

葡萄孢属(*Botrytis*)。分生孢子梗粗大、无色，顶部分枝，分枝末端细胞膨大呈球形，上面有许多小梗。分生孢子单胞，无色，呈椭圆形，着生小梗上聚集成葡萄穗状(图 2-29)。常引起茎、叶、花、果实及贮藏器官的灰霉病，如贝母灰霉病、芍药灰霉病。

尾孢属(*Cercospora*)。菌丝体表生。分生孢子梗粗大，褐色至橄榄褐色，顶部颜色较淡，直或弯曲，有时呈屈膝状，孢痕明显加厚。分生孢子单生，线形、鞭形，无色或淡褐色，多隔膜，基部脐点黑色(图 2-30)。可引起多种药用植物灰斑病或褐斑病，如菊花叶斑病、甘草褐斑病等。

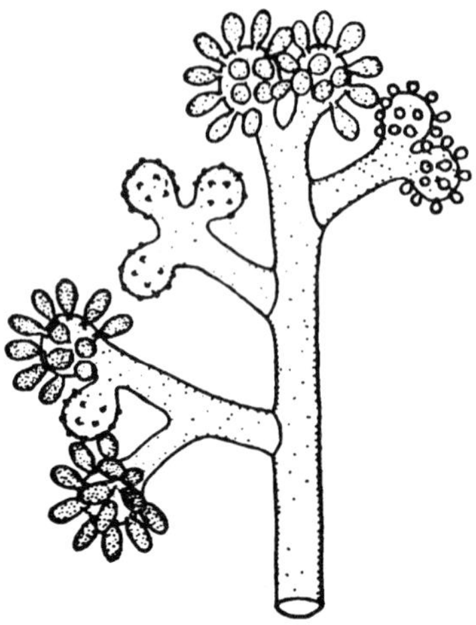

图 2-29 葡萄孢属

分生孢子梗和分生孢子

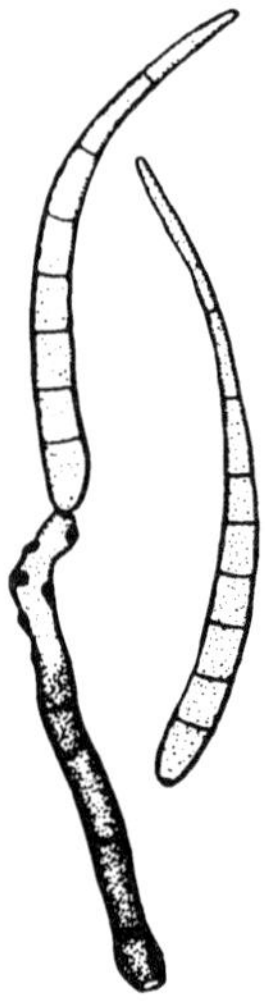

图 2-30 尾孢属

分生孢子梗和分生孢子

链格孢属(*Alternaria*)。分生孢子梗深色,简单或有分枝,直或弯曲,单生或簇生,分生孢子着生在分生孢子梗顶端,单生或串生,常呈分枝或不分枝的孢子链。分生孢子砖格状,淡褐色至深褐色,呈倒棍棒形、椭圆形或卵圆形,顶端有喙状细胞(图 2-31)。可引起多种药用植物叶部病害,如菊花黑斑病、细辛黑斑病等。

图 2-31 链格孢属

(3)瘤座孢目(Tuberculariales)。分生孢子梗着生在垫状的菌丝结构上,这个结构称为分生孢子座。

镰孢属(*Fusarium*)。自然情况下,分生孢子梗无色,分隔或不分隔,常基部结合形成分生孢子座,单枝或有时分枝。产生两种类型的分生孢子(图 2-32):①大型分生孢子:镰刀形,无色,多细胞,微弯或两端尖而弯曲显著。②小型分生孢子:椭圆形、卵圆形,无色,单细胞(个别双胞)。

该属真菌一般称作镰刀菌,有腐生,也有寄生的,多为土壤习居菌。菌丝体和厚垣孢子可以在土壤中长期存活,特别是厚垣孢子的存活力更强。侵染药用植物后主要引起 3 种症状:①立枯或猝倒;②萎蔫,如穿心莲枯萎病;③腐烂,如川芎根腐病。

(4)黑盘孢目(Melanconiales)。分生孢子产生在分生孢子盘上。

炭疽菌属(*Colletotrichum*)。分生孢子盘生于寄主角质层下、表皮或表皮下,散生或合生。分生孢子盘边缘和分生孢子梗中间混杂有刚毛,分生孢子梗短,具分隔,无色至褐色。分生孢子无色,单孢,呈长椭圆形或新月形,萌发后芽管顶端产生附着胞(图 2-33)。引起的病害称为炭疽病,如山药炭疽病、枸杞炭疽病等。

(5)球壳孢目(Sphaeropsidales)。分生孢子着生在分生孢子器内。

壳二孢属(*Ascochyta*)。分生孢子器黑色,有孔口,寄生在寄主组织内,部分露出。分生孢子梗缺,分生孢子卵圆形至圆筒形,双细胞,无色或浅色(图 2-34)。寄主范围广,主要为害叶片,引起叶斑,如地黄轮纹病、桔梗轮纹病等。

图 2-32　镰孢菌属

1. 分生孢子梗及大型分生孢子

2. 分生孢子梗及小型分生孢子

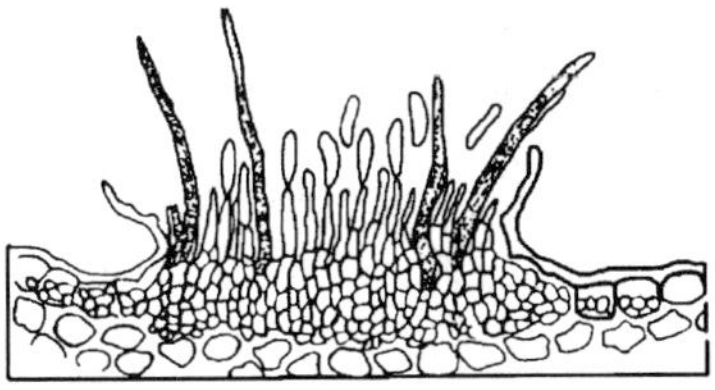

图 2-33　炭疽菌属

着生刚毛的分生孢子梗和分生孢子

壳针孢属(*Septoria*)。分生孢子器半埋生、散生或聚生，球形，褐色。无分生孢子梗。分生孢子多细胞，细长圆筒形、针形或线形，直或微弯，无色(图 2-35)。主要为害叶片，引起叶斑，如人参斑枯病、山药斑枯病等。

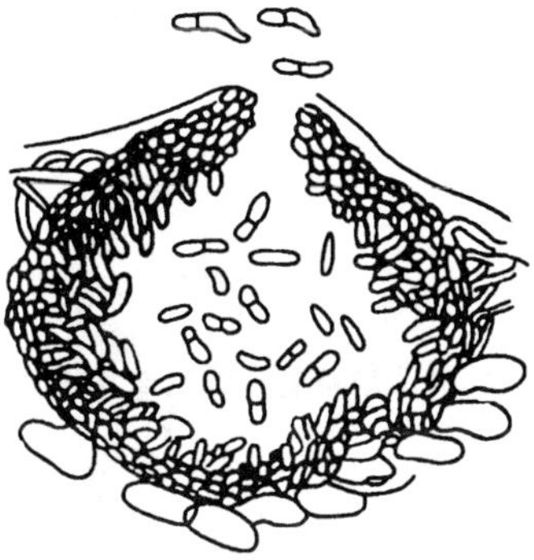

图 2-34　壳二孢属

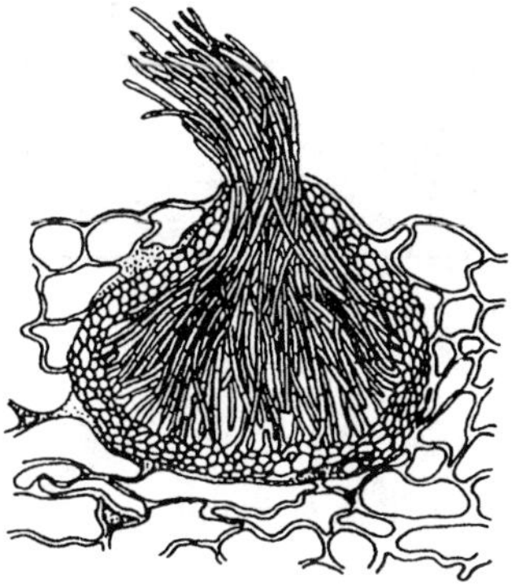

图 2-35　壳针孢属

基础知识三　植物病毒

知识目标

- 了解病毒的主要性状。
- 掌握植物病毒的传播途径。
- 掌握植物病毒病的病状特征及防治措施。

植物病毒是仅次于真菌的一类病原物，由于病毒对寄主的绝对寄生性，使得其危害很大，防治又很困难，故病毒病有植物癌症之称。近几年，随着农业产业结构的调整，药用植物的种植面积不断扩大，病毒病的危害也越来越严重。

一、病毒的主要性状

1. 病毒的形态结构

病毒是一类非细胞形态的具有传染性的寄生物，比细菌小，只有在电子显微镜下才能观察到病毒粒体。其形态可分为球状、杆状和线状三类(图 2-36)。病毒粒体由核酸和蛋白质两大部分组成，蛋白质在外形成衣壳，核酸在内形成轴心(图 2-37)。核酸携带着病毒的遗传信息，使病毒具有传染性。

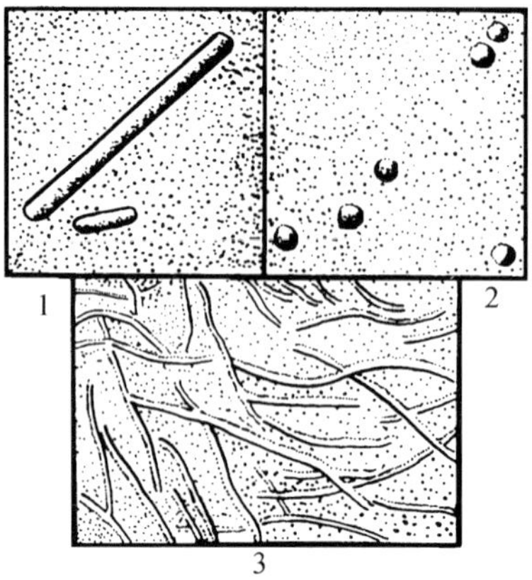

图 2-36　病毒粒子的形态

1. 杆状　2. 球状　3. 线状

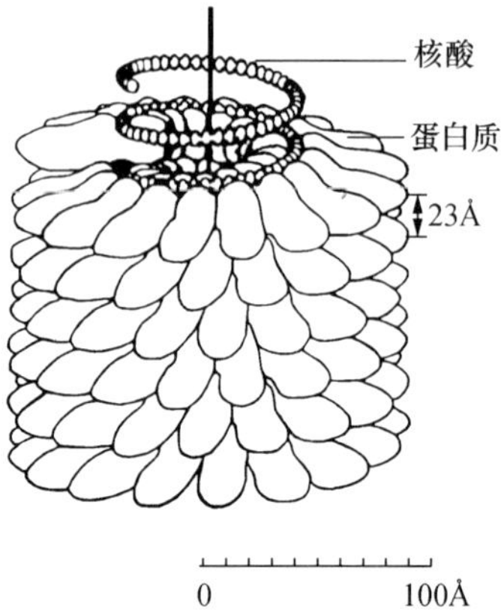

图 2-37　烟草花叶病毒结构模式图

2. 病毒的寄生性与致病性

病毒是一种专性寄生物，只能存在于活的细胞中，不能在人工培养基上培养。一般对寄主选择性不严格，寄主范围很广，如烟草花叶病毒能侵染 36 科的 236 种植物。有些植物感染某种病毒后不表现症状，其生长发育和产量不受显著的影响，这表明这些病毒在寄主上只有寄生性而不具有致病性，这种现象称带毒现象，寄主植物在这个阶段称为带毒体。

3. 病毒的增殖

病毒缺少生活细胞所具有的细胞结构，而且绝大多数植物病毒都缺乏独立的酶系统，不能合成自身繁殖所必需的原料和能量。因此，病毒只能在活细胞内利用寄主的营养物质和能量分别合成蛋白质和核酸，从而形成新的病毒粒体。病毒侵入寄主细胞后，在其核酸(基因组)的控制下，在寄主细胞里分别形成其子代的核酸与蛋白质外壳等成分，然后在寄主细胞内装配成病毒粒体，最后以各种方式释放到细胞外，再感染其他细胞。病毒的这种增殖方式称为复制。通常，病毒的增殖过程也是病毒的致病过程，它破坏了寄主正常的生理程序，从而使植物表现症状。

4. 病毒对外界条件的稳定性

病毒对外界因子的影响较其他微生物稳定，主要表现在以下几个方面。

(1)致死温度(失毒温度)。将病毒汁液在不同温度下处理 10 min 后，使病毒失去致病力的最低温度，称为致死温度。病毒对温度的抵抗力比其他微生物高，也相当稳定。不同病毒具有不同的致死温度，如烟草花叶病毒的致死温度为 97℃，大多数植物病毒的致死温度是 60℃左右。

(2)稀释终点。将病毒汁液加水稀释,直至仍能保持侵染力的最大倍数,称为稀释终点。病毒的稀释终点与病毒汁液的浓度有关,浓度越高,稀释终点也越大,而病毒的浓度往往受栽培条件、寄主植物的状况所影响。因此,同一病毒的稀释终点不一定相同,稀释终点只能作为鉴定病毒的参考指标。

(3)体外保毒期。病毒汁液离体后,在20～22℃条件下保持侵染力的最长时间,称为体外保毒期。不同植物病毒在体外保持致病力的时间长短不一,有的只有几小时或几天,有的可长达一年以上。

(4)对化学物质的反应。病毒对杀菌剂如升汞、酒精、甲醛、硫酸铜等有较强的抗性,如TMV在0.1%升汞溶液中浸泡1个月仍有一定的侵染力,但肥皂、去污粉等除垢剂可使许多病毒失去毒力。

二、病毒的传播途径

病毒生活在活体寄主细胞内,不能像其他病原物那样主动地传播,只能通过轻微的伤口侵入植物体,因而轻伤不仅为病毒开放了门户,而且又不至造成寄生细胞的死亡。病毒的具体传播方式主要有以下几种:

1. 接触传播

病、健植株的叶片因相互碰撞摩擦而产生轻微伤口,病毒随着病株汁液从伤口流出侵染健株。通过蘸有病毒汁液的手和操作工具也能将病毒传给健株。

2. 嫁接传播

几乎所有的植物病毒都能通过嫁接的方式传播,病毒可由带毒一方传给无毒一方。树木根系间的自然接合也会造成病毒的株间传播。

3. 昆虫传播

病毒病的发生往往与传毒虫媒活动有关,田间害虫发生严重,病毒病也严重。植物病毒虫媒主要是蚜虫和叶蝉,其他的还有飞虱、粉虱、蝽象、木虱、蓟马等。它们传播病毒的方式有三种类型:①口针携带式。这种传播方式最简单,昆虫的口针在病株刺吸以后,立即获得传毒能力,但口腔内的病毒排完后,便失去传毒能力,所以这种传毒方式也叫作非持久性传毒。②体内循环式。这种传毒方式较复杂,昆虫吸取病毒汁液后,不能立即传毒,必须经过一定时间后,才具有传毒能力,这类病毒在虫体内保持的时间较长,但不能遗传给后代,一般称为半持久性传播。③增殖式传毒。病毒能在昆虫体内增殖,即昆虫吸毒后获得传毒能力且保持很长时间,并通过卵把病毒传给它的后代,故又称为持久性传播。

4. 其他介体传播

植物病毒的传播介体除昆虫外,少数也可以由线虫、螨类、真菌及菟丝子等传播。

5. 种子传播

种子传播主要有种皮带毒和种子内部(胚)带毒两种形式,种皮带毒是由果肉污染所致,种子带毒是由花粉传染所致。

三、植物病毒病的外部症状

植物病毒病多为系统性发病,少数局部性发病。以叶片和幼嫩的枝梢表现最明显,病株常从个别分枝或植株顶端开始，逐渐扩展到植株其他部位甚至全株。其特点是有病状而无病征，病毒病的病状可分为三种类型：

(1)变色。主要表现为花叶和黄化两种类型，这两种类型是病毒病的普遍症状。

(2)组织坏死。最常见的是叶片上产生枯斑，大多数是由寄主过敏性反应引起的，它阻止了病毒侵入植物体后的进一步扩展。有些病毒还能引起韧皮部坏死或系统坏死。

(3)畸形。许多病毒除引起黄化和花叶外，往往还造成植株器官变小、矮化、节间缩短、丛枝、皱叶、卷叶、果面凹凸不平、肿瘤等，这些变态常常是病毒病的最终表现。

环境条件对病毒病害的症状有抑制或增强作用。例如，花叶症状在高温下常受到抑制，而在强光照下则表现得更明显。由于环境条件的关系，使植物暂时不表现明显的症状，甚至原来已表现的症状也会暂时消失，这种现象称为隐症现象。

病毒性病害可通过观察病状做出初步诊断，然后进行生物测定证明其传染性，这是诊断和鉴定病毒的主要手段，再结合电子显微镜做形态观测以鉴定病毒种类。也可采集病株叶片，用汁液摩擦接种或者用蚜虫传毒接种引起发病。通常用病汁液摩擦接种指示植物或鉴别寄主，很快可见到特殊症状出现。

基础知识四　植物病原细菌

知识目标

- 了解植物病原细菌的一般性状。
- 了解植物病原细菌的主要类群。
- 掌握植物病原细菌的侵染特点。
- 掌握植物细菌性病害的症状特征及防治措施。

一、植物病原细菌的一般性状

细菌是有细胞壁、但无细胞核膜的单细胞原核生物。细菌的形状有球状、杆状和螺旋状，植物病原细菌大多是杆状，大小为(1～3) μm×(0.5～0.8) μm，少数为球状。有些细菌外有一层胶状的黏液层，称荚膜，但植物病原细菌一般无荚膜。绝大多数植物病原细菌都有鞭毛(图2-38)，一般3～7根，最少1根，着生于菌体一端或两端的鞭毛称极生鞭毛，着生于菌体侧面或四周的称周生鞭毛，鞭毛可在水中游动，鞭毛的数日和着生位置是细菌分类和鉴定的重要依据。

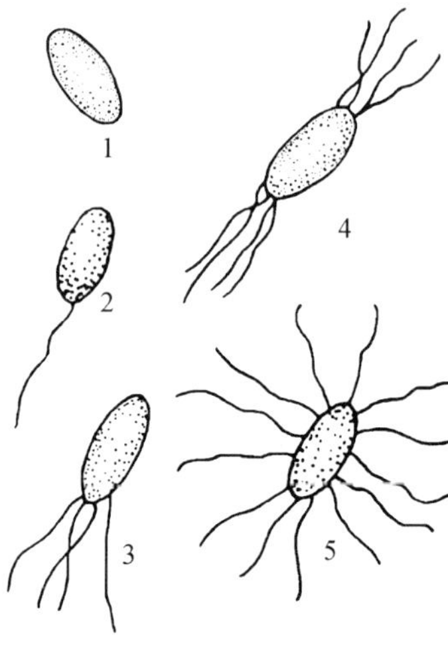

图2-38　细菌鞭毛的着生方式

1. 无鞭毛　2. 单极鞭毛　3. 单极丛鞭毛　4. 双极丛鞭毛　5. 周鞭毛

一些芽孢杆菌在菌体内可形成一种称作芽孢的内生孢子，芽孢的抵抗力很强，一般植物病原细菌的致死温度为 48～53℃，有些耐高温细菌的致死温度最高也不超过 70℃，而要杀死细菌的芽孢，一般要用 120℃左右的高压蒸汽处理 10～20 min。

染色反应是细菌很重要的性状，细菌对革兰氏染色的反应有阳性和阴性。植物病原细菌中，除棒形杆菌属外，其余均为革兰氏染色阴性细菌。

大多数植物病原细菌都是好氧的，适于生活在略带碱性的培养基中。一般生长发育的适温为 26～30℃，在 33～40℃时停止生长，在 50℃，10 min 后，多数细菌死亡。

植物病原细菌营寄生或腐生生活，都可在人工培养基上生长繁殖。在固体培养基上形成的菌落多为白色、黄色或灰色，在液体培养基中可形成菌膜。一般说来，寄生性强的植物病原细菌在培养基中生长较慢，而腐生性强的病原细菌生长较快。

二、植物病原细菌的主要类群

长期以来，引起植物病害的重要细菌类群仅限于革兰氏染色反应阴性的黄单胞杆菌属、假单胞杆菌属、欧氏杆菌属、土壤杆菌属和革兰氏阳性反应的棒形杆菌属。

(1)黄单胞杆菌属(*Xanthomonas*)。革兰氏染色反应阴性，严格好气。极生鞭毛 1 根。在琼脂培养基上菌落圆形，隆起，黄色，产生非水溶性黄色色素。多从自然孔口或伤口侵入，引起叶斑、叶枯、坏死和萎蔫等症状。约有 1/4 的植物病原细菌属于这一属，如牛蒡细菌性叶斑病。

(2)假单胞杆菌属(*Pseudomonas*)。革兰氏染色反应阴性，严格好气。极生 3～7 根鞭毛。在琼脂培养基上菌落圆形，隆起，灰白色或有荧光色素。从自然孔口或伤口侵入，寄生于薄壁组织内，引起的症状包括萎蔫、坏死、褪绿、肿瘤和腐烂。有一半的植物病原细菌属于这一属，如葛细菌性叶斑病等。

(3)欧氏杆菌属(*Erwinia*)。革兰氏染色反应阴性，兼性好气。周生多根鞭毛。在琼脂培养基上菌落圆形，隆起，灰白色。弱寄生，从伤口侵入。引起的症状主要是软腐，少数也有萎蔫和坏死，如天麻细菌性软腐病、百合细菌性软腐病。

(4)土壤杆菌属(*Agrobacterium*)。革兰氏染色反应阴性，好气。鞭毛 1～6 根，极生或周生。在琼脂培养基上菌落圆形，隆起，光滑，白色至灰白色，半透明。伤口侵入。土壤杆菌属是一类土壤习居细菌，在土壤中广泛分布。常见的致病种有根癌农杆菌和发根农杆菌，引起根癌或发根等畸形症状，如菊花根癌病。

(5)棒形杆菌属(*Corynebacterium*)。革兰氏染色反应阳性，好气。无鞭毛或少数有极生鞭毛。在琼脂培养基上菌落圆形凸起，不透明，多为灰白色。一般多从伤口侵入，寄生于维管组织内，引起萎蔫症状，如菊花青枯病。

三、植物病原细菌的侵染特点

植物病原细菌无直接穿透寄主表皮而侵入的能力，主要通过寄主表面的伤口和各种自然孔口侵入。各种自然因素(风雨、雹、冻害、昆虫等)和人为因素(耕作、施肥、嫁接、收获、运输等)造成的伤口也都是细菌侵入的途径，伤口愈大，侵入的细菌愈多；伤口愈新鲜，侵染成功率愈高。自然孔口是细菌侵入寄主的另一个重要途径，植物体自然孔口很多，如皮孔、气孔、水孔、蜜腺等，病原细菌很容易侵入这些孔口，并在这里增殖、分泌毒素或代谢产物。从自然孔口侵入的细菌一般都能从伤口侵入，但能从伤口侵入的细菌就不一定能从自然孔口侵入。引起叶斑和叶枯症状的病原细菌，大都可以从自然孔口侵入，而引起萎蔫、腐烂和肿瘤等症状的病原细菌则多从伤口侵入。

植物病原细菌可以在种子和无性繁殖材料（块根、块茎、鳞茎）内外越冬越夏，还可以在病株残体及杂草上越冬越夏。一般细菌在土壤内不能存活很久，植物残体分解后，它们也渐趋死亡，如青枯病菌。

植物病原细菌的传播途径有雨水、生物介体、种苗和嫁接等。细菌在植物组织中增殖，以菌脓的形式外渗至植物体表，雨露和水滴的飞溅使细菌在植物之间传染，所以许多植物细菌性病害发生的轻重同降雨的多少密切相关。传播细菌的生物介体主要是昆虫和线虫，有些细菌还可以通过农事操作传播，有些则随着种子、球根、苗木等繁殖材料的调运而远距离传播。

一般高温、多雨，尤以暴风雨后，湿度大、施用氮肥过多等环境因素，均有利于细菌性病害的发生和流行。

四、植物细菌性病害的症状特点

植物细菌性病害的症状主要有 4 种类型：坏死、腐烂、萎蔫、畸形。

(1)坏死。是最常见的一类，以叶部、果实上出现的斑点、枯斑为最多。病斑初显时，常常可见到水渍状斑，周围常有“黄晕”，潮湿时病斑上有时泌出淡黄色或灰白色的菌脓，干涸后成为颗粒或菌膜。病斑逐渐扩展，坏死面积扩大变成条斑或枯死斑。有的叶斑病后期，病斑中部坏死组织脱落而形成穿孔，如桃、梅穿孔病等。发生在枝条、花柄上的坏死斑，常扩大成为溃疡或疮痂状，严重时导致枝枯、顶枯等症状。

(2)腐烂。植物幼嫩、多汁的组织被细菌侵染后，通常表现腐烂症状。常见的有果实、鳞茎、球根和块根的软腐病，这类症状表现为组织解体，流出带有恶臭味的汁液。真菌也能引起腐烂，但所致软腐没有恶臭味，有腐草气味甚至还有香味，另外由真菌引起的腐烂病部常有菌丝出现。

(3)萎蔫。有些细菌侵入寄主植物的维管组织，在维管组织内繁殖和蔓延，破坏了植物体内正常的运输系统，引起植株萎蔫。一般是全株性的，偶尔也有局部性的。棒形杆菌属和部分欧氏杆菌属一些种类的侵染，常引起萎蔫症状。细菌性病害与真菌性病害造成的萎蔫症状相似，但可通过观察茎横切面是否出现菌脓与真菌性萎蔫病进行区分。

(4)畸形。大多发生在木本植物的根冠或茎基部、枝条上，少数在叶柄或叶脉上出现，主要是引起根或枝条局部组织过度生长，形成肿瘤，或使新枝、须根丛生，多是由土壤杆菌属细菌侵染所致。

基础知识五　植物病原线虫

知识目标

- 了解植物病原线虫的一般性状。
- 了解植物病原线虫的主要类群。

- 掌握植物病原线虫的侵染特点。
- 掌握植物线虫性病害的症状特征及防治措施。

线虫又称蠕虫，是一类低等的无脊椎动物，通常生活在土壤、淡水、海水中。危害植物的线虫称植物病原线虫或植物寄生线虫，简称植物线虫。植物受线虫为害后表现的症状与一般的病害症状相似，因此常称线虫病。另外植物线虫的个体相对较小，和其他的病原生物（如真菌和细菌）一样，通常需借助显微镜来观察形态，因此，习惯上把植物病原线虫作为病原物来研究。

为害比较严重的植物病原线虫有根结线虫属（*Meloidogyne*），可为害人参、川芎、罗汉果等 50 多种药用植物，须根形成根结，影响产量和质量。此外，还有胞囊线虫属（*Heterodera*），如地黄胞囊线虫等。线虫除直接引起植物病害外，还为其他病原物的侵入创造条件，导致许多寄生性较弱的病原菌侵入和为害，成为土传病害的先导和媒体。

一、植物病原线虫的一般性状

1. 形态结构

大多数植物病原线虫体形细长，两端稍尖，形如线状。多为乳白色或无色透明。多数虫体细小，长 0.3～1 mm，个别种类可达 4 mm。雌雄同型线虫的雌成虫和雄成虫都是线形，雌雄异型线虫的雌成虫为柠檬形或梨形，但幼虫阶段仍是线形（图 2-39）。

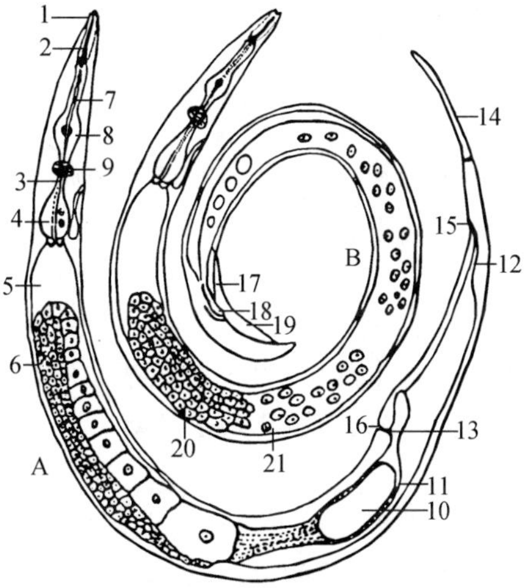

图 2-39　植物线虫雌虫(A)和雄虫(B)的形态和结构

1. 口唇　2. 吻针　3. 食道峡部　4. 后食道球　5. 肠　6. 卵巢　7. 食道管　8. 中食道球　9. 神经环　10. 卵　11. 子宫　12. 直肠　13. 阴道　14. 尾部　15. 肛门　16. 生殖孔　17～18. 交合刺　19. 引带　20. 睾丸　21. 精母细胞

线虫虫体分唇区、胴部和尾部，虫体最前端为唇区，胴部是从吻针基部到肛门的一段体躯，线虫的消化、神经、生殖、排泄系统都在这个体段。尾部是肛门以下到尾尖的部分。

植物病原线虫外层为体壁，角质化，有弹性，不透水，有保持体形和防御外来毒物渗透的作用。体壁下为体腔，其内充满体腔液，有消化、生殖、神经、排泄等系统。

2. 生活习性

线虫的生活史有卵、幼虫和成虫3个虫态(图2-40),卵通常椭圆形,半透明,产在植物体内、土壤中或留在卵囊内;幼虫有4个龄期,1龄幼虫在卵内发育并完成第一次脱皮,2龄幼虫从卵内孵出,再经过3次脱皮发育为成虫。线虫一般为两性生殖,也有孤雌生殖。多数线虫完成1代需要3～4周的时间,在一个生长季中可完成若干代。

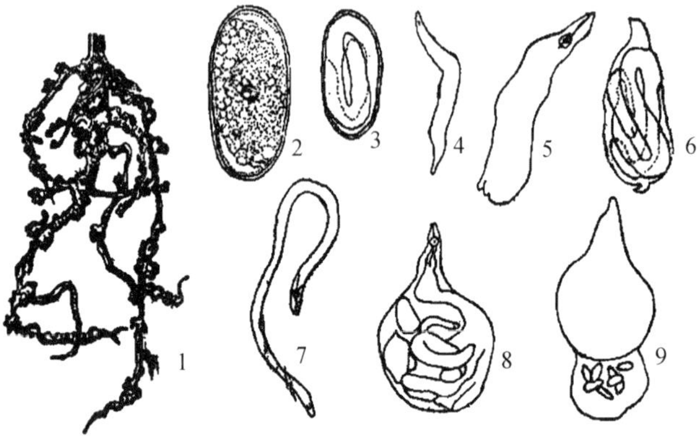

图2-40 线虫的为害状和线虫的生活史

1. 根系被害状 2. 卵 3. 卵内孕育的幼虫 4. 性分化前的幼虫 5. 成熟的雌虫 6. 在幼虫包皮内成熟的雄虫 7. 雄虫 8. 含有卵的雌虫 9. 产卵的雌虫

线虫基本上是一类水生动物,保持水生习性,除了休眠状态的幼虫、卵和胞囊外,线虫都需要在适当的水中或土壤颗粒表面有水膜时才能正常活动和存活,活动状态的线虫长时间暴露在干燥的空气中,会很快死亡。

3. 寄生性和致病性

植物病原线虫一般都是专性寄生物,只能在活的植物细胞或组织内取食和繁殖,在植物体外就依靠它体内储存的养分生活或休眠。

植物病原线虫都有一定的寄主范围,有的专化性很强,只为害少数几种植物,大多数线虫有较广泛的寄主范围,可为害在分类上不相近的植物,如根结线虫可为害人参、白芷、桔梗等几十种药用植物。线虫可寄生植物的各个部位,由于多数线虫存活在土壤中,因此,植物的根和地下的块根、块茎和鳞茎等最容易受侵染。植物地上的茎、叶、芽、花、穗等部位,也可被各种不同种类的线虫寄生。

线虫对寄主植物的致病性首先表现在线虫口针的穿刺吸食及其在组织内对植物造成的创伤,但线虫对植物破坏作用最大的是食道腺的分泌物,分泌物除有助于口针穿刺细胞壁和消化细胞内含物便于吸取外,还可能有以下影响:①刺激寄主细胞增大,形成巨型细胞。②溶解中胶层使细胞离析,组织软化。③溶解细胞壁,破坏细胞内含物,引起细胞坏死。④刺激或抑制细胞分裂,形成根部的过度分枝、肿瘤、根结和植株矮化等畸形病状。

二、线虫的传播和为害

植物病原线虫多以幼虫或卵在土壤、田间病株、带病种子(虫瘿)和无性繁殖材料、病残体等场所越冬,在寒冷和干燥条件下还可以休眠或滞育的方式长期存活。低温干燥条件下,多数线虫的存活期可达一年以上，而卵囊或胞囊内未孵化的卵存活期更长。

线虫在土壤中的活动性不强，在土壤中每年迁移的距离不超过 2 m。被动传播是线虫的主要传播方式，包括水、昆虫和人为传播；在田间主要以灌溉水的形式传播；人为传播方式有耕作机具携带病土、种苗调运、污染线虫的农产品及其包装物的贸易流通等，通常人为传播都是远距离的。

线虫在田间的分布一般是不均匀的，水平分布呈块状或中心分布；垂直分布与植物根系有关，多在 15 cm 以内的耕作层内，特别是根周围土壤中更多。

大多数线虫能侵染药用植物的地下部位，引起显著的外部病变，如坏死、根腐、秃根、根结、粗短根、发根等症状。地上部分受地下部分的影响，也会出现叶片褪绿或黄化、植株矮化、早衰和畸形等症状，严重时甚至整株枯死。有些线虫只为害药用植物的地上部分，表现的症状有顶芽和花芽坏死，茎叶卷曲或组织坏死，形成叶瘿或种瘿等。

基础知识六　寄生性种子植物

知识目标

- 了解寄生性种子植物的一般性状。
- 了解寄生性种子植物的繁殖与传播。

一、寄生性种子植物的一般性状

寄生性种子植物大多数是高等植物中的双子叶植物，能够开花结籽，但由于根系或叶片退化或缺乏足够的叶绿素而营寄生生活。重要的是菟丝子科、桑寄生科、列当科、玄参科和樟科的寄生植物，如菟丝子、列当等。

寄生性种子植物根据它们对寄主的依赖程度，或获取营养成分的不同，分为半寄生和全寄生两大类。半寄生的寄生性种子植物有叶绿体，能进行光合作用，自制养分，但无真正的根，以吸根伸入寄主木质部，汲取寄主的水分和无机盐，如桑寄生和槲寄生。全寄生的寄生性种子植物无叶，或叶片退化成鳞片状，没有足够的叶绿体，不能进行光合作用，也没有根，以吸根伸入寄主体内，汲取寄主的水分、无机盐类和有机营养物质，如菟丝子和列当。

寄生性种子植物寄生的部位不同，无根藤、槲寄生和菟丝子都是寄生在寄主地上部位的茎秆上，两者紧密地结合缠绕在一起，不易分离，称茎寄生。列当、独角金等寄生在寄主植物的根部，地上部分与寄主彼此分离，称根寄生。

寄生性种子植物对寄主的影响主要是抑制寄主的生长。全寄生物的寄主一般是一年生的草本植物，寄主受害后表现为矮小黄化，严重时全株死亡。半寄生物的寄主一般是木本植物，寄主受害后在较长时间内无明显表现，但当寄生物数量大时，寄主生长受到抑制，提早落叶，发芽迟缓，甚至顶枝枯死。不论是全寄生还是半寄生的寄生性种子植物，与寄主植物均有显著的形态区别，半寄生的种子植物多在寄主树冠的枝条上长出形态与寄主植物有显著区别的簇生状枝梢，当冬季寄主植物落叶后，很明显地看见树干上有几簇丛生的小枝梢。全寄生的菟丝子呈金黄色或略带紫红色丝状藤茎，常缠绕寄主的部分枝条，甚至整个树冠。

二、寄生性种子植物的繁殖与传播

不同种类的寄生性种子植物虽都以种子繁殖，但传播的动力和传播方式有很大的差异。大多数是依靠风力或鸟类介体传播，有的则与寄主种子一起随调运而传播，这是一种被动方式的传播。桑寄生科植物的果实为肉质的浆果，成熟时色泽鲜艳，引诱鸟类啄食，并随鸟的飞翔活动而扩散，这些种子被吐出或经消化道排出粘在树皮上，在温、湿度等条件适宜时萌芽侵入寄主。列当、独脚金的种子极小，成熟时蒴果开裂，种子随风飞散传播，一般可达数十米远。菟丝子等种子或蒴果常随寄主种子的收获与调运而传播扩散。

学习情境一

侵染性病害的诊断与防治

知识目标

• 了解当地药用植物侵染性病害的主要种类、病原特征及发生特点。

• 掌握主要侵染性病害的综合防治措施。

技能目标

• 根据病害表现症状，能初步诊断出侵染性病害和非侵染性病害，并能找出发病原因，拟定合理的综合防治措施。

学习任务

• 根据药用植物栽培过程中出现的各种病害症状，进行观察、镜检和分析，为今后预测发展趋势和采取有效的防治措施打下基础。

学习任务一　真菌所致药用植物根茎部病害的诊断与防治

由真菌引起的药用植物根茎病害包括根腐病、疫病、菌核病、枯萎病、白绢病等，此类病害多在根部或根茎部，病征不易被发现，待严重表现时，防治已晚，易造成植株死亡。

一、常见根腐病的诊断与防治

由真菌引起的根腐病多发生在根部或根茎部，初期病部变色或腐烂，后期产生白色霉层或其他颜色的菌丝，受害植株地上部分表现变色、萎蔫或产生坏死斑。在栽培的药用植物中，根腐病发生较重的有：贝母、三七、地黄、白术、川芎、玄参、党参、太子参等。

(一)贝母鳞茎腐烂病

贝母鳞茎腐烂病又称贝母干腐病，是贝母生产上的一种严重病害。贝母播种后和休眠越夏阶段易造成腐烂(图 2-41)。

1. 症状

播种后鳞茎染病多从伤口处或鳞茎盘处变褐腐烂,呈蜂窝状,后鳞茎组织被蚀空,只剩一层皮层。多在植株“倒禾”期发病,鳞茎上产生褐色腐烂斑,病部生有白色霉层。

2. 病原

Fusarium spp. 称镰刀菌,属半知菌类、瘤座孢目、镰孢菌属真菌。一般以尖镰孢菌(*F. oxysporum*)为主,燕麦镰孢菌(*F. avenaceum*)和茄腐镰孢菌(*F. solani*)也可侵染。

3. 发病特点

镰孢菌是土壤习居菌,主要通过伤口侵入。地下害虫的咬食及线虫为害造成的伤口,为镰孢菌提供了更有效的侵入途径。病菌还可以通过菌土转移或带病种茎做远距离传播。种贝播种后或鳞茎留种越夏时,鳞茎处于生理活动低微和衰退期,抗病力弱,此时土壤的温、湿度对病菌和有害生物的活动十分有利,因此烂种死苗严重。鳞茎室内贮藏,若起土过早幼嫩多汁,或贮藏的沙土含水量过低使鳞茎失水干瘪,也易导致干腐。

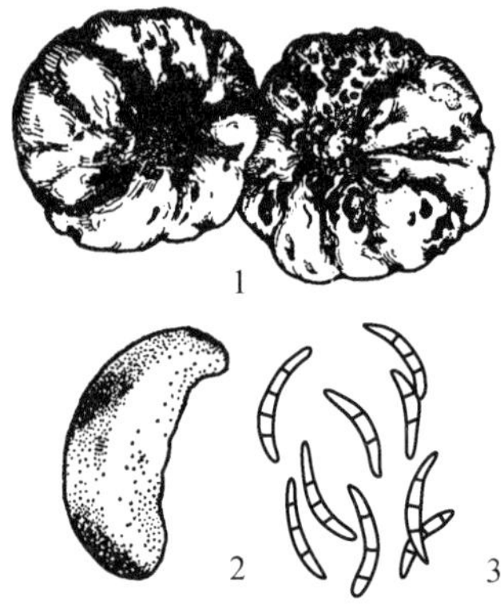

图 2-41　贝母干腐病

1. 鳞茎干腐　2. 鳞片剖面,示微管束变褐色　3. 分生孢子

(二)三七根腐病

三七又名田七,是名贵中药材,主要分布在中国云南省,目前该药材的种植和加工已成为云南省发展地方经济的支柱产业。但由于连年大面积单一种植,加之三七为多年生宿根草本植物,根腐病问题十分突出,已成为限制三七种植业发展的严重障碍,常年发病率为 5%～20%,严重时可达 70%以上,甚至绝收(图 2-42)。

1. 症状

(1)黄腐型。常见类型,各年生三七均可发生。地上部植株矮小,叶片逐渐黄化,地下部块根初期以尖端受害居多,后可逐步扩展。受害病根呈黄色干腐,常可见黄色纤维状或破麻袋片状的残留物,病程较长,2～4 个月。

(2)干裂型。块根表面黄褐色,纵向开裂,一般先从块根末端开始腐烂,部分维管束变褐,逐渐干腐呈空洞状。

(3)髓烂型。髓部组织先烂,干腐状,外壳(表皮)相对完整,有时病部呈红褐色。

图 2-42　三七根腐病

(4)湿腐型。一般地上部先受病菌为害,通过茎秆下串至块根,病块根呈湿腐状。

(5)茎基干枯型。近地表茎秆干枯,病害下移至块根致腐烂。

(6)急性青枯型。当地群众称为“绿腐”,表现为植株地上部急性萎蔫、叶片下垂但仍为绿色,用水清洗后病块根表面可呈蜂窝状。该症状一般在三年生和二年生三七上常见,一年生三七上较少,从上部显症到全株死亡所需时间较短,一般约 7 d。

2. 病原

病原菌种类较复杂，根腐病症状类型不同，主要病原菌种类也有所不同，但重要的致病菌有*Cylindrocarpon destructans*（毁灭柱孢菌）、*C. didynum*（双孢柱孢菌）、*Fusarium solani*（腐皮镰孢菌）等。

3. 发病特点

以种子、种苗、病土及病残体带菌越冬，田间遇有土壤黏重、排水不良、地下害虫多，易诱发此病。尤其是二年生三七移栽后，浇水不匀或不及时，根部干瘪发软，土壤水分饱和，根毛易窒息死亡，病菌侵入易发病。3 月出苗期就有发生，4、5 月气温升高、干燥，病害停滞，6～9 月高温多雨，进入发病高峰期。该病发生还与运输苗木过程中失水过多或受热有关。田间土质过黏，植株生长不良，造成根组织抗病力不强易发病，生产上偏施氮肥发病重。

(三)地黄根腐病

地黄根腐病是地黄的重要病害之一，河南、广东、江苏地黄产区均有分布，为害重，常使地黄枯死缺苗（图 2-43）。

1. 症状

发病初期只在近地面块根和叶柄处出现水渍状黄褐色腐烂斑，逐渐向上向内扩展，致使叶片萎蔫，远离地面较粗的块根也表现为干腐，严重时仅残存褐色表皮和木质部，细根也腐烂脱落。土壤湿度大时，病部可见棉絮状菌丝体。

2. 病原

病原菌种类较复杂，各地区也不完全相同。主要有 *Phytophthora cactorum*（恶疫霉菌）、*Fusarium solani*（腐皮镰孢菌）和 *Rhzoctonia solani*（立枯丝核菌）等。

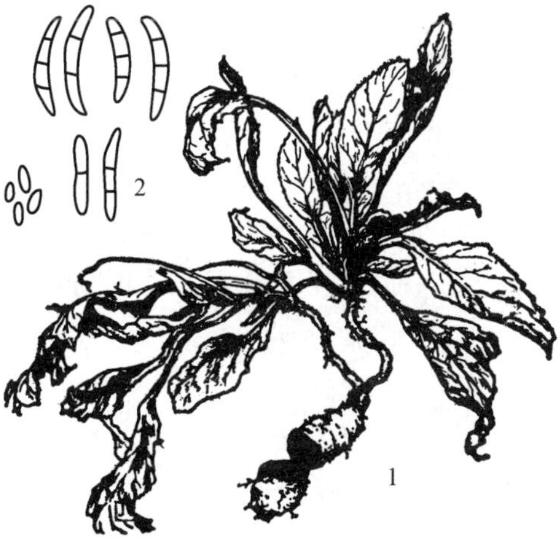

图 2-43　地黄根腐病

1. 被害株　2. 分生孢子

3. 发病特点

以上病菌都能以菌丝体、孢子或休眠机构在病残体和土壤中存活越冬，因此种栽和土壤带菌是病害的侵染来源，也是传播的途径。栽种带病的块茎，以及病田连作都会使病害加重。一般 5 月下旬发病，6～7 月为发病盛期。土壤湿度大、块根有伤口和植株根系生长不良等情况下最有利于发病。雨后骤晴或灌水后遇大雨，病害则突然发生。恶疫霉引起的根腐在多雨天气尤为普遍。春地黄成株期发病重；秋地黄苗期为害重。

(四)川芎根腐病

川芎为四川的道地性药材，其产量占全国川芎商品量的 90%以上。随川芎种植面积的扩大，川芎病害问题日益突出，其中以根腐病的为害最大，发病率通常为 25%～38%，严重时达 50%～70%，给川芎生产造成严重损失。

1. 症状

发病初期，地上部从外围的叶片开始褪色变黄，并逐渐向心叶扩展。地下块茎的病部初呈褐色至红褐色，水渍状，随病情发展，病株叶尖、叶缘焦枯。感病块茎髓部变黑，后期块茎内部腐烂，呈黄褐色浆糊状湿腐，无法从土中拔起。病株的生长明显迟缓，长势较弱，根较小。到后期，整个植株完全停止生长，枯死，块茎腐烂。

2. 病原

Fusarium solani，为半知菌镰孢菌属的腐皮镰孢菌。

3. 发病特点

以菌丝体和厚垣孢子随病残体在土壤中越冬，因此土壤和带菌的种苓是该病的初侵染来源。该病在川芎生长的整个生育期均可发生，4 月中下旬至 5 月下旬进入盛发期。菌丝生长和产孢适温为 25～30℃。地势低洼、排水不良，土壤黏重、重茬、氮肥施用量大等发病严重。

(五)白术根腐病

1. 症状

病株地下部先是细根变褐腐烂，蔓延到上部肉质根茎和茎秆，呈现黑褐色下陷腐烂斑。也可在根茎顶端或其他损伤部位开始发病。根茎和茎横切面可见维管束呈明显变色圈，后期根茎全部变海绵状黑褐色干腐，植株萎蔫，易从土中拔起。

2. 病原

Fusarium oxysporum，尖孢镰孢菌，为半知菌镰孢菌属真菌。镰孢菌种群复杂，因地因时而异。据河北报道，白术根腐病是由尖镰孢、腐皮镰孢、燕麦镰孢、木贼镰孢、半裸镰孢、立枯丝核菌等多种病原菌复合侵染的结果。西安报道，*F. moniliforme*(串珠镰孢菌)亦可造成根茎腐烂。

3. 发病特点

种栽和土壤病残体带菌是病害的主要初侵染来源。种栽储藏过程中受热使幼苗抗病力下降，是病害发生的主要原因。病菌可以从伤口侵入根系，也可直接侵入。土壤淹水、排水不良、黏重或施用未腐熟的有机肥造成根系发育不良，以及由线虫和地下害虫为害产生的伤口后易发病。生长中、后期如连续阴雨后转晴，气温升高，则发病害发生严重。6～8 月为发病盛期。

(六)根腐病的防治措施

(1)种子消毒。播种前用种子重量 0.3％的退菌特或种子重量 0.1％的粉锈宁拌种，或用 80％的 402 抗菌剂乳油 2 000 倍液浸种 5 h。

(2)田间管理。①选择地势高燥、排水条件良好的地块种植。②选无病和无损伤的根茎做种栽，并用 50％多菌灵 500 倍液浸泡 3～5 min，置通风处使切口愈合，或用草木灰涂切口后栽种。③及时整地，适度深翻晾晒，雨后及时排水，降低田间湿度。④发现病株及时挖除，补栽健株，并在病穴施入石灰消毒，必要时可换入新土。⑤实行 3 年以上轮作，切忌重茬。及时防治地下害虫和线虫的为害。

(3)药剂防治。发病时用 25％腈嘧菌脂悬乳剂、50％多菌灵可湿性粉剂、30％恶霉灵水剂、15％咪酰胺乳油等按推荐浓度喷雾或浇灌病株。

二、常见疫病的诊断与防治

药用植物的疫病主要由疫霉菌引起的，其中较低等的疫霉菌主要引起根腐、茎基腐、茎腐或干腐等症状。病斑多为水渍状，边界不明显，潮湿时病部常有白色稀疏霉层。病菌寄生性较弱，但寄主范围则较广，且有生理分化现象，对不同寄主有不同的适应性。低级疫霉菌多为土壤习居菌，所致病害要求高温、高湿。发病往往从近地面部分开始，孢子囊着生在没有特殊分化的孢囊梗上，成熟后不脱落，产生的游动孢子借雨溅流水进行传播；较高级的疫霉菌，主要引起叶枯及芽和果实的腐烂，寄生性强，寄主范围较窄。孢子囊产生在特殊分化的孢囊梗上，成熟后脱落，可借气流传播，也可直接产生芽管侵入寄主。所致病害要求较低的温度和较高的土壤和空气湿度，所以低温及排水不良的地段发病重。

(一)人参疫病

东北、华北参区均有发生，是人参、西洋参成株期的重要病害。大发生年份地下部和参根能迅速死亡腐烂，损失严重(图 2-44)。

1. 症状

人参的叶、茎和根均可被害。叶片受害，初为水渍状暗绿色无明显边缘的圆形大斑，并迅速扩展至整个叶片，使叶片枯萎下垂。潮湿时病斑上有少许稀疏白霉，天气干旱时叶斑呈青褐色枯斑。叶柄、茎上或茎基部发病，产生水渍状暗绿色长条形病斑，向上下扩展，病部缢缩变褐，软腐折倒。地下参根受害，表现为水渍状黄褐色软腐，根皮易剥离，参肉呈黄褐色花纹，外皮常有白霉。参根腐烂过程中，常有腐生菌及腐生线虫的侵入，使之加速腐烂。疫病有时从根部开始向茎基扩展，或茎部发病后向下蔓延到根，或是地上部和地下部同时发病。

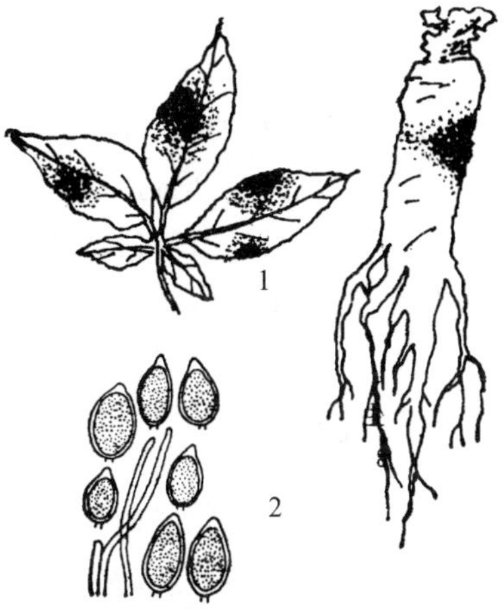

图 2-44　人参疫病

1. 被害叶和根　2. 孢囊梗和孢子囊

2. 病原

Phytophthora cactorum，称恶疫霉，属卵菌门疫霉属真菌。菌丝体白色绵状，有分枝无隔膜。孢囊梗无隔膜，无分枝，上生一个孢子囊。孢子囊卵形，顶端有明显乳状突起，萌发后生多个游动孢子。藏卵器球形，无色或淡黄色，膜薄，表面光滑，直径 30～36 μm。卵孢子球形，黄褐色，表面光滑。厚垣孢子数量多，球形。

3. 发病特点

病菌以卵孢子、厚垣孢子或菌丝体在病残体和土壤中越冬。条件适宜时萌发侵染参根和茎基部。病菌在田间主要靠土壤流水和耕作传播，病部产生的孢子囊还可靠风雨淋溅传播到茎叶上。参株受害初期零星发病，随后陆续大片倒伏。一般气温高、多雨、空气湿度大有利于发病。东北参区 7～8 月雨季发病最重，湿度是决定病害发生的主要因素，参棚漏雨、林下栽参受害重。

(二)百合疫病

1. 症状

又称脚腐病，主要侵害百合的茎、叶、花和鳞茎。茎部染病初呈水渍状褐色腐烂，逐渐向上、下扩展，加重茎部腐烂，致使植株倒伏或枯死；叶片染病，初生水渍状小斑，扩展成灰绿色大斑；花器染病呈黄褐色至暗褐色软腐状；鳞茎染病，初为水渍状黄褐色坏死斑，以后扩展腐烂。天气潮湿时各病组织表面均能产生稀疏的白色绵霉状菌丝。

2. 病原

同人参疫病。

3. 发病特点

病菌以厚垣孢子或卵孢子随病残体留在土壤中越冬，翌年条件适宜时，厚垣孢子或卵孢子萌发，侵入寄主引致发病，病部又产生大量孢子囊，孢子囊萌发后产生游动孢子或孢子囊直接萌发进行再侵染。气温 26～28℃，天气潮湿或多雨适宜发病。降雨多排水不良时发病严重；田间植株茂密柔嫩有利于病害发生与发展。

(三)牡丹疫病

1. 症状

主要为害牡丹的茎、叶和芽，茎部染病初呈长条形水渍状溃疡斑，后变为长达数厘米的黑色斑，病斑中央黑色，向边缘颜色渐浅。近地面幼茎染病，整个枝条变黑枯死。叶片染病多发生在下部叶片，初呈暗绿色水渍状，后变黑褐色，叶片萎垂。该病症状与灰霉病相近，但疫病以黑褐色为主，略呈皮革状，一般看不到霉层，而灰霉病呈灰褐色，长有灰色霉层。

2. 病原

同人参疫病。

3. 发病特点

病菌以卵孢子、厚垣孢子及菌丝体随病残体留在土中越冬，翌年牡丹生长期遇大雨之后，就能出现一个侵染及发病高峰。连阴雨多、降水量大的年份易发病，雨后高温或湿气滞留发病重。

(四)疫病的防治措施

(1)加强田间管理。①选择保水性好又不积水的地块种植，最好起垄栽培，防止茎基部淹水。②保持合理密度，注意松土除草。③发现中心病株及时拔除，并移出田外烧掉，病穴可撒生石灰、0.5%～1%高锰酸钾溶液、40%甲醛或 70%敌克松可湿性粉剂 500 倍液任意一种药液进行消毒。

(2)施用酵素菌沤制的堆肥或充分腐熟有机肥，采用配方施肥技术，适当增施钾肥，提高抗病力。

(3)实行 3 年以上轮作。

(4)药剂防治。发病初期可喷洒 40%乙磷铝可湿性粉剂、58%甲霜灵·锰锌可湿性粉剂、64%杀毒矾可湿性粉剂、50%烯酰吗啉可湿性粉剂、60%霜霉威盐酸盐水剂等。视病情防治 2～3 次。

三、常见菌核病的诊断与防治

(一)细辛菌核病

细辛菌核病是细辛生产中最严重的病害，初期零星发生，严重时成片死亡，多发生在多年不移栽的4～6年生的大龄细辛田中。

1. 症状

细辛的苗期和成株期均可发生，常引起根状茎、芽、花的腐烂。病原菌从叶柄基部或根茎处侵入，开始呈条状褐色病斑，逐渐扩展使地上部分生长迟缓甚至停止生长，最后地上部逐渐全部腐烂而倒伏死亡，根的内部组织则腐败只剩外皮。受害细辛的根部黏附着许多如鼠粪状的黑色菌核。

2. 病原

Sclerotinia sclerotiorum，称核盘菌，属子囊菌门核盘菌属真菌。

3. 发病特点

病原菌以菌核在土壤中、病残体上或混在堆肥中越冬。翌年越冬菌核在适宜条件下萌发产生子囊盘，子囊成熟后将子囊孢子射出，随风雨传播，侵染周围的植株。菌核有时直接产生菌丝，成为初侵染源，菌丝迅速发展，致使病部腐烂。当营养被消耗到一定程度时产生菌核，菌核不经休眠即萌发。该病在较冷凉潮湿条件下发生，另外，地势低洼易涝积水、排水不良、湿度大、通气差的条件下，发病重。

(二)人参菌核病

1. 症状

主要为害3年生以上参根，也可为害茎基部和芦头。参根被害病部初现水浸状黄褐色斑块，其上有白色棉絮状菌丝体，以后内部迅速腐败、软化，细胞全部被消解殆尽，只留下坏死的外表皮。烂根表面及根茎部均形成许多鼠粪状的黑色菌核。芦头受害则春季不能出苗。发病初期地上部分与健株无明显区别，后期地上部表现萎蔫，极易从土中拔出，此时，地下部早已溃烂不堪(图2-45)。

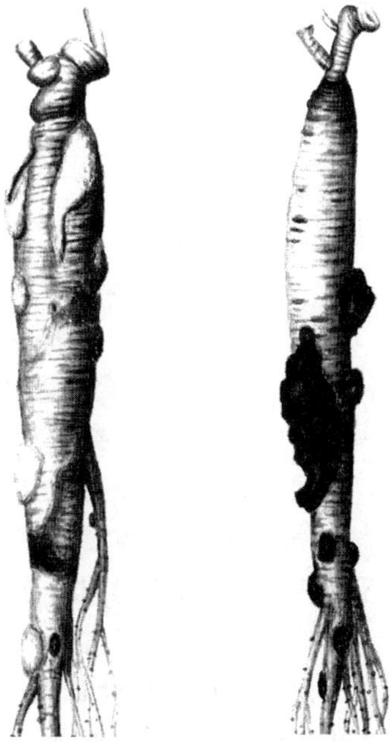

图2-45　人参菌核病

2. 病原

同细辛菌核病。

3. 发病特点

病原菌以菌核在病根上或土壤中越冬。翌年条件适合时，直接产生菌丝侵染参根。人参菌核病菌系低温菌，从土壤解冻到人参出苗为发病盛期。在东北4～5月为发病盛期，6月以后，气温、土温上升，基本停止发病。地势低洼、土壤板结、排水不良、低温高湿以及氮肥过多是人参菌核病发生和流行的有利条件。9月中、下旬，土温降到6～8℃，病害又有所发展。

(三)菘蓝菌核病

菘蓝为十字花科二年生草本植物，叶入药为大青叶、根入药为板蓝根，具清热解毒、凉血利咽的功效。全国各地多有栽培。

1. 症状

菘蓝的各个生育期均可受害。幼苗期轻病株无明显症状，重病株根茎腐烂并产生白色霉层，后期病组织外部出现黑色菌核；成株期叶片发病一般先从植株下部近地面处的老叶开始受害，病斑黄褐色，上有 2～3 层轮纹，潮湿时病部长出白色霉层、溃烂，后期可形成菌核，空气干燥时叶片破裂。茎部受害，先见到棱形水浸状病斑，呈凹陷状并有褐色轮纹，潮湿时出现软腐和白色霉层等症状，后期剖开有病茎秆可见鼠粪状黑色菌核，有时茎部外也有菌核产生。茎表皮裂开成乱麻状，空秆易倒伏(图 2-46)。受害的种荚也出现水渍状黄褐色斑，后期变白，也可出现小而圆的菌核，种子变成灰白色的秕粒，或不能结实。

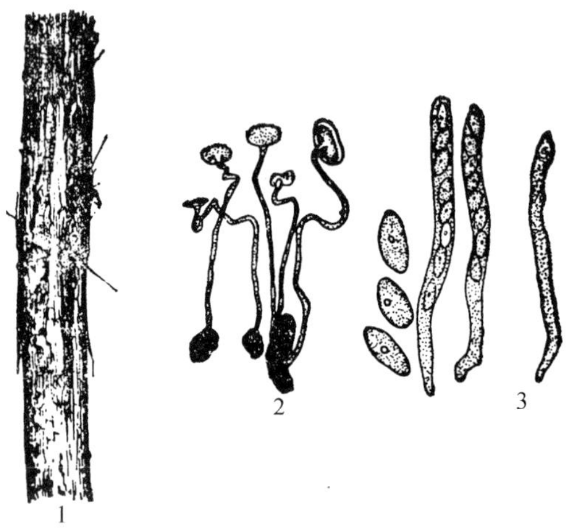

图 2-46　菘蓝菌核病

1. 被害茎秆　2. 菌核萌发形成子囊盘　3. 子囊、子囊孢子和侧丝

2. 病原

同细辛菌核病。

3. 发病特点

病菌以菌核落入土中或混杂在种子中越夏、越冬。菌核一般能存活一年左右，长期浸水时，1 个月即腐烂。在温、湿度适宜条件下(温度为 5～20℃，以 15℃为最适宜；萌发前必须吸收一定量的水分，要求有较高的土壤湿度)菌核萌发长出子囊盘，子囊盘散发出子囊孢子，成为主要的初侵染源。子囊孢子随气流传播，距离可达数里，落到菘蓝花瓣及叶片上，直接侵入，或从寄主伤口、自然孔口侵入。由于花瓣含有较多的糖分，成为病菌的天然培养基，所以花瓣的带菌率相当高，从始花期到盛花期，花瓣的带菌率均为 90%以上。以后带菌花瓣大量散落在叶片及茎上，病菌得以进行再侵染。在田间空气相对湿度≥85%时，再侵染不断发生。受害茎叶上的菌丝体通过枝叶靠贴也可蔓延至邻株而引起再侵染。收获时，病秆及种荚内的菌核又落入土中或混入秸秆、种子和堆肥里越夏、越冬。

(四)菌核病的防治措施

(1)选择干燥向阳、排水良好的地块,做高畦种植,施用腐熟粪肥,搞好田间卫生;早春注意提前松土,以提高地温、降低湿度,可减轻为害。

(2)发现病株及时拔除焚毁,并用生石灰粉进行土壤消毒,改换无病新土后补栽。

(3)建立无病留种田,严禁从病区调运种苗。

(4)药剂防治。种子在播种前用50%多菌灵200倍液浸种10 min消毒。发病初期,用80%多菌灵可湿性粉剂、40%菌核净可湿性粉剂、50%烯菌酮可湿性粉剂等按推荐浓度灌根或喷洒。

四、常见枯萎病的诊断与防治

枯萎病是维管束病害,是由于病原菌侵入植物的导管,菌体堵塞了导管或产生毒素破坏了导管运输水分的功能,而引起植物全株发病。受害植株表现萎蔫,逐渐变黄枯死,剖视病株茎部,维管束变褐色或黄褐色。病菌主要在土壤中越冬。在重茬地、土壤黏重、排水不良的地块发病重。枯萎病发生较重的药用植物主要有:桔梗、菊花、穿心莲、巴戟天等。

(一)桔梗枯萎病

在桔梗产区均有发生。安徽、江苏等省一些地区发病率常在10%~90%,2年生的桔梗受害尤为严重,常造成缺苗、死株现象。

1. 症状

苗期受害,出现烂根倒头,枯萎死亡。成株期发病,植株叶片由下向上黄化,变褐枯萎或局部分枝发病,维管束变褐色,茎基和根部变褐呈干腐状。病株易拔起,在湿度大时,根部和茎部产生大量粉红色霉层,即病原菌分生孢子梗及分生孢子,最后全株枯萎。

2. 病原

病原菌为尖孢镰孢菌(*Fusarium oxysporum*),也有其他镰孢菌。属半知菌,瘤座孢目镰孢菌属真菌。

3. 发生特点

镰孢菌是土壤习居菌,能长期在土壤中存活。病菌侵入寄主主要通过根部的伤口,侧根分枝裂缝和茎基部自然裂口也是侵入的途径。病菌侵入后在维管束内寄生蔓延,经过一段潜育期才表现病状。病害在田间传播主要依靠地面水流和土壤耕作。地下害虫和土壤线虫不但是枯萎病菌的传播媒介,造成的伤口也有利病菌的侵入。

连作、多雨、地势低洼、排水不良、土壤黏重、管理粗放、施用未腐熟的农家肥以及地下害虫活动猖獗等造成根系发育不良或伤口易引起发病。枯萎病通常自5月下旬开始发生,随着温度升高,症状逐渐明显。

(二)菊花枯萎病

菊花枯萎病见图2-47。

图2-47　菊花枯萎病

1. 症状

被害植株地上部叶片色泽变淡，失去光泽，稍呈波纹状，萎蔫下垂。一株中也有黄化枯萎叶片出现于茎的一侧，而另一侧的叶片仍正常。茎基部微肿，维管束变褐，愈向上颜色逐渐变淡。茎表皮粗糙，间有裂缝，潮湿时，缝中生粉红色霉状物。根部受害，变黑腐烂，根毛脱落，纵、横剖切根茎，髓部与皮层间维管束变褐色，外皮出现黑色坏死条纹。病株枯死的快慢，随菊花品种、气候条件和土壤性质的不同而异。

2. 病原

病原菌为尖孢镰孢菌菊花专化型 *Fusarium oxysporum f* sp. *dianthi*，属半知菌。

3. 发生特点

病菌以菌丝体或厚垣孢子随病残组织遗留在土壤中越冬。初次侵染源来自土壤或带菌肥料。病害发生的温度以 27～32℃最适，21℃趋向缓和，15℃以下不发病。地下害虫及线虫发生严重、连作、地势低洼、排水不良、大水漫灌、偏氮、缺钾及其他微量元素、多雨、土壤湿度大、通透性差等条件有利于病害的发生。病菌主要通过根部或茎基部伤口侵入，先在寄主薄壁细胞间和细胞内生长，然后进入维管束，在导管内发育，阻塞导管，影响水分运输。病菌分泌果胶酶和纤维素酶，分解破坏细胞，使导管内积累许多果胶类物质，堵塞导管引起植株萎蔫。发病严重时，造成植株枯萎死亡。

(三)穿心莲枯萎病

1. 症状

幼苗和成株都可发病。发病初期植株顶端嫩叶黄化枯萎，下部叶片仍保持绿色。严重时，茎叶变黄，叶片狭小，局部变为紫褐色，病株矮小，茎基和根部产生深褐色至黑色下陷斑块，病部附近维管束变为褐色，后期病株枯死。在潮湿条件下，有时在病幼苗茎基部及其周围土表出现白色絮状菌丝体。

2. 病原

病原菌为串珠镰孢(*Fusarium moniliforme*)、尖孢镰孢菌(*F. oxysporum*)、尖孢镰孢菌芬芳变种(*F. oxysporum* var. *redolen*)等。

3. 发生特点

以菌丝体及厚垣孢子在土壤中及病残体上越冬。在高温、多雨条件下侵染幼苗或成株。重茬、地下害虫为害严重、地势低洼、排水性差的地块病害发生较重。

(四)枯萎病的防治措施

(1)与禾本科作物实行 3 年以上轮作。

(2)选择地势高燥、排水良好的地块，并实行高畦栽种。

(3)加强田间管理，严格控制灌溉量，防止田间湿度过高，减轻发病。农事操作时勿伤根及茎基以免造成伤口。注重地下害虫的防治。

(4)初发现病株应立即拔除，集中烧毁。病穴可以灌施 50%多菌灵可湿性粉剂、50%代森铵水剂消毒。也可在发病初期，用 50%抑霉唑乳油或 50%代森铵水剂淋灌植株根茎周围土壤，每隔 10～15 d 施药 1 次，连续喷 2～3 次。

五、常见白绢病的诊断与防治

白绢病主要为害药用植物近地面处的根和茎，即根颈部和茎基部，病部变褐腐烂，严重时腐烂成乱麻状，其特点是在病部长有呈白色绢丝状的菌丝体，呈辐射状，边缘明显，白色菌丝可以病株为中心在土表向四周蔓延，所以叫白绢病，同时还生有初为白色、逐渐转为茶褐色的油菜籽大小的菌核。常在雨季或土壤湿度大条件下发病。白绢病菌为土壤习居菌，寄主范围十分广泛。发生白绢病的药用植物有菊花、白术、地黄、桔梗、黄芪等。

(一)菊花白绢病

1. 症状

菊花白绢病在成株期主要为害茎基部及根部，引致根腐、茎基腐。感病后，可使病部以上枯黄，叶片脱落。病部长出白色疏松或线状菌丝体，菌丝白色绢丝状，呈扇状或放射状扩展，后集结成菌索或纠结成菌核。菌核似油菜籽状，初白色至黄白色，后变茶褐色，圆形，表面光滑，散生或聚生。

2. 病原

Sclerotium rolfsii，称齐整小核菌，属半知菌，无孢目小核菌属真菌。菌丝白色，有绢丝状光泽，在培养基上呈羽毛辐射状扩展，有隔膜，细胞大小为 2.35 μm×1.0 μm，在寄主表面形成菌核，球形或椭圆形，直径 0.5～3.0 mm 不等，平滑有光泽。有性时期为 *Pellicularia rolfsii*，但不常见。

3. 发生特点

病菌以菌核或菌索随病残体遗落土中越冬，翌年条件适宜时，菌核或菌索产生菌丝直接侵入植株的茎基部或根部，病株产生的绢丝状菌丝延伸接触邻近植株或菌核借水流传播进行再侵染，使病害传播蔓延。连作或土质黏重及地势低洼地块发病重；高温多湿的年份或季节发病重；酸性土壤及施用氨态氮肥发病重。

(二)桑白绢病

1. 症状

主要为害桑树苗木和沙藏插条及苗圃的幼苗。受害苗木或插条多在近地面的茎部表皮上出现浅褐色至深褐色斑点，且病部有白色绢丝状菌丝，菌丝呈辐射状扩展，严重时覆盖病部，后菌丝纠结在一起形成茶褐色油菜籽状小菌核。小菌核形成后，白色菌丝逐渐消失，此间病部皮层溃烂，易剥离，丝状纤维露出，病叶变黄、凋萎，严重的全株枯死。

2. 病原

同菊花白绢病。

3. 发生特点

病菌以菌核在地表或含有病残物的肥料中越冬。翌年温、湿度适宜时，从菌核中长出菌丝侵染桑苗茎基部，后病部又长出菌丝沿土缝匍匐蔓延至邻近植株或病健株直接接触进行再侵染。该病在南方桑树栽培区易发病。苗圃地连作的发病重。

(三)白术白绢病

1. 症状

主要发生在白术的根茎部,多见于成株期。植株染病后,茎基和根茎出现黄褐色至褐色腐烂,叶片黄化萎蔫,顶尖凋萎,下垂而枯死。根茎腐烂有两种症状:一种是在较低温度下,被害根茎仅存导管纤维,呈"乱麻状"干腐;另一种是在高温、高湿下,蔓延较快,白色菌丝布满根茎,并溃烂成"烂薯"状湿腐(图 2-48)。后期受害植株地上部分逐渐萎蔫死亡。当温、湿度适宜时,根茎内的菌丝穿出土层,向四周土表蔓延,并产生许多油菜籽大小的菌核。菌丝呈白色绢丝状,具光泽。菌核初为乳白色或米黄色,后变为茶褐色。

图 2-48 白术白绢病被害根茎及病处菌核

2. 病原

同菊花白绢病。

3. 发生特点

病菌以菌核在土壤中越冬,并能在土壤中存活 5～6 年,土壤带菌是造成发病的主要原因。白术的种栽上也能携带病菌,造成田间发病。菌丝在地表蔓延,菌核随流水移动,都能造成田间传播,使发病率增加。白绢病菌喜高温、高湿,一般在 30～35℃为最适,通气好、低氮的沙壤土发病重。6～8 月高温多雨季节为发病盛期。

(四)白绢病的防治措施

(1)实行轮作。白绢病菌广泛存在土壤中,防治白绢病应以与禾谷类作物轮作为主。不宜与寄主范围内的药用植物轮作,轮作期限在 2 年以上。

(2)挑选健壮无病种栽,再用 50%托布津 1 000 倍液浸泡 5～10 min,阴干后栽种。

(3)选择干燥、不积水地块种植。及时拔除病株,田间发现病株及时拔除,在病穴周围撒施石灰粉消毒,或在邻近植株按推荐浓度浇灌 50%氯硝胺、50%多菌灵或甲基托布津等药剂,控制病害。

(4)发病初期,可喷雾或灌根。在苗圃内用 50%多菌灵可湿性粉剂、或 50%托布津可湿性粉剂、或 1%硫酸铜等药剂按推荐浓度浇灌苗根部,或土壤表面喷洒适当比例的 40%多·硫悬浮剂、或 50%扑海因可湿性粉剂、或 15%三唑酮可湿性粉剂、或 20%甲基立枯磷等,均有高效。

学习任务二　真菌所致药用植物地上部分病害的诊断与防治

一、常见白粉病的诊断与防治

白粉病是药用植物上发生极为普遍的病害,一般发生在植物生长的中后期,可侵害叶片、嫩枝、花、花柄和新梢。叶片发病，初期为近圆形白色粉斑，粉斑不断扩大，相互连接成片，使整个叶片或嫩梢布满白色霉层，像撒了一层面粉，故称白粉病。发病后期，霉层颜色逐渐变灰色至灰褐色，在霉层中产生褐色至黑色小黑点，即病菌的闭囊壳。

(一)黄芪白粉病

1. 症状

发病初期在叶片、嫩茎和荚果表面产生白色近圆形小斑点，以后逐渐扩大蔓延，整片叶、茎秆及荚果被白色粉状物所覆盖，菌丝层厚，似毡状。后期菌丝中产生很多小黑点，即为病原菌有性世代的闭囊壳。发病严重时叶片呈黄褐色，干枯，造成早期落叶。叶片和茎秆同时受害，则整株枯萎(图 2-49)。

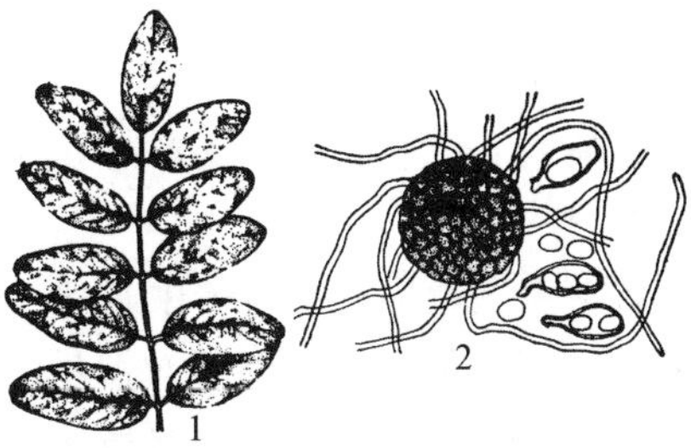

图 2-49　黄芪白粉病

1. 被害叶　2. 闭囊壳、子囊和子囊孢子

2. 病原

Erysiphe pisi，称豌豆白粉菌，属子囊菌门白粉菌目白粉菌属真菌。

3. 发生特点

病菌以闭囊壳在田间病株(苗)及病残体上越冬。翌年 5 月以后，在温、湿度适宜时，释放出大量子囊孢子随气流传播，引起初次侵染。病原菌在病部逐渐产生大量的分生孢子，分生孢子随气流传播，引起再次侵染。一般 6 月上旬开始发病，7～8 月为发病盛期。9 月形成闭囊壳准备越冬。干旱的天气有利分生孢子的传播，高温、高湿的气候条件适合分生孢子的萌发侵入。重茬或与其他豆科植物连作的地块发病重，密度过高的地块因环境郁闭、通风透光性差而发病重。新茬地或坚持 3 年以上轮作的地块发病轻。

(二)芍药白粉病

1. 症状

病害先从植株内部近地面的叶片开始发生。发病初期在叶面产生白色、近圆形的白粉状霉斑，病斑向四周蔓延，逐渐扩大成边缘不整齐的大片白粉斑，其上布满白色至灰白色粉状物，即病菌的菌丝体、分生孢子梗及分生孢子。发病后期叶片两面及叶柄、茎秆上都生有污白色霉斑，在粉层中散生许多黑色小粒点，即病原菌有性世代的闭囊壳(图 2-50)。

图 2-50　芍药白粉病

2. 病原

Erysiphe polygoni，称蓼白粉菌，属子囊菌门白粉菌目白粉菌属真菌。

3. 发生特点

病菌以闭囊壳和菌丝体在病残体上越冬，翌年条件适宜产生子囊孢子进行初侵染，发病后产生分生孢子进行再侵染；温暖干旱有利发病，施氮肥过多，植株枝叶过密、通风不良、光照不足发病较重。

(三)栝楼白粉病

1. 症状

栝楼白粉病主要为害叶片。从幼苗期即可发病,以中、后期为害重。发病初期在叶面产生白色、近圆形的白粉状霉斑,并向四周蔓延,连接成边缘不整齐的大片白粉斑,其上布满白色至灰白色粉状物。叶片变黄而发脆,但不脱落。

2. 病原

病原为 *Oidium* sp.,属半知菌,丝孢目粉孢属。

3. 发生特点

病菌以菌丝体在病残体中越冬。次年引起初侵染。病菌分生孢子主要通过气流传播,雨滴溅散也可以传播。空气相对湿度大、温度较高(20～24℃),有利病害发生和流行。偏施氮肥、植株过密、光照不足的地块易发病。低洼或排水不良的地块发病重。

(四)白粉病的防治措施

(1)加强栽培管理。选用抗病品种,温室栽培要保持通风透光,避免隐蔽条件,因为强烈的阳光能抑制病害的发生。同时避免湿度过高,密度过大。合理浇灌,减少叶面淋水,增施优质农肥,避免偏施氮肥,增强植株抗病性。

(2)清除病源。生长季节及时发现并摘除病叶、病花、病果;药材收获后,及时清理田间的病残体,并集中烧毁;翌年使用无病的种苗、接穗种植,多途径减少病源。

(3)药剂防治。生长季节病害一旦严重发生,药剂防治将成为最主要的防治措施。叶、花、果病害潜育期短,侵染次数多,病害发生时要求迅速控制,只有喷药才能控制。防治效果较好的药剂有 25%粉锈宁可湿性粉剂、50%多菌灵可湿性粉剂、75%百菌清可湿性粉剂、50%硫黄悬浮剂、25%敌力脱乳油、50%苯来特可湿粉剂等。喷药应在发病初期进行,每 7～10 d 喷药 1 次;冬季休眠期,可于发芽前喷 3～5 波美度的石硫合剂。

二、常见锈病的诊断与防治

锈病是药用植物上常见的重要病害,主要为害药用植物的叶片和嫩茎。锈病的种类虽多,却极易识别:病部初期产生黄色、黄白色或浅绿色斑点,后病部突起呈疱状,疱斑破裂后散出黄色或铁锈色粉状物,故称锈病。

锈菌孢子萌发侵入寄主植物,需要高湿的条件,在叶面有水膜时或饱和湿度时孢子更易萌发侵入寄主。因此,锈病常在阴雨连绵的情况下发生严重。

(一)木瓜锈病

木瓜是我国传统中药材,果实入药,具有舒筋活络、和胃化湿、消食生津等功效。木瓜锈病是木瓜上的重要病害之一,常导致病株落叶、落果,削弱树势,严重时引起大幅度减产。

1. 症状

锈病为害木瓜的叶片、叶柄、嫩枝和幼果。叶片发病时,叶片的正面出现枯黄色的小点,逐渐扩大发展成为圆形病斑,病部组织渐渐变厚,向叶背隆起,在隆起处长出灰褐色毛状物,毛状物破裂，散出铁锈色粉末。后期病斑变黑。一张叶片有几个病斑，就能使叶片枯死脱落。新梢和幼果发病，和叶片上的病斑相似，病果畸形，病部开裂，多数落果（图 2-51）。

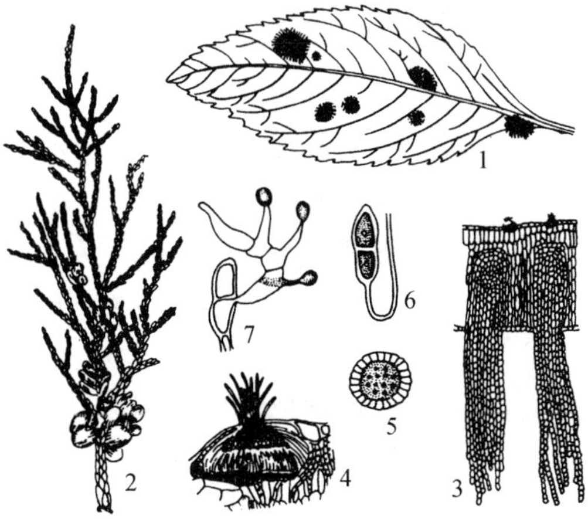

图 2-51　木瓜锈病

1. 木瓜上症状　2. 桧柏上症状　3. 性孢子器和锈孢子器　4. 放大的性孢子器
5. 锈孢子　6. 冬孢子　7. 冬孢子萌发产生的担子和担孢子

2. 病原

Gymnosporangium asiaticum，称梨胶锈菌，属担子菌门胶锈菌属真菌。

3. 发生特点

木瓜发生锈病，病菌来源于桧柏锈病。桧柏锈病发生在针叶、叶腋或嫩枝上，于 3 月长出红褐色米粒大小的角状物，为病菌冬孢子堆，3 月底至 4 月上旬遇雨后，变成一团黄褐色胶状物，上面布满黄褐色粉末，为锈菌担孢子。担孢子随风飘落到木瓜上，侵染叶片、嫩枝和幼果。木瓜发病部位长出的刺毛状物，为锈孢子器，破裂后散出锈孢子，锈孢子再随风飘落到桧柏上，侵染桧柏，使桧柏发生锈病。

（二）红花锈病

红花锈病是红花最严重的病害，随着种植面积的不断扩大，红花锈病的发病面积不断加大，发病程度不断加重，整个生育期均可发生，造成红花幼苗死亡或减产。

1. 症状

苗期被害，在子叶、下胚轴及根部产生蜜黄色的病斑，大小为（0.2～0.3）mm×（0.5～1）mm。其上密集针头状黄色的颗粒状物，即性孢子器。不久，在性孢子器边缘产生栗褐色圆形或近圆形的斑点，即锈孢子器，逐渐连成片状，表皮破裂后，散出栗褐色的锈孢子。

图 2-52　红花锈病

生长期主要为害叶片，在叶正面产生许多呈茶褐色或暗褐色的小疮状物，当表皮破裂时，散逸出大量的褐色粉末，即病原菌的夏孢子堆和夏孢子，后期于夏孢子堆处出现黑褐色的疱状物，为冬孢子堆和冬孢子，病害发生严重时，叶面上布满孢子堆，叶片自下而上枯死(图 2-52)。

2. 病原

Puccinia carthami，红花柄锈菌，属担子菌门锈菌目柄锈菌属。为单主寄生、全孢型的锈菌。

3. 发生特点

红花锈病菌以冬孢子随病残体遗留在田间或黏附种子上越冬，为翌年的初侵染源，在有水滴条件下，气温为 24℃时，冬孢子萌发，形成菌丝及担孢子。红花播种 1 个月后开始在子叶、下胚轴出现性孢子器，5～6 d 后产生锈孢子器。锈孢子在湿度大的条件下，萌发侵入植株下部叶片，叶上产生夏孢子进行多次侵染。植株接近成熟衰老时，锈菌再形成冬孢子堆和冬孢子越冬。

不同品种抗病性差异很大，其中抗病能力较强的品种有新红花 2 号、塔原 1 号等。

(三)锈病的防治措施

(1)选用抗病品种并合理布局寄主植物。锈病是典型的气传病害，病菌孢子可随风远距离传播，防治这种病害应以选用抗病品种为主；对转主寄生的病菌，尽量不要把两种寄主栽植在一起或距离太近，另外种植密度不宜过大，要注意修剪，保持株间通风透光，降低湿度，降低发病率。

(2)清除病残体。及时清除田间病落叶、病枝、病芽等，集中深埋，减少侵染来源。

(3)种子处理。播种前用种子重量 0.2%～0.4%的 15%三唑酮可湿性粉剂、25%三唑醇拌种剂拌种，防效明显。

(4)药剂防治。在无法清除转主寄主的条件下以药剂防治为主，供选择的药剂有 25%粉锈宁可湿粉剂、50%萎锈灵乳油、25%敌力脱乳油、12.5%烯唑醇可湿性粉剂等。在锈病发病初期及时喷洒，每 10 d 左右喷 1 次，连续喷 2～3 次。对有转主寄生的锈病，可在 3、4 月份桧柏上的病瘿成熟时于桧柏枝上喷 1～2 次 1～3 波美度的石硫合剂，或 1∶3∶100 的石灰多量式波尔多液。

三、常见霜霉病的诊断与防治

霜霉病是药用植物生产中常见病害，主要为害叶片和嫩茎。在叶片上形成多角形病斑，叶片背面病部产生霜状霉层，因此这一类病害称霜霉病。嫩茎发病，也产生稀疏的霜状霉层，有的能造成幼茎肿大弯曲。霜霉病菌要求低温高湿，所以霜霉病多在早春和秋季多雨时期发生。

(一)菘蓝霜霉病

霜霉病是菘蓝的主要病害之一，严重威胁大青叶和板蓝根的品质和产量。

1. 症状

主要为害叶片，靠近地面的下部叶片先发病，逐渐向上部叶片蔓延。发病初期，叶面上出现边缘不明显的黄白色至黄色斑点，扩展时受叶脉限制呈多角形至不规则状，湿度大时叶背面病部产生一层灰白色霜霉状物，即病原菌的孢囊梗和孢子囊。以后霉层逐渐增厚，病斑扩大为不规则形并逐渐变为褐色枯斑。病斑多分布在叶脉处或叶缘，病健交界处明显，受害部分增厚，边缘弯曲。严重时病斑连接成片，全叶片干枯死亡。

2. 病原

Peronospora parasitica，称菘蓝霜霉，属卵菌门霜霉属真菌。

3. 发生特点

病菌既可以卵孢子在病残体内越冬，也可以菌丝体在留种株组织中越冬，二者都是田间的初侵染来源，后者发病早在初侵染中起重要作用。翌春通过风或雨水溅射到叶片上，引致初侵染和再侵染，田间植株发病后，在适宜的环境条件下，病部不断产生孢子囊，通过气流传播，造成重复浸染。春季低温阴雨病害易流行，为此，留种田控制浇水，降低田间湿度可减轻为害。

(二)延胡索(元胡)霜霉病

延胡索即元胡，块茎入药，有活血、行气、止痛功效，是著名浙八味之一。延胡索霜霉病是延胡索生产上的主要威胁，发病十几天就能使全田枯死，常年损失在 30%以上。

1. 症状

发病初期，叶面产生褐色小点，后逐渐扩大为黄褐色。病斑形状不规则，边缘也不明显。湿度大时，叶背面密生一层白色霜霉状物，即病菌孢囊梗和孢子囊，发病重的叶片卷缩干枯，植株枯死(图 2-53)。

图 2-53　延胡索霜霉病

1. 被害叶、茎　2. 孢囊梗和孢子囊

2. 病原

Peronospora corydalis，称紫堇霜霉，为卵菌门霜霉目霜霉属真菌。

3. 发生特点

病原菌主要以卵孢子在土壤、病残组织或块茎中越冬越夏，也可以菌丝体在块茎芽眼组织内越夏。元胡发芽时，病菌随幼芽生长，随后进入叶片中，3 月下旬为害叶片，形成病斑。病部产生孢子囊，随风雨向周围传播为害。在发病期间如遇低温多湿、寒流频繁以及时晴时雨的条件下病害发展很快，若防治不及时，4 月中旬茎叶全部枯死。该病在地势低洼、种植密度大、氮肥过多的地块及连作田发病重。

(三)霜霉病的防治措施

(1)选用抗病良种，避免与十字花科等易感染霜霉病的作物连作或轮作。

(2)种子处理。播种前用种子重量 0.1%～0.4%的 35%甲霜灵或 50%的福美双可湿性粉剂拌种，或用 40%霜疫灵等按推荐浓度浸种 24～72 h，晾干后播种。

(3)加强栽培管理。适当稀植，采用高畦栽培；清除田间枯枝落叶并妥善处理；浇小水，严禁大水漫灌，多雨区注意清沟排渍，有条件的地区采用滴灌技术；施足基肥，实行配方(平衡)施肥，避免氮肥偏施过施；收获后清洁田园。

(4)药剂防治。加强检查，发现中心病株或发病中心时，及时喷药控病。药剂可选用 35%甲霜灵可湿性粉剂、40%霜疫灵可湿性粉剂、或 64%杀毒矾可湿性粉剂、或 40%乙磷铝可湿性粉剂、或 58%瑞毒霉·锰锌可湿性粉剂等配成推荐浓度喷雾防治，喷药时注意喷施叶背，隔 10 d 一次，防治 2～3 次。

四、常见灰霉病的诊断与防治

灰霉病是草本药用植物上常见的真菌病害，发生广，除为害贝母外，还为害芍药、牡丹、菊花、月季、百合等多种植物。被害茎、叶、花、果实焦枯腐烂，严重时使茎叶萎蔫，幼苗倒伏。在潮湿条件下，产生大量灰色霉层，后期产生菌核。

(一)贝母灰霉病

1. 症状

主要为害贝母叶片、茎秆。叶片染病初生暗绿色小点，病斑扩展后中央黄褐色，四周暗绿色，病斑四周生黄色晕圈，故又称“眼圈病”。病斑处叶脉坏死，病斑向两端扩展，形成长条形枯死斑。茎秆染病初生暗绿色病斑，扩展后绕茎一周致使全株枯萎死亡。病斑在温度适宜和湿度大的条件下，产生灰色霉状物(图 2-54)。

2. 病原

Botrytis elliptica，称椭圆葡萄孢，属半知菌葡萄孢属真菌。

3. 发生特点

病原菌以菌核在病残体上或在土壤中越冬，第二年产生菌丝和分生孢子侵染贝母。发病后，又形成分生孢子再向四周传播进行再侵染，使病害扩大蔓延。温度 15～20℃，相对湿度 92%以上的条件最适宜发病。皖贝母灰霉病多在 4 月上、中旬发生。

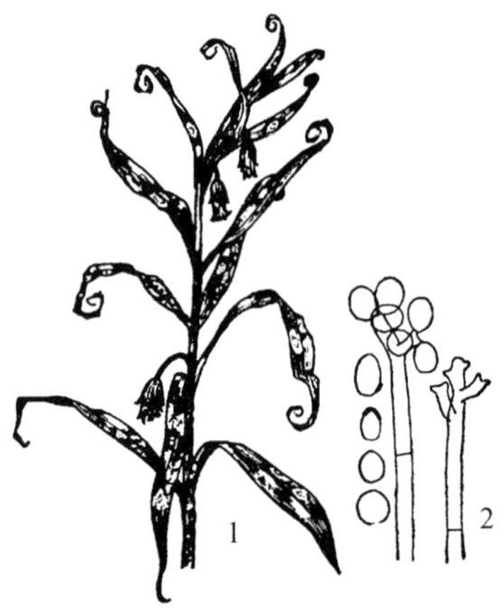

图 2-54 贝母灰霉病

1. 被害叶 2. 分生孢子梗和分生孢子

(二)芍药灰霉病

1. 症状

主要为害叶片、叶柄、茎及花朵。叶片染病，在叶尖、叶缘产生水渍状近圆形大斑，呈紫褐色、褐色或灰褐色，具有波状轮纹，边缘不明显，易产生灰色霉层，以叶背为多，严重时整叶枯死；叶柄和茎上病斑呈水渍状，长条形，初为暗绿色，后变褐色，产生凹陷软腐，茎叶从病部折倒；幼苗、嫩茎发病，产生水渍状不定型的暗绿色病斑，后变褐色，凹陷，萎蔫，严重时幼苗倒伏；花朵受害，变褐枯死或腐烂，产生灰色霉层。发病后期，茎基部组织及表土病残部位形成黑色球形或不规则形小菌核。

2. 病原

Botrytis paeoniae，称牡丹葡萄孢，属半知菌葡萄孢属真菌。

3. 发生特点

病菌以菌丝体、菌核或分生孢子在土壤及病残体上越冬。次年菌核萌发产生分生孢子，借助风雨传播，引起再侵染，扩大为害。20～25℃、高湿条件下，容易发病；梅雨、多雾露、郁闭通风不良的环境发病较重；幼嫩组织感病重。

(三)灰霉病的防治措施

(1)选用抗病品种,种植无菌种苗,科学施肥,提高植物抗病能力是防治此类病害的基本手段。

(2)加强田间管理。选择肥沃深厚、排水良好的沙壤土栽植,培土不堆积于叶基;控制湿度是防治的关键措施之一。露地栽培的植株不宜过密,科学浇灌(灌水不超过植株基部),减少淋水,注意排水;合理密植,使植株间通风透光,促进植株健壮生长,提高抗病力;秋季进行深翻;重病地要实行轮作,或结合翻土进行土壤消毒。

(3)消灭病源。及时清除病落叶等病残体并深埋,结合修剪,剪除病枝、病芽及其相连的部分,以减少侵染来源。

(4)药剂防治。前期喷洒 1 次 1∶1∶150 波尔多液进行预防保护,以后选 50%万霉灵可湿性粉剂、50%扑海因可湿性粉剂、25%腐霉利胶悬剂或 50%乙烯菌核利可湿性粉剂按推荐浓度喷雾,连续 2～3 次。

五、常见炭疽病的诊断与防治

炭疽病是药用植物中常见的一类病害,可为害叶、茎、花、果实等部位,其子实体(点状物即分生孢子盘)在病部常呈轮纹状排列,潮湿条件下病斑上产生粉红色的黏孢子团。病斑常略凹陷,一般病斑中央色浅。炭疽病菌无性态是半知菌的真菌,有性态是子囊菌门的真菌。

(一)山药炭疽病

山药性平、味甘,具有补脾养胃、生津益肺、补肾涩精等功效,为药之上品。但山药炭疽病的发生蔓延却在逐年加重,制约着山药产业的进一步发展。

1. 症状

病害一般先从植株下部发病,叶片和茎蔓均可染病。叶片发病多是从叶尖或叶缘处产生水渍状暗绿色小斑点,扩展后病斑椭圆形或不规则形,边缘褐色至黑褐色,中央颜色较浅,稍显轮纹。病斑表面散生黑色小粒点(分生孢子盘)。严重时,常常数个病斑连合成大斑块,病部易穿孔或病叶脱落。茎蔓发病常在距地面较近部分,病斑黑褐色,梭形,略凹陷,为害严重时,可以造成叶片早期脱落,茎蔓枯死,以致整株死亡。叶片或茎蔓上的病斑在空气潮湿时,产生粉红色黏稠物质(分生孢子盘)。

2. 病原

Colletotrichum gloeosporioides,为胶孢炭疽菌,属半知菌黑盘孢目炭疽菌属。

3. 发生特点

病菌以菌丝体和分生孢子盘在病部或随病残体遗落在土中越冬。第二年产生分生孢子,靠雨水溅射传播,或借白粉虱、蚜虫等昆虫传播蔓延。高温、多雨、高湿是该病发病和流行的决定因素。氮肥过多,植株徒长,植株郁蔽,病害重。连作、排水不良、潮湿背阴以及植株生长衰弱的田块发病较重。从 6 月发病,一直为害到收获时期。

(二)枸杞炭疽病

1. 症状

枸杞炭疽病俗称黑果病，是一种毁灭性病害。主要为害枸杞的青果、花和花蕾。青果染病，初期在果面上生黑色小点或不规则褐色斑，遇连阴雨病斑不断扩大，半果或整果变黑，干燥时果实萎缩；湿度大时，病果上长出很多橘红色胶状小点；叶尖、叶缘染病产生褐色半圆形病斑，扩大后变黑，湿度大呈湿腐状，病部表面出现黏滴状橘红色小点，即病原菌的分生孢子盘。

2. 病原

同山药炭疽病。

3. 发生特点

枸杞炭疽病的初侵染来源主要是树上和落地的病残果，越冬菌态是病组织内的菌丝体和病果上的分生孢子。翌年春季借助雨水把黏结在一起的分生孢子堆溅击开，再借气流传播到幼果、花蕾上，经伤口或直接侵入。在多雨年份、多雨季节扩展快，呈大雨大高峰、小雨小高峰的态势。干旱年份或干旱无雨季节发病轻、扩展慢。

(三)炭疽病的防治措施

(1)选用抗病品种或选留无病种子或从无病株上采种。

(2)种子处理。先将种子用清水在室温条件下浸 10～12 h，然后转入 48℃温水中浸 1 min，再转入 53～54℃的温水中浸 10 min。晾干后，拌相当于种子量的 0.3%的托布津药液或 50%多菌灵药液。

(3)加强管理。实行 2～3 年轮作；适时早播，深度适宜，间苗时注意剔除病苗；及时清除病源，包括摘除病叶、病果、修剪病枝、病梢，集中深埋或烧毁；不偏施氮肥，适当增施磷、钾肥，多施有机肥；注意排水，保持通风透光，提高植株抗病能力。

(4)药剂防治。可喷洒的药剂有 45%咪鲜胺乳油、25%腈醚菌酯悬浮剂、25%噁醚唑乳油、25%炭特灵可湿性粉剂等。

六、常见链格孢类叶斑病的诊断与防治

半知菌类真菌链格孢主要为害药用植物的叶片，在叶片上形成圆形或不规则形病斑，有时有同心轮纹，湿度大时病部产生黑色霉层，因此多称黑斑病。黑斑病是多种药用植物生产中较为常见且为害严重的病害。

(一)麦冬黑斑病

1. 症状

为害叶片。多在叶尖或叶缘先发病，发病初期叶尖或叶缘褪绿，发黄变褐，逐渐向叶基扩展。后期病斑灰褐色或灰白色，病健交界处紫褐色。严重时全叶发黄枯死。湿度大时，病部产生黑色霉层。

2. 病原

病原菌为半知菌链格孢属真菌葱链格孢 *Alternaria porri*。

3. 发生特点

病菌以菌丝或分生孢子在枯叶及种苗上越冬。翌年 4 月中旬开始发病。病害的发展与湿度关系密切。雨季发病较重。植株长势差、衰老叶片易发病害。田间有明显的发病中心，温、湿度条件适宜时流行快，常成片枯死。

（二）菘蓝黑斑病

1. 症状

主要为害叶片。在叶上初生时为绿黄色小斑点，后扩大成圆形或近圆形病斑，灰褐色至褐色，有同心轮纹，周围常有黄色晕圈。病斑较大，一般直径 3～10 mm。病斑正面有黑褐色霉层，即病原菌分生孢子梗和分生孢子。叶上病斑多时易变黄早枯。茎、花梗及种荚受害产生相似症状。

2. 病原

病原菌为芜菁链格孢 *Alternaria napiformis* 和芸薹链格孢 *A. brassicae*，属半知菌，丝孢目暗色孢科链格孢属。

3. 发生特点

病原菌以分生孢子在病株残体上越冬，或随病残体在土壤中越冬，为翌年的初次侵染源。自 5 月开始发生，一直可延续到 10 月。高温、多雨季节有利发病。

（三）细辛黑斑病

1. 症状

主要为害叶片。叶片病斑圆形、近圆形或不规则形，病斑中央黄褐色，外缘褐色至黑色，周围有淡黄色晕圈。严重时病斑汇合连片，造成叶片枯死。高湿条件下病斑上产生黑色霉层，即病菌分生孢子梗和分生孢子。

2. 病原

病原菌为半知菌类丝孢目链格孢属（*Alternaria* sp.）真菌。

3. 发生特点

病原菌以分生孢子和菌丝体在病残体和患病芽苞上越冬，成为第二年发病的初侵染来源。种苗可以带菌传病。分生孢子借风雨传播，萌发芽管从寄主气孔或表皮直接侵入。环境条件适合时，病斑上能产生大量分生孢子，经传播后进行多次再侵染。分生孢子萌发最适温度15～25℃，并要求 98%以上相对湿度。高湿、多雨是病害流行的关键因素。

（四）链格孢类叶斑病的防治措施

（1）耕作栽培措施。合理轮作；清洁田园，消灭越冬菌源；加强田间管理，增施磷、钾肥，提高抗病力。

（2）拔除病株。发现并拔除中心病株，喷洒 1∶1∶100 波尔多液或 50%多菌灵药液。

（3）药剂防治。发病初期喷施 50%代森锰锌、0.3%多抗霉素、20%咪唑霉，1∶1∶120 的波尔多液等药剂，每隔 7～10 d 喷药 1 次，视病情进展喷 3～5 次。

七、常见尾孢类叶斑病的诊断与防治

尾孢类真菌主要为害药用植物的叶片，在叶片上形成圆形或多角形病斑，多呈褐色，周围有黄色晕圈。尾孢类真菌引起的叶斑病多称褐斑病，如藿香褐斑病，也有些称角斑病，如木瓜角斑病。有些褐斑病产生淡黑色霉层的病征，即病原菌的分生孢子梗和分生孢子，也有些褐斑病产生小黑点的病征，为病原菌的分生孢子座。

(一)藿香褐斑病

1. 症状

为害叶片。叶上病斑圆形或近圆形，直径 2～4 mm，中央淡褐色，边缘暗褐色，周围有黄色晕圈。后期叶面生淡黑色或灰色霉状物，为病原菌的分生孢子梗和分生孢子。病情严重时病斑汇合连片，叶片提前枯死。

2. 病原

病原为唇形科尾孢 *Cercospora labiatarum*，属半知菌，丝孢目尾孢属真菌。

3. 发生特点

病菌以菌丝体在病株残体上越冬。翌年春产生分生孢子，借气流、雨水、昆虫传播，引起初侵染及多次再侵染。多雨天气、偏施氮肥及地势低洼的田块有利于发病。

(二)玉竹褐斑病

图 2-55　玉竹褐斑病

1. 症状

主要为害叶片。多从叶尖或叶缘开始发病，最初生针头状失绿斑点，扩大后椭圆形或限于平行脉之间而呈条斑。病斑中央色淡，呈灰白色，边缘紫褐色或紫红色。天气潮湿时，在病斑上生灰黑色霉层，为病原菌的分生孢子梗和分生孢子。病斑常造成叶片局部枯死或整片叶早枯，影响产量(图 2-55)。

2. 病原

病原菌为中华尾孢 *Cerospora chinensis*，属半知菌，丝孢目尾孢属真菌。

3. 发生特点

病菌以分生孢子和菌丝体在田间枯枝残叶上及土壤中越冬。翌年条件适宜时越冬病菌产生分生孢子侵染寄主引起初侵染。病害从 5 月初直至收获期均可感染。氮肥施用过多、植株过密、多雨、潮湿、排水不良等均有利发病。

(三)忍冬褐斑病

1. 症状

叶片发病，初期为褐色小点，以后扩大成褐色圆形病斑，或受叶脉所限呈多角形病斑，黄褐色。潮湿时，叶背病斑上有灰色霉状物，为病菌分生孢子梗和分生孢子。一张叶片有 2～3 个病斑，就能使叶片脱落。

2. 病原

病原菌为鼠李尾孢 *Cerospora rhamni*，属半知菌，丝孢目尾孢属真菌。

3. 发生特点

病菌以菌丝体或分生孢子在病叶片上越冬，成为初侵染源。翌年春季条件适宜时产生分生孢子，引起初侵染。在忍冬生长季节，病害可不断产生分生孢子，引起多次再侵染。生长前期病害不重，多在生长中后期发生严重。植株生长衰弱，抗病性低，发病重；多雨、潮湿的条件下发病重。

(四)尾孢类叶斑病的防治措施

(1)加强田间管理。及时清除病株落叶，集中烧毁，减少菌源；增施有机肥料，提高植株抗病能力；合理密植或避免植株生长过于茂盛，发病早期及时剪除病部。

(2)药剂防治。发病初期可选择50%代森锌可湿性粉剂、1：1：200波尔多液、75%百菌清可湿性粉剂、50%多·硫悬浮剂、甲基硫菌灵悬浮剂、50%混杀硫悬浮剂、77%可杀得可湿性粉剂等药剂按推荐浓度进行喷洒。隔7～10 d 1次，连续防治2～3次。

八、常见壳针孢类叶斑病的诊断与防治

壳针孢真菌属于半知菌，主要为害药用植物的叶片，在叶片上形成圆形或多角形病斑，多呈褐色。与尾孢类叶斑病的主要区别是后期病斑密生针头状小黑点，为病原菌分生孢子器。有些药用植物壳针孢类叶斑病，如菊花斑枯病，是影响菊花生产的重要病害。

(一)菊花斑枯病

1. 症状

主要为害叶片。植株下部叶片先发病，初期出现褐色小点，扩展后呈圆形、椭圆形或不规则形病斑，直径5～10 mm，褐色、紫褐色或黑褐色，边缘清晰，叶缘病斑呈半圆形、扇形或不规则形。后期病斑上密生针头状细小黑点，为病原菌分生孢子器。病斑多时可聚合成大病斑，使叶片变黄、皱缩。发病严重时，病株叶片自下而上变黑枯死。枯叶多悬垂于茎秆上，短时不脱落。整个生育期均可发病。各主产区均有发生，造成叶片大量枯死，影响产量和品质。

2. 病原

病原菌为菊花壳针孢 *Septoria chrysanthemella*，属半知菌，球壳孢目壳针孢属。

3. 发生特点

病菌以分生孢子器或菌丝体在病株残体或植株基部新芽上越冬。次年温、湿度适宜时分生孢子器释放出分生孢子，借风雨淋溅、昆虫为害或农事操作传播，引起初次侵染。病原菌潜育期20～30 d，潜育期的长短与菊花品种、温度有关，温度高时潜育期短。发病后病斑上不断产生分生孢子进行多次再侵染，在菊花整个生长期均可发生。温度适宜时，田间有雨露即可发病；喷淋后叶片湿润过夜或秋雨多，有利病菌的侵染、繁殖和传播蔓延，直至终花期不断加重为害。偏施氮肥使植株嫩弱，也有利于发病。品种对斑枯病的抗性有差异。

(二)山药斑枯病

1. 症状

主要为害叶片,发病初期为褐色小点,后扩展为多角形或不规则形病斑,大小 6～10 mm,中心部褐色,边缘暗褐色,上生无数小黑点,即病原菌分生孢子器。发病严重时,病叶干枯,全株枯死。

2. 病原

病原菌为半知菌球壳孢目壳针孢属真菌薯蓣生壳针孢 *Septoria dioscoreae*。

3. 发生特点

病原菌以分生孢子器在病残体上越冬。翌年春季温度上升到 18℃、相对湿度在 80%以上时,分生孢子从分生孢子器中溢出,借风雨传播,在寄主的叶片萌发,引起初次侵染。之后在发病部位产生新的分生孢子器及分生孢子,通过气流传播,进行再次侵染,不断扩大危害,在一个生长季节可以有多次再侵染。苗期为害严重,秋季发生普遍。

(三)壳针孢类叶斑病的防治措施

(1)选用抗病品种。

(2)清洁田园卫生。采后彻底清除病残体,并集中烧掉。

(3)实行配方施肥。促进植株健壮生长,提高植株抗病力。

(4)栽培管理。选择高燥通透性好的田块;合理密植,以保持株间通风透光;雨后及时开沟排水。

(5)药剂防治。发病初期摘除病叶并喷药保护,每 15～20 d 喷 1 次;老龄或发病严重的植株,每 7～10 d 喷 1 次,视病情及天气情况共喷 3～5 次。药剂可选用 50%扑海因、50%代森锰锌、50%多菌灵等。

九、常见轮纹病的诊断与防治

(一)地黄轮纹病

1. 症状

主要为害叶片,病斑较大,圆形或近圆形,直径 2～12 mm,有的受叶脉限制呈半圆形或不规则形,黄褐色,具明显深浅褐色相间的同心轮纹,病部出现黑色小点,即病菌的分生孢子器,严重时病叶枯死。

2. 病原

Ascochyta molleriana,称地黄壳二孢,属半知菌,壳二孢属真菌。

3. 发生特点

病菌以分生孢子器随病枯叶落入土壤中越冬,翌春分生孢子器遇水后释放大量分生孢子,借风雨飞溅传播,引起初侵染;生长季节病叶上产生的分生孢子进行再侵染。该病发生较早,一般 5 月上旬开始发病,6 月进入发病盛期,7 月中旬后逐渐减少。高温、高湿季节和多雨年份发生严重。

(二)桔梗轮纹病

1. 症状

病害主要发生在成叶和老叶上,也可为害嫩叶和新梢。叶片病斑通常由叶尖或叶缘开始,先为黄绿色小斑,后呈褐色、近圆形、半圆形或不规则形大斑,一般有深浅褐色相间的同心轮纹,边缘有褐色隆起线与健部分界明显;以后病斑中央变为灰白色,上生黑色小粒点,即为病原菌的分生孢子器。发病严重时叶片干枯,影响产量。

2. 病原

Ascochyta adenophorae,沙参壳二孢,为半知菌,壳二孢属真菌。

3. 发生特点

整个生长季节中均能发生,而以高温、多雨的夏秋季节为病害盛发期,尤以气温 25~28℃、相对湿度 80%~85%时病害发生更烈。该菌是一种弱寄生菌,伤口是其侵入的主要途径,因此,管理粗放、杂草丛生以及螨类等虫害严重时病害发生常较重。此外,排水不良、密植、湿度大发病亦较重。

(三)轮纹病的防治措施

(1)加强栽培管理。药材收获后及时清除枯枝落叶并集中烧毁或深埋,以减少侵染来源。注意氮、磷、钾肥配合施用,使植株生长健壮。及时清除杂草和疏松土壤。做好排水工作,提高植株抗病力。

(2)药剂防治。药剂可选用多抗霉素、25%灭菌丹可湿性粉剂、50%甲基托布津可湿性粉剂、50%多菌灵可湿性粉剂、50%苯菌灵可湿性粉剂、25%腈醚菌酯悬浮剂等按推荐浓度喷雾防治。每隔 7~10 d 喷 1 次,防治 2~3 次。

学习任务三 药用植物苗期病害的诊断与防治

卵菌门中的腐霉属(*Pythium*)、疫霉属(*Phytophthora*)、半知菌中的丝核菌属(*Rhizoctonia*)等真菌都能引起药用植物的苗期病害,主要的苗期病害有立枯病和猝倒病两种。

一、猝倒病

1. 症状

猝倒病俗称"小脚瘟",一般发生在幼苗前期,常见症状有烂种(出苗前染病)和猝倒(刚出土的幼苗)。幼苗染病,茎基部初呈水渍状变软,继而绕茎扩展,茎基部缢缩呈线状,病害发展迅速,幼叶仍为绿色时,病苗已经猝倒。在高温多湿条件下,病苗表面及附近苗床上生有白色絮状霉层。发生猝倒病的药用植物有:人参、半夏、牛膝、桔梗等。

2. 病原

Pythium aphamidermatum，称瓜果腐霉，属卵菌门腐霉属真菌。

3. 发生特点

病菌以卵孢子或菌丝在土壤中及病残体上越冬，并可在土壤中长期存活。翌春借灌溉水或雨水溅附到贴近地面的根茎或果实上而传播，带菌的有机肥和农具也能传病。病菌生长适宜土温为15～16℃，温度高于30℃受到抑制，故早春苗床温度低、湿度大时利于发病。浇水后积水处或薄膜滴水处，最易发病而成为发病中心。光照不足，播种过密，幼苗徒长往往发病较重。当幼苗子叶养分基本用完，新根尚未扎实之前是易感病期。这时真叶尚未抽出，碳水化合物不能迅速增加，抗病力弱，如遇阴雨或寒流侵袭，病菌乘虚而入。因此，该病主要在幼苗长出1～2片真叶前发生，3片真叶后发病较少。

二、立枯病

1. 症状

在幼苗生长一段时间之后发生，主要为害幼苗茎基部，发病初期，近地面茎部出现椭圆形或不规则形的暗褐色病斑，后来病斑扩大，绕茎一周，病部失水干缩(呈长条形黑褐色环形缢缩)。由于茎基部干缩，失去输送养分、水分功能，使幼苗枯萎，最后叶子萎蔫枯死。由于木质化程度高，则表现为立枯(立枯病是站着死的，猝倒病的幼苗则是猝倒死亡)。潮湿时拔起病苗，病部常见淡褐色蛛丝网状物。受害较重的有：人参(图2-56)、三七、白术、芍药、西洋参、黄芪、菊花、杜仲等。

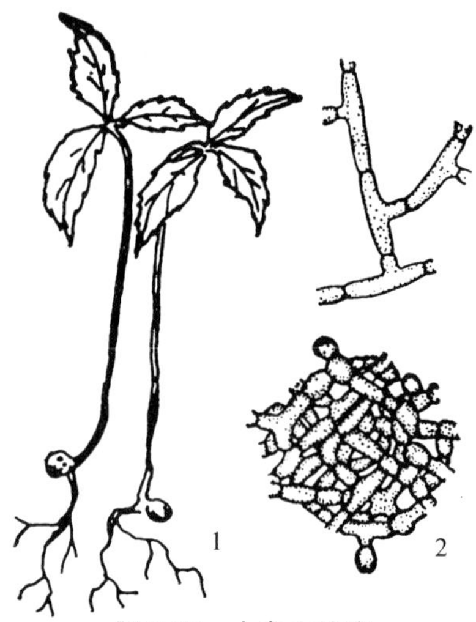

图2-56　人参立枯病

1. 被害参苗　2. 菌丝及菌组织

2. 病原

Rhizoctonia solani，称立枯丝核菌，属半知菌无孢目丝核菌属真菌，产生菌核。有性态 *Thanatephorus cucumeris*，瓜亡革菌，属担子菌门，较少见。

3. 发生特点

病菌是以菌丝和菌核在病残组织、土壤中越冬。在田间，病害主要借雨水和灌溉水传播蔓延，此外，带菌种子、堆肥和农具也能传播病害。当病原菌遇到适宜寄主时，从伤口侵入或直接侵入幼茎。病菌能在土壤中存活多年，并能为害数百种植物。该病菌适应性很强，在温度7～38℃、pH 2.4～9.2的范围内均能够生长。因此，几乎所有土壤中都有这种病菌存在，连作地中病菌更多。苗期如遇多雨、低温天气，或土壤排水不良，幼苗密度过大，造成幼苗生长不良等条件，病害常发生严重。

三、苗期病害的防治措施

(1)加强田间管理。选择排水良好的地块种植，雨后及时排水，降低田间湿度。勤除草松土，发现病株及时拔除，并在病穴及周围撒施石灰消毒或用15%恶霉灵水剂按推荐浓度浇灌病穴，以防扩展蔓延。

（2）种子处理。选用 50%敌克松、50%多菌灵、20%甲基立枯磷任何一种药，用相当于种子量的 0.2%～0.3%的药液拌种，有较好的防治效果，并兼治其他病害。

（3）土壤处理。播种或移栽之前，利用太阳热力处理土壤，或用农药处理土壤。农药处理土壤的方法是，每平方米用 65%代森锌和 50%多菌灵各 7～8 g，或 70%敌克松 4～5 g，拌在 13～15 kg 的半干细土中，拌均匀后施于苗床，一半用作垫土，一半用作盖土。

（4）加强苗床管理。选择地势高、排水良好的地做苗床。床土选用无病新土，如用旧床土，应进行苗床土壤消毒。方法：每 1 m^2 床面用 40%福尔马林 30 mL 加水 2～4 kg 均匀喷洒于床面，并用薄膜覆盖，4～5 d 后揭去薄膜，耙松床土，待药味充分散尽后再播种或每 1 m^2 施用 50%拌种双粉剂 7 g，或 25%甲霜灵可湿性粉剂 9 g+70%代森锰锌可湿性粉剂 1 g，兑细土 4～5 kg 拌匀。取 1/3 充分拌匀的药土撒在畦面下，播种后再把其余 2/3 药土覆盖在种子上面，即上覆下垫，若盖土不够，可在其上另加洁净的土壤。播前一次灌足底水，出苗后尽量不浇水，必须浇水时一定选择晴天且在上午进行喷洒，不宜漫灌。肥料一定要腐熟并施匀；播种均匀而不过密，盖土不宜太厚；床土湿度大时，撒干细土降湿；做好苗床保温工作的同时，多透光、适量放风排湿，严防幼苗徒长染病。

（5）药剂防治。发病后用 70%敌克松、20%甲基立枯磷、50%多菌灵、15%恶霉灵（土菌消）水剂等药剂按推荐浓度进行灌根或喷雾，为减少苗床湿度，应在上午喷药。

学习任务四　常见病毒病的诊断与防治

一、太子参花叶病

太子参别名孩儿参，属石竹科宿根草本药用植物，以块根入药，有补肺气、健脾胃、生津液等功效。花叶病是太子参上重要病害，全国各种植区普遍发生。

1. 症状

病株矮小，叶上出现斑驳花叶，叶片皱缩，块根小，根数明显减少。

2. 病原

目前已知病毒种类有：

（1）芜青花叶病毒（turnip mosaic virus，TuMV），属马铃薯 Y 病毒组。病毒粒体线状，略有弯曲，长度 680～780 nm，病叶细胞内有风轮状内含体。

（2）黄瓜花叶病毒（cucumber mosaic virus，CMV），属黄瓜花叶病毒组。病毒粒体球状，直径约 30 nm。

（3）蚕豆萎蔫病毒（broad bean wilt virus，BBWV），属蚕豆萎蔫病毒组。病毒粒体球状，直径约 25 nm，在病叶细胞内有晶格状内含体。

（4）烟草花叶病毒（tobacco mosaic virus，TMV），属烟草花叶病毒组。病毒粒体直杆状，长度约 300 nm。

3. 发病特点

太子参长期以种根繁殖,带毒的种根可引起代代相传,而 CMV、BBWV 和 TMV 的毒源植物又十分广泛,这些都是当地该病的初侵染源。自然传播介体主要是蚜虫,其次是通过人畜、农具接触所造成的汁液摩擦传染。蚜虫活动能力强,吸毒和传毒时间都很短,传毒效率高,植株感病后在适宜温度下潜育期通常较短,所以短期内就可大面积发病。温度高、日照强及干旱等环境条件不仅有利于蚜虫大量发生和活动,而且对太子参的正常生长发育也不利,抗病力下降,发病重。缺肥缺水、栽培管理粗放等也可加重发病。在产区以 5 月症状最为显著。

二、牛蒡花叶病

1. 症状

越冬的牛蒡 5 月始见花叶病,春播牛蒡秋季始见,主要为害成长的牛蒡。染病植株叶片出现鲜黄色、浅黄色至黄绿色浓淡不均匀的斑驳,有时叶片皱缩不展,植株矮小,炎热的夏季病症不明显。

2. 病原

Burdock mosaic virus,称牛蒡花叶病毒,病毒粒体为正二十面体,大小 30 nm,致死温度 50～60℃,体外存活期 24 h。

3. 发病特点

该病可在多种寄生植物或病株残体中越冬,并长期存活,田间靠汁液摩擦接触或蚜虫传毒。该病的发生与环境条件关系密切,秋天高温干旱、暖冬、春天气温回升早,有利于蚜虫越冬、繁殖,蚜虫发生量大,此病害发生重;此外,播种过早、氮肥施用量大、种植密度过大易发病;土壤瘠薄、板结、排水通风不良等均利于病害发生。

三、地黄花叶病毒病

地黄花叶病毒病又称地黄黄斑病,是地黄上发生普遍、为害严重的病害。

1. 症状

全株性病害,症状主要表现在叶片上。发病初期,叶片上产生黄白色近圆形斑点,扩大后受叶脉限制成为不规则大斑,有的病斑达半个叶片。病叶叶脉隆起,叶面皱缩不平。尤其以幼叶病状最为显著。在夏季高温季节,症状消失,天气转凉后,症状再度出现。

2. 病原

Tobacco mosaic virus,TMV,称烟草普通花叶病毒,病毒粒体直杆状,大小(15～16) nm ×300 nm。

3. 发病特点

病株的根、茎、叶、花等部位都带有病毒,用病株根茎作种栽就长出有病的植株。病健叶摩擦接种不易发病,但带病根茎与无病根茎的接触,2～3 周即可出现花叶症状。种子和根茎芽尖一般不带毒。昆虫是否传毒有待进一步研究。黄斑病通常自 4 月下旬出现症状,5～6 月严重,7～8 月高温季节产生隐症,9 月气温下降后症状又再度出现。地黄退化与病毒病直接有关,退化严重的植株花叶黄斑症状明显,根茎小。

四、病毒病的防治措施

(1)采用脱毒技术。用无病毒种栽或无毒种子进行繁殖。有条件的可用热处理方法结合茎尖脱毒获取无毒苗，但要注意单纯热处理不仅不能脱毒，还严重影响存活率。

(2)加强栽培管理。增施磷钾肥，施用充分腐熟的有机肥，提高植株抗病力；适时浇水，严禁大水漫灌，雨后及时排水，防止田间湿气滞留；收获后清除田间病残体及杂草，减少菌源。合理密植，注意田间通风透气；田间操作过程中注意防止病健株汁液接触感染。

(3)药剂防治。发现蚜虫及时喷药灭蚜，减少病毒传染。可喷洒吡虫啉、抗蚜威、苦参碱等药剂防治蚜虫，还可喷洒菌毒清、病毒宁、植病灵、NS-83 增抗剂等控制病毒。

学习任务五　细菌性病害的诊断与防治

一、葛细菌性叶斑病

1. 症状

主要为害叶片，也可为害叶柄和茎。叶片染病，病斑初呈淡绿色水渍状，对光观察呈半透明状，后渐变淡褐色至褐色，病斑受叶脉限制呈多角形。单个病斑较细小，直径 2～3 mm，随后病斑互相融合致使叶片局部干枯。湿度大时叶背面可见稀薄菌脓，带黏性；菌脓干燥后转为稍带光泽的胶膜状物，似病斑涂上一层蛋白清。生产上常因雨水冲刷而菌脓不明显。

2. 病原

Pseudomonas syringae pv. *phaseolicola* (Burkh.) Young，Dye Wilkie，称丁香假单胞杆菌菜豆致病菌变种，属假单胞杆菌属细菌。

3. 发病特点

病原细菌在种子内外或随病残体遗落在土中越冬，成为翌年初侵染源。病菌借风雨溅射作近距离传播，远距离传播则主要通过种子调运(尽管种子带菌率极低)。病菌由伤口或自然孔口侵入，在生长季节中，病菌不断借雨水溅射进行再侵染，蔓延扩大为害。高温多雨季节或植株偏施过施氮肥，病害发生重。

4. 防治措施

(1)种子消毒。种子可带菌，故播前可用 20％噻菌酮可湿粉或 72％农用硫酸链霉素可溶性粉剂按推荐使用浓度浸种，以进行种子消毒。

(2)实行轮作。

(3)选用抗病良种，如早粉葛、迟粉葛、顺德粉葛等。

(4)增施磷钾肥，避免偏施过施氮肥。

(5)药物防治。及时开展预防性喷药保护，发病初期可喷施 77％可杀得可湿性微粒粉剂或30%氧氯化铜悬浮剂、30%碱式硫酸铜悬浮剂、50%琥胶肥酸铜可湿性粉剂、25%络氨铜水剂等推荐浓度药液，也可喷施1∶4∶600铜皂液、0.5∶1∶100倍式波尔多液等药剂(2～3次，隔10 d左右一次)。

二、细菌性维管束萎蔫病害

细菌引起的维管束萎蔫病主要为害草本植物，但也发现有木本植物的青枯病。细菌性与真菌性萎蔫病的区别，可横切枝茎，看切面有无黏液状的菌脓来鉴别，细菌性维管束萎蔫病在显微镜下可清晰观察到大量浑浊状的菌液从切口处溢出(喷菌现象)。

药用植物发生细菌性维管束萎蔫病的有颠茄、薄荷、姜等。

(一)颠茄青枯病

颠茄青枯病是威胁颠茄生产的重要病害，一般年份因病产量损失可达30%～40%，个别严重的甚至造成毁灭性为害。

1. 症状

全株性病害。发病初期，植株顶部叶片在中午蒸发量大时出现萎蔫，随病情发展，全株或部分枝叶萎蔫下垂，直至整株枯死，植株枯死后仍为绿色。拔起病株，从茎基部纵向剖开，可看到维管束呈黑褐色条斑。横切茎部，用力挤压，病茎中能溢出污白色脓状物，为细菌菌脓。

2. 病原

Ralstonia solanacearum(Smith) Yabuuchi *et al.*，属劳尔氏属细菌。

3. 发病特点

病菌在土壤中和病残体上越冬，并能在土壤中存活多年。在颠茄生长期间，病菌从根部伤口侵入导管，随后大量繁殖堵塞导管，造成植株青枯死亡。田间病菌可随灌溉水或流水传播。在6月份发病严重。

(二)姜细菌性青枯病(姜瘟病)

又称腐烂病或青枯病，是生姜的主要病害。分布广，为害重。据调查，在有些生姜主产区，常年因此病减产20%～30%，严重的可达70%以上。

1. 症状

根茎、茎、叶片均能发病。根茎初呈水渍状，黄褐色，失去光泽，后内部组织逐渐软化腐烂，仅残留外皮，挤压病部可流出污白色米水状汁液，散发臭味。根被害也呈淡黄褐色，终致全部腐烂。地上茎被害呈暗紫色，内部组织变褐色腐烂，残留纤维。叶片被害呈凋萎状，叶色淡黄，边缘卷曲，终致全株下垂枯死。该病与真菌引起的根腐病症状近似，诊断时可借助切片镜检或用载玻片法对光观察有无细菌涌出，即可确认为本病。

2. 病原

Ralstonia solanacearum(Smith) Yabuuchi *et al.*，称茄科劳尔氏菌，属劳尔氏属细菌。

3. 发病特点

病原细菌在姜根茎内或土壤中越冬，带菌姜种是主要初侵染源，并可借姜种调运作远距离传播。种植带菌姜种长出的姜苗就会发病，成为田间中心病株，靠灌溉水、地面流水、地下害虫和雨水溅射传播蔓延。病菌由根茎部伤口侵入，从薄壁组织进入维管束即迅速扩展，终致全株枯萎。高温多湿、时晴时雨的天气，特别是土温变化激烈等条件均有利于病害发生流行。此外，降雨迟早和降雨量大小对发病也有影响，特别是6～9月，每降大雨后1周左右，田间即出现一次发病高峰。连作、地势低洼、土质黏重和偏施氮肥的发病重。

(三)细菌性维管束萎蔫病害防治措施

(1)因地制宜选用抗病良种。

(2)建立无病苗床，苗床土壤要进行消毒处理，土壤不带病菌才能育出无病苗。

(3)轮作换茬，选地势高燥排水良好的地块，深翻后施石灰100～150 kg/hm^2，起高垄、增施磷钾肥或覆盖遮阴。

(4)及时铲除病株。始病期拔除病株后及时喷药预防，病窝灌药可选用5%硫酸铜、72%农用硫酸链霉素3 000～4 000倍液，每穴0.5～1 L。喷雾可用20%叶枯宁、30%氧氯化铜、1∶1∶100倍式波尔多液、50%琥胶肥酸铜(DT)可湿性粉剂等药液，隔10～15 d喷1次，共喷2～3次。

(5)种子消毒。用硫酸链霉素、新植霉素或卡那霉素500 mg/kg浸种48 h或40%福尔马林100倍液浸、闷种6 h，或30%氧氯化铜800倍液浸6 h后下种。

(6)培土前土壤处理：用500 g挪威86.2%的铜大师(氧化亚铜)冲施或者撒施，连续施用2～3次，20 d左右用1次。

(7)防治地下害虫和线虫，可减少根部伤口减轻病害；利用药剂进行防治，在发病初期用抗菌剂"401"500倍液灌根，每穴灌药300～500 mL，隔10～15 d灌药1次。

三、贝母软腐病

贝母软腐病在贝母各产区均有发生，为害期长，田间和贮藏期均能引起腐烂，直接降低产量和质量，造成重大损失，并影响贝母的安全越夏和留种。

1. 症状

被害鳞茎初为水渍状，蔓延很快，最后鳞茎软腐变成烂糟糟的"豆腐渣"或"浆糊"状，或变成黏滑的"鼻涕"状，有恶臭味。干燥条件下，病鳞茎干缩，仅剩下空壳(图2-57)。

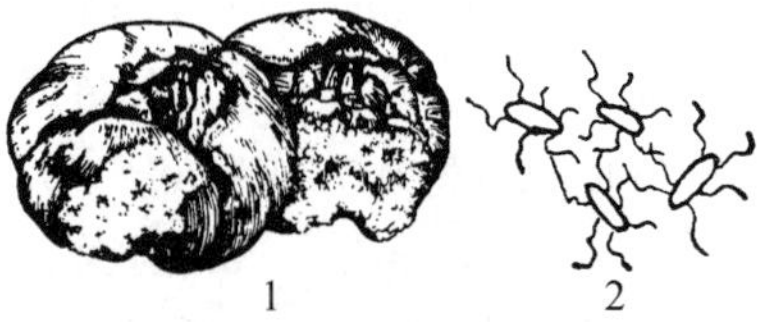

图2-57　贝母软腐病

1. 鳞茎腐烂　2. 病原细菌

2. 病原

Erwinia carotovora subsp. *carotovora* (Jones) Bergey *et al.*，为欧文氏菌胡萝卜软腐亚种，属欧氏杆菌属。

3. 发病特点

病原细菌随病株遗留在土中或在肥料、垃圾及昆虫体内越冬。伤口是病菌侵入的主要途径。病菌寄主范围很广，能为害许多科植物，幼嫩多汁部分最易被侵染。高温、高湿条件下病情发展迅速。地势低洼积水、土壤黏重、通气差的田块易于发病。贝母起土后通风差、堆放过厚、不进行摊晾而立即贮藏、贮藏的沙土湿度过大等情况下，均易造成大量腐烂。在田间，细菌靠流水、昆虫等传播。地下害虫多发病重。

4. 防治措施

(1)选排水良好的沙质土作种子地,采用成熟、健壮、无病虫蛀的中等鳞茎作种。

(2)种植前彻底清除病残体,深耕晒垡 15 d 以上,选择地势高燥、排水良好、富含有机质的中型沙质土壤种植贝母,低畦田要深沟高畦。

(3)生长期及时防治地下害虫或用 50%的多菌灵或 75%的百菌清浸种,以减少虫伤,减少病菌侵染机会。

学习任务六　线虫病的诊断与防治

一、桔梗根结线虫病

根结线虫病是桔梗的重要病害,发病面积不断扩大,为害日趋严重,重病田减产 50%以上,且使品质变劣(图 2-58)。

1. 症状

桔梗感染根结线虫后,病轻时植株地上部分症状表现不明显;发病重时,地上部分表现生长不良、矮小、黄化、萎蔫,似缺肥水或枯萎病症状,干旱或蒸发旺盛时,中午植株萎蔫。重病株拔起后会发现根茎或须根上长出瘤状根结,一般呈球状,绿豆或黄豆粒大小,剖开根结在显微镜下可见很多细小的乳白色线虫藏于其内,在根结之上可长出细弱的新根,再度感染形成根结肿瘤(图 2-58)。

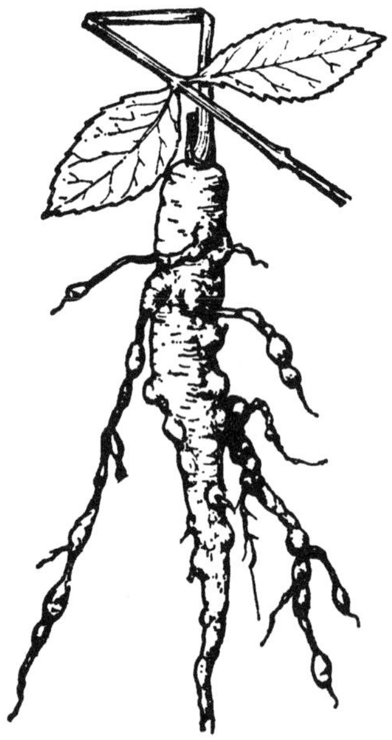

图 2-58　桔梗根结线虫病

2. 病原

Meloidogyne incognita(Kofold et White)Chitwood,称南方根结线虫,属垫刃线虫目,根结线虫属。雌雄线虫异型。雄成虫蠕虫形,(1.2～1.5) mm×(0.03～0.036) mm。雌成虫梨形,(0.4～1.3) mm×(0.27～0.75) mm。每个雌虫大约可产卵 500 粒,排放在尾部胶质的卵囊内。

3. 发病特点

桔梗根结线虫以卵、幼虫在土壤、寄主、病残体上越冬,多在土壤 5～30 cm 深处生存,生存最适温度 25～30℃,温度高于 40℃或低于 5℃时都很少活动,在干燥或过湿的土壤中活动受抑制。主要借助病土、病苗、病残体、土杂肥料、灌溉水、农具和杂草等途径传播。当条件适宜时,越冬卵在根结中孵化为幼虫,1 龄幼虫留在卵内,2 龄幼虫钻出卵外进入土壤侵染幼嫩的新根,并刺激寄主细胞膨大形成根结。

重茬田和沙质土壤中发病重。

二、地黄胞囊线虫病

胞囊线虫病是发生广、为害重的病害，发病后，影响地黄的根茎膨大，须根丛生，发病严重的能减产 90%以上。

1. 症状

地黄受害后，植株明显矮小，叶片变黄，生长瘦弱以及早期枯萎。病株地下部须根丛生，根上附有许多细小黄白色颗粒(即雌虫形成的胞囊)，药用根茎部分不能正常膨大。

2. 病原

Heterodera glycines Ichinohe，称大豆胞囊线虫，属垫刃线虫目胞囊线虫属。雄成虫蛔虫形，(724～1 685) μm×(23～42) μm。雌成虫腹部膨大呈洋梨形或柠檬状，头部较尖，初为白色，后体壁加厚变褐色成为胞囊，胞囊壁上有不规则齿状花纹，(330～835) μm×(273～630) μm，一个胞囊内平均有卵 200 粒。卵长圆形，一侧微弯，94～126 μm。2 龄幼虫蛔虫形。

3. 发病特点

线虫以胞囊在土壤或窖藏地黄的根茎上越冬。胞囊中的卵可在土壤中存活 6～8 年，有的甚至可达 10 年以上。越冬后，当土壤温度升高至 10℃以上时，在地黄出苗前，破卵而出的 2 龄幼虫侵入根茎皮层为害。幼虫随着龄期增长，身体逐渐长大，成虫体躯变圆，并突破地黄根部皮层，把大部分身体露在根外，形成胞囊。线虫在田间传播，主要通过排灌水流、人畜携带的土壤传播，带病种苗主要引起远距离传播。

环境条件和耕作制度均能影响线虫数量和发育程度。地黄胞囊线虫发育适温为 17～28℃，在此范围内温度高完成一代所需日数少，超过 35℃或低于 10℃幼虫不能发育。通气良好的沙壤土和一定的土壤湿度对线虫生长发育有利。连作地和种植易感植物，发病明显加重。

三、菊花叶枯线虫病

菊花叶枯线虫病又名菊花线虫病，分布较广泛，是一种世界性病害。发病严重时，叶片卷曲、枯萎，花不发育、畸形，植株矮小。

1. 症状

病原线虫主要侵染菊花的叶片、花芽和花。叶片受害后，在侵入点处呈现淡黄色斑点，后很快变褐并逐渐扩大为三角形黄褐色斑块，或受叶脉限制形成多种形状的坏死斑，最后导致全叶枯黄下垂。花芽受害后细小不发育，渐干枯或膨大，不能成蕾开放，或虽能开放，但花形异常。重病株生长迟缓、矮缩或枯死。

2. 病原

Aphelenchoides rizema-bosi (Schwartz) Steiner et Buhrer，称菊花滑刃线虫，属垫刃目滑刃线虫属。雌虫虫体细长，体长 0.8～1.3 mm，体表环纹细较明显。雄虫尾端向腹面卷曲，长 0.9～1.2 mm。尾部无交合伞，而交合刺成对，针刺状。

3. 发病特点

病原线虫在受侵植株、病株残体及一些野生寄主上存活越冬，借助雨水和灌溉水流进行近距离的传播，远距离传播靠感病植株的异地调运。在温度为 22～25℃，湿度适宜的条件下，线虫发育繁殖迅速。从卵至雌成虫再次产卵仅需 10～13 d。线虫是一种好气性的低等动物，湿度大，雨季发病重；在翻耕浅，土质疏松，连年栽培感病植物等情况下，发病常严重；此外菊花栽培品种对叶枯线虫病抗病性也有不同的差异。

四、线虫病的防治措施

(1)加强检疫，防止病苗、病株及其繁殖材料进入无病区。

(2)合理轮作。多年生的药用植物宜与禾本科药用植物如薏苡、知母等进行 2～3 年轮作 1 次。

(3)加强田间管理。彻底处理病残体，集中烧毁或深埋、水泡，减少传染源；施用不带病残体或充分腐熟的有机肥料，减少传染源；冬季进行耕作，将残留土壤的线虫幼体翻至地表，利用低温将其冻死，减少传染源。

(4)种苗消毒。播种前种苗用 40～50℃温水浸泡 15 min。

(5)药剂防治。①土壤消毒：整地时用 3%米乐尔颗粒剂按推荐浓度每亩施 4～6 kg，或 240 g/L 螺虫乙酯悬乳剂每亩施 5 kg，加细土拌匀，撒于地面，然后深耕 10 cm，防效好。②灌根：在发病初期用 1.8%阿维菌素乳油按推荐浓度灌根，10～15 d 灌根 1 次，能有效地控制根结线虫病的发生为害。③发病时撒施淡紫拟青霉粉剂 50 kg/hm^2 或 10%噻唑磷颗粒剂 40 kg/hm^2，可达较好的效果，此药满足地黄的 GAP 栽培要求，显示出较好的应用前景。

学习任务七　菟丝子所致病害的诊断与防治

一、菟丝子的生物学特性

菟丝子是一类缠绕在木本和草本植物的茎叶部，营全寄生生活的草本植物。除本身有害外，还能传播类菌原体和病毒等，引起多种植物的病害。菟丝子在全世界广泛分布，中国各地均有发生。主要寄生在豆科、菊科、蓼科、杨柳科、蔷薇科、茄科、百合科、伞形科等木本和草本植物上，禾本科植物也可受害。菟丝子的叶退化为鳞片状，以茎缠绕在寄主植物的茎和叶部，吸器与寄主的维管束系统相连接，不仅吸收寄主的养分和水分，并造成寄主输导组织的机械性障碍，受害作物一般减产 10%～20%，重者达 40%～50%，严重的甚至造成绝产。

菟丝子以种子繁殖和传播。种子小而多，一株菟丝子可产生近万粒种子。种子寿命长，随作物种子调运而远距离传播，缠绕寄主上的丝状体能不断伸长，蔓延繁殖。由于菟丝子的危害性及易随作物种子传播的特点，目前在我国部分省份如广西已把菟丝子列为检疫对象，禁止或限制菟丝子种子输入。

二、菟丝子的形态特征及为害特点

菟丝子为一年生的缠绕性单本植物，叶片退化为鳞片状，茎黄色或带红色；花小，白色或淡红色，簇生；蒴果开裂，种子2～4粒；胚乳肉质，种胚弯曲成线状。中国最常见的有中国菟丝子(*C. chinensis*)、南方菟丝子(*C. australis*)、田野菟丝子(*C. campestris*)和日本菟丝子(*C. japonicus*)等。

菟丝子种子成熟落在土中，一般在下一年寄主生长以后才能萌发。种子萌发时，种胚的一端先形成无色或黄白色的细丝状幼芽，以棍棒状的粗大部分固着在土粒上，种胚的另一端也脱离种壳形成丝状的菟丝，菟丝在空中来回旋转，遇到适当的寄主就缠绕其上，在接触处形成吸根，进入寄主组织后，部分细胞组织分化为导管和筛管，与寄主的导管和筛管相连，汲取寄主的养分和水分。此时初生菟丝死亡，上部茎继续伸长，再次形成吸根，茎不断分枝伸长形成吸根，再向四周不断扩大蔓延，严重时将整株寄主布满菟丝子，使受害植株生长不良，也有寄主因营养不良加上菟丝子缠绕引起全株死亡(图2-59)。菟丝子的花黄色，簇生，种子落在土中引起下一年的为害，但菟丝子的种子也可作中药材使用。

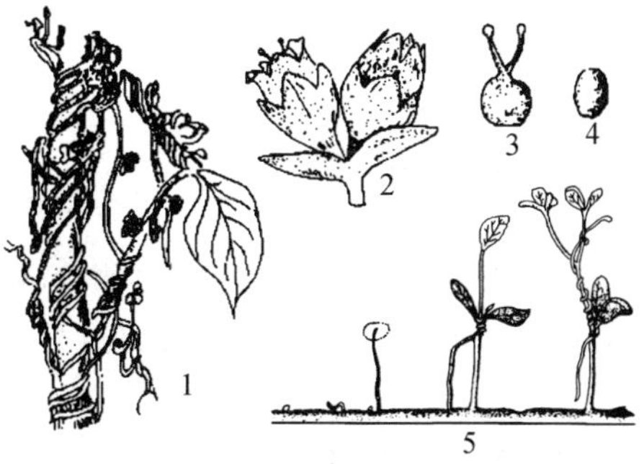

图2-59　菟丝子

1.寄生的菟丝子　2.花　3.子房　4.种子
5.菟丝子种子萌发及侵染寄主过程示意

菟丝子自己不能进行光合作用，必须依赖其他的植物提供营养才能生存。菟丝子主要以种子和断茎的方式传播，同时还具有“泛寄生”的特点。它所寄生的植物范围很广，在南方仅田野菟丝子就有160多种植物可以供其寄生。植物被寄生后，不仅产量减少，品质降低，而且有可能传染植物病毒。

三、菟丝子的防治措施

(1)清除侵染源。严禁从外地调运带有菟丝子种子的种苗；在没发生菟丝子为害的地段采摘药用植物的种子，或播种前彻底汰除混入药用植物种子中的菟丝子种子；深翻土壤，把土表的菟丝子深埋地下，使其不能萌发。

(2)人工拔除。药用植物出苗后经常查看，发现有菟丝子缠绕应及时拔除并销毁。

(3)合理轮作。菟丝子一般不寄生禾本科植物，与这些植物轮作，可减轻菟丝子的发生与为害。

(4)施腐熟肥料。由于菟丝子种子小，家禽吃了含菟丝子的饲草后，其粪便带有菟丝子的种子，粪肥经高温处理，使菟丝子种子失去萌发能力，方能施入田里。

(5)药物防治。种子萌发高峰期地面喷1.5%五氯酚钠和2%扑草净液，以后每隔25 d喷1次药，共喷3～4次，以杀死菟丝子幼苗。

(6)生物防治。用菟丝子的炭疽病菌的分生孢子配成孢子液喷射于病株及菟丝子上，可减少菟丝子的数量并减轻为害，具有防病增产作用。鲁保1号即为此类制剂。但需天气潮湿多雨有利炭疽菌发展才能收效。

技能项目一　植物病原真菌形态观察及所致病害病状类型识别

一、技能目标

熟悉药用植物真菌性病害的种类，初步掌握真菌性病害的症状特点；掌握病原真菌形态观察方法，学会病原菌的病原装片、保湿培养、显微镜的使用等技术，为病害诊断奠定基础。

二、教学资源

1. 仪器设备：显微镜。

2. 材料与工具：载玻片、盖玻片、蒸馏水、纱布、吸水纸、挑针、扩大镜、镊子等；有关的挂图、彩色照片及多媒体课件等。蜡叶标本、病害浸制标本及本地区病害发生新鲜标本（人参疫病、板蓝根霜霉病、党参霜霉病、黄芪白粉病、芍药白粉病、平贝母锈病、细辛锈病、薏苡黑穗病、银杏叶枯病、北沙参黑斑病、天南星炭疽病、麦冬炭疽病、地黄根腐病、板蓝根根腐病、白术立枯病、人参猝倒病等）。

3. 实验场所：实验室。

三、操作方法

（一）植物病原真菌观察

用挑针分别挑取供试标本的病部病原物制片镜检，方法是先用纱布擦净载玻片和盖玻片，然后在载玻片的中央滴一滴无菌水，用擦净的挑针蘸一下无菌水挑取病部的病菌，将其置于载玻片中央的无菌水中，盖好盖玻片（注意减少气泡的产生），在显微镜下观察病原菌的形态，掌握该菌的主要形态特征进行识别。当症状不典型、病征不明显时，要进行保湿培养，待病原菌长出来后再进行镜检观察。

（1）卵菌门真菌观察。取人参疫病、百合疫病或菘蓝霜霉病的病部绵絮状物制片镜检，观察孢囊梗、孢子囊及卵孢子形态特征。

（2）子囊菌门真菌观察。取黄芪白粉病或芍药白粉病病部白粉制片，观察闭囊壳和附属丝形态特征。

（3）担子菌门真菌观察。观察红花锈病、细辛锈病、薏苡黑穗病等病害的症状特点，取表面锈状物或黑粉制片观察冬孢子颜色、形态特征。

(4)半知菌类真菌观察。山药炭疽病、川芎根腐病、贝母灰霉病的病菌制片，观察分生孢子形态和颜色。

(二)病状类型识别

用肉眼或放大镜观察标本，注意病斑的形状、大小、颜色。

(1)变色。观察天南星炭疽病和芍药红斑病等初侵染标本，识别叶片绿色是否浓淡不均，有无斑驳，斑驳的形状颜色。

(2)斑点。观察麦山药炭疽病、银杏褐斑病标本病斑的大小、颜色和形状有何特点。

(3)腐烂、立枯和猝倒。观察川芎根腐病、板蓝根根腐病、白术立枯病、人参猝倒病等标本，注意识别腐烂部位特征有何异同，是干腐还是湿腐。

(4)萎蔫。观察三七根腐病、人参菌核病、麻黄枯萎病的特点，是否保持绿色，萎蔫发生在局部还是全株。

(5)畸形。观察桃树缩叶病标本，注意分辨与健株的不同之处。

(三)保湿培养方法

取新采集的发病组织，用 75％的酒精消毒(30 s 左右)，然后用无菌水冲洗 3～4 次。在干净的培养皿中放入 1 张滤纸或 2 层吸水纸，加入少量无菌水(浸湿吸水纸即可)，把冲洗过的病组织放在吸水纸上盖好后室温保湿培养 1～2 d，标样表面就会产生病菌的营养体或繁殖体。

四、考核标准

技能考核标准见表 2-1。

表 2-1　技能考核标准表

考核内容	要求与方法	需要时间	熟练程度	考核方法
病原真菌观察 60 分	1.制作病原镜检玻片符合要求 2.显微镜使用规范，注意其清洁保养 3.病原镜检结果详尽准确	训练 60 min 考核 60 min	掌握	4～6 人 1 组考核，报告评定成绩
病状类型识别 40 分	1.能够准确区分 10 种病害的病状类型 2.对任意一病害的病状描述准确、恰当			

五、复习思考题

当某一不常见真菌病害发生时，应怎样进行识别？

技能项目二　药用植物根部病害及其诊断技术

一、技能目标

通过本技能的训练,使学生了解当地药用植物根部病害的种类,熟练掌握药用植物根部病害的诊断及技术,为病害防治奠定基础。

二、教学资源

1. 仪器设备:显微镜。

2. 材料与工具:载玻片、盖玻片、蒸馏水、纱布、吸水纸、挑针、扩大镜、镊子等。有关的彩色照片及多媒体课件等;蜡叶标本、病害浸制标本及本地区发生的新鲜病害标本,经保湿培养后长出病征:北沙参根腐病、大黄根腐病、地黄根腐病、菘蓝根腐病、三七根腐病、五味子根腐病、枸杞根腐病等;人参与西洋参菌核病、附子白绢病等。

3. 实验场所:实验室、实训基地。

三、操作方法

1. 根腐病类观察

先观察病害寄主的根部,注意它们的发病部位、病斑大小、病部腐烂的情况、病斑的颜色及病征的特点。后将病害的病征制成简易装片,镜检它们的病原是否为分生孢子梗和分生孢子有不同的形状和颜色的半知菌。

2. 菌核病类(白绢病)观察

观察人参与西洋参菌核病病害植株根部,是否有灰色软腐现象,表皮有白色菌丝(初期侵染),有不规则的黑色菌核,内部组织腐烂,只有表皮。剥开烂根内有黑色菌核。

观察白术白绢病或附子白绢病植株根部、根茎部,是否为褐色腐烂,并有白色菌丝。在植株的生长周围的土表上,是否有乳白、黄色、茶褐色如油菜籽大小的菌核。

四、考核标准

技能考核标准见表 2-2。

表 2-2　技能考核标准表

考核内容	要求与方法	需要时间	熟练程度	考核方法
根腐病类（菌核病类）观察 100分	1.能结合植株受害特点准确进行病状描述 2.能够准确区分病害症状类型 3.病原镜检结果详尽准确	训练 60 min 考核 60 min	掌握	4～6人1组考核，报告评定成绩

五、复习思考题

1. 当地药用植物根部病害有哪些？
2. 怎样识别药用植物根部病害中的根腐病？

技能项目三　药用植物茎、叶部病害症状及其诊断技术

一、技能目标

通过本技能的实训，使学生了解当地药用植物茎、叶部病害的种类，熟练掌握药用植物茎、叶部病害的诊断技术，为病害防治奠定基础。

二、教学资源

1. 仪器设备：显微镜。
2. 材料与工具：载玻片、盖玻片、蒸馏水、纱布、吸水纸、挑针、扩大镜、镊子、刮刀等。有关的挂图、彩色照片及多媒体课件等；蜡叶标本、浸制标本及本地区发生病害的新鲜标本，经保湿培养后长出病征的：芍药白粉病、当归锈病、甘草锈病、元胡霜霉病、芍药灰霉病、杜仲褐斑病、百合叶枯病、五味子叶枯病、山药炭疽病、何首乌轮纹病等。
3. 实验场所：实验室、实训基地。

三、操作方法

1. 白粉病类观察

观察标本病部表面特征，注意白粉状霉斑和黑色小颗粒。用挑针挑取黑色球形闭囊壳制作玻片，先观察其附属丝形状，然后轻轻用力压盖玻片使闭囊壳破裂，逸出子囊，观察其数目、形状以及子囊内的子囊孢子。思考霉斑和黑色小粒点分别是什么。

2. 锈病类观察

观察当归锈病、甘草锈病病害标本上夏孢子堆和冬孢子堆的形态、大小、色泽、排列情况。用刮刀刮取虚线形、桔黄色的夏孢子堆，制作临时装片；用纱布将刮刀擦干净再刮取虚线形、黑色冬孢子堆，制片。分别镜检，夏孢子单生，卵圆形、橘黄色，表面有微刺；冬孢子深褐色，双胞，有短柄。

3. 叶枯病类观察

观察百合叶枯病、五味子叶枯病标本上病斑的形状、颜色，思考病斑上黑色小粒是什么。提示：叶枯病主要为害叶片在叶片上出现淡黄色至淡褐色纺锤形的病斑。以后逐渐愈合成不规则形褐色的大病斑，并在病斑上散生黑色小颗粒（分生孢子器）。用挑针挑取病斑上黑色小粒点于载玻片制片，镜检。

4. 炭疽病类观察

观察病斑的形状、颜色、注意表面有无皱缩略下陷，是否病斑质脆，茎上叶片是否易脱落。先取经保湿培养的病组织，置于载玻片上，用低倍显微镜直接观察，注意观察分生孢子的形状、颜色、分生孢子是否有分隔。提示：经保湿培养后的病组织，其上可产生大量分生孢子梗，其上着生孢子，分生孢子椭圆形或鞋底板形，两端钝圆。

5. 轮纹病类观察

观察何首乌轮纹病病斑的形状和颜色，注意观察病斑有无轮纹，是否为同心轮纹，病斑表面有有无小黑点。刮取少量病菌制片镜检。观察分生孢子器形态。

四、考核标准

技能考核标准见表 2-3。

表 2-3　技能考核标准表

考核内容	要求与方法	需要时间	熟练程度	考核方法
症状观察与病原鉴定 100 分	1. 能够对病株的发病部位病斑大小、颜色、形状进行准确的描述 2. 制作病原镜检玻片符合要求 3. 显微镜使用规范，注意其清洁保养 4. 病原镜检结果详尽准确	训练 60 min 考核 60 min	掌握	4～6 人 1 组考核，报告评定成绩

五、复习思考题

1. 当地药用植物茎、叶部病害有哪些？
2. 怎样识别药用植物茎、叶部病害？

技能项目四　药用植物病原菌的分离与培养

一、技能目标

病原菌的分离培养是诊断和研究药用植物病害的一项重要方法，通过此项技能训练，要求学生理解病原菌分离培养的原理，掌握病原菌分离培养的方法，为病害诊断奠定基础。

二、教学资源

1. 仪器设备：无菌室、超净工作台、高压灭菌锅、接种箱、恒温箱。

2. 材料与工具：供分离用的病害标本、烧杯、量筒、培养皿、试管、接种针、滴管、解剖刀、镊子、酒精灯、75%酒精、棉球、重铬酸钾洗液、0.1%升汞消毒液、无菌水。

3. 实训场所：实验室。

三、操作方法

1. 分离前的准备工作

(1)分离操作场所的清洁和灭菌。分离前将无菌室清扫干净，将所需物品摆放好。无菌室一般多采用 30 W 紫外灯在分离前照射 30 min 或用 40 倍福尔马林液喷雾灭菌；无菌操作箱(接种箱)用 0.1%升汞水擦洗或喷雾；也可将福尔马林盛在小杯内，加少量高锰酸钾任其挥发，利用气体杀死箱内的微生物。工作人员需穿无菌服，戴口罩，用肥皂洗手。

(2)玻璃器皿清洗与消毒。将玻璃器皿用清水清洗，再用肥皂水洗，最后用清水洗后，放入铬酸洗涤液中浸 10 min(新玻璃器皿浸 24 h)，取出后用清水洗净。载玻片及盖玻片要洗净擦干，浸于 95%酒精并加少量浓盐酸的溶液中，用时在火焰上烧去酒精即可。

(3)玻璃器皿灭菌。一般采用干热法，可将准备灭菌的吸管、培养皿、试管等用报纸包好，放在烘箱内，在 140～160℃下灭菌 2 h。灭菌后使温度降至 40℃以下，再打开烘箱取出灭菌物品，以免器皿因骤冷而炸裂。

2. 培养基的配制

(1)马铃薯蔗糖琼脂培养基的配制。将洗净去皮的马铃薯小块 200 g，加水 1 000 mL 煮沸约 0.5 h，用双层纱布滤去马铃薯残渣后，加入琼脂 17～20 g、蔗糖 20 g，再加热使琼脂融化，补足水到 1 000 mL，分装到试管、培养皿或烧杯中后高压灭菌。

(2)牛肉汁蛋白胨培养基的配制。将牛肉浸膏 5 g、蛋白胨 5～10 g、食盐 5 g 溶于 1 000 mL 水中，调节 pH 为中性，加琼脂 17～20 g 融化分装，高压灭菌。

3. 分离步骤和方法

(1)分离材料的选择。选择新感病的病组织，用灭菌剪刀在病健交界处剪取病组织进行分离；果实的腐烂病应从刚开始腐烂的部分分离。

(2)组织表面的消毒。分离材料表面经常有许多腐生菌，在分离病原菌时，用适当的消毒剂，可清除或减少病组织表面的腐生物，常用的表面消毒剂是 0.1%升汞溶液。病组织表面消毒后，要用无菌水洗 3～4 次。

(3)组织分离法。选取 2～3 mm 见方的病组织多块，在 70%的酒精中浸 2～5 s，再在 0.1%升汞溶液中浸 2～3 min，取出后用无菌水洗 3 次(第 1 次 3.5 min，第 2 次 3 min，第 3 次 2.5 min)，最后将材料移入培养皿内的固体培养基上培养，每个培养皿 4～5 块。注意所取的病组织大小应适当，病组织太大，带杂菌多，病组织过小，病原菌易被消毒杀死。

接种好的培养皿用玻璃铅笔注明培养材料的编号、种类等，放入 20～30℃的恒温箱中培养。注意培养皿应倒置，以免冷凝水滴落在培养基上，影响病菌生长或带入杂菌。

4. 菌种培养和保存

病组织在培养皿内经过 2～5 d 的培养待病菌长出后，观察病菌的培养结果，在无菌条件下，选取形态、菌落一致的目的菌移入试管中的斜面上进行提纯培养。

四、考核标准

技能考核标准见表 2-4。

表 2-4 技能考核标准表

考核内容	要求与方法	需要时间	熟练程度	考核方法
准备工作 20 分	1. 分离操作场所的清洁符合灭菌要求 2. 玻璃器皿洗涤与灭菌方法正确 3. 盖玻片、载玻片洗涤、灭菌方法正确 4. 正确选用洗涤液消毒剂，时间掌握准确，操作规范	训练 3 h 考核 1 h	熟练掌握	4 人 1 组 实训模拟考核
培养基的配制 30 分	1. 配方比例正确 2. 操作程序正确 3. 高压灭菌操作正确			
分离操作 50 分	1. 材料选择适当 2. 组织表面消毒正确、彻底 3. 组织分离方法操作规范 4. 组织剪取大小适宜			

五、复习思考题

1. 分离植物病原真菌和病原原核生物(细菌)时，可否用相同的培养基？为什么？
2. 选择感病材料时应注意哪些问题？

3. 病组织用 0.1%升汞溶液表面消毒后，为何要用无菌水洗 3 或 4 次？
4. 组织分离时，剪取组织为何不宜太大或太小？

技能项目五　药用植物病害的田间调查与统计

一、技能目标

通过田间调查，使学生了解当地主要药用植物病害的种类、田间发生和为害情况，熟悉病害的调查方法，并根据所调查资料进行科学统计。

二、教学资源

1. 材料与工具：放大镜、标本采集用具、记载本、铅笔、气象资料、病害历年发生情况资料等。
2. 实训场所：甘草或五味子生产基地。

三、操作方法

1. 病害种类调查

以组为单位，以普查方式观察田间发生的病害种类，并目测其发病情况，记载当地主要、次要病害。采集各种病害标本，并鉴定其种类。

2. 重要病害的发病程度调查

以组为单位，在甘草、五味子地用五点取样法取样，调查 1～2 种叶斑病和 1 种细菌病害（或病毒病害），分组记载，并统计其病株率和病情指数。

3. 调查资料的计算及整理

(1)被害率。反映植物病为害的普遍程度。

$$被害率=\frac{发病样本数}{调查样本总数}\times 100\%$$

$$病情指数=\frac{\sum(病级代表值\times 各级样本数)}{最高病情级数\times 调查总样本数}\times 100\%$$

(2)病情指数。在植株局部被害的情况下，各受害单位的受害程度是不同的。用发病率表示不了受害程度，需按被害的严重程度分级，再以病情指数表示。

四、考核标准

技能考核标准见表 2-5。

表 2-5　技能考核标准表

考核内容	要求与方法	需要时间	熟练程度	考核方法
病害种类调查 30 分	1. 调查时间地块准确 2. 调查种类正确	训练 4 h 考核与训练同步	熟练掌握	4 人 1 组 实训模拟考核
病害发病程度调查 70 分	1. 调查时间地块准确 2. 病情指数调查不够标准 3. 病情指数计算正确 4. 计算结果够正确			

五、复习思考题

1. 病害常用的调查取样方法有哪些?
2. 列表记载当地药用植物主要病害发生情况。
3. 采集并制作当地药用植物主要病害标本 3～5 种,并做简要记载。

学习情境二

非侵染性病害的诊断与防治

知识目标

- 了解非侵染性病害的病因及所致病害症状特点。
- 掌握非侵染性病害的特点、诊断方法及防治措施。

技能目标

- 能通过现场观察或室内试验，判断出侵染性病害或非侵染性病害。
- 根据药用植物缺素症状，运用所学知识能准确判断出缺乏营养元素的种类，并能及时进行治疗。

学习任务

- 通过田间（或室内）诊断，确定非侵染性病害的发病原因，拟定防治方案，并组织实施。

基础知识　非侵染性病害的病因及所致病害

药用植物在生长发育过程中，除了受到病原物、害虫等生物因子的侵害外，其生活环境处于不适宜的条件下，也会直接或间接引起病害，这一类病害称为非侵染性病害。它与侵染性的病害的区别在于没有病原生物的侵染，植物间不能相互传染，所以又称非传染性病害或生理病害。非侵染性病害是由不适宜的环境因素引起的，这些环境因素主要包括化学因素和物理因素。不适宜的化学因素有营养失调、空气污染、农药等化学物质的毒害等方面；不适宜的物理因素主要包括温度、水分等的异常。

一、营养失调

植物生长所必需的营养元素有碳（C）、氢（H）、氧（O）、氮（N）、磷（P）、钾（K）、钙（Ca）、镁

(Mg)、硫(S)9种大量元素和铁(Fe)、锰(Mn)、铜(Cu)、锌(Zn)、硼(B)、钼(Mo)、氯(Cl)7种微量元素。大量的研究表明，植物所需的氢和氧主要来自水(H_2O)，碳来自空气中的二氧化碳(CO_2)。氮、磷、钾、钙、镁、硫、铁、锰、铜、锌、硼、钼、氯等元素主要是由土壤供给。当土壤中某种营养元素供应不足时，植物就出现缺素症；当某种营养元素过多时，也会影响植物的正常生长和发育而出现病状。

(1)氮。氮是形成蛋白质的基本成分，氮还存在于各种化合物中，如嘌呤和生物碱中，缺氮时，植物体内蛋白质和叶绿素合成减少，细胞分裂减慢，生长势降低，植物生长矮小，分枝减少，结果少且小，产量低；叶片黄绿色或黄色，叶色失绿先从老叶开始、逐渐扩展到整个植株。如栀子缺氮时，叶片普遍黄化，丹参缺氮时，根细小，药材产量很低。

氮素过多则植物细胞大而壁薄，组织柔软，茎叶徒长，抗病抗倒伏能力减弱；植物贪青迟熟，籽粒不充实，导致减产和品质下降。同时氮肥使用过多还会抑制植物对镁的吸收，引起缺镁症的发生。

(2)磷。磷是核蛋白及磷脂的组成成分，是高能磷酸键(ATP)的构成成分，对植物生长发育有重要意义。药用植物缺磷时，植株矮小，叶片变成灰绿色，变薄，变小，无光泽，叶片、叶柄等处积累较多的花青素而呈紫红色斑点或条纹，同时果实出现坏死斑点。

磷过量对植物生长发育产生的不良影响在生产上较为少见。

(3)钾。钾在植物体内对碳水化合物的合成、转移和积累及蛋白质的合成有一定的促进作用。药用植物缺钾时，中下部叶片(尤其老叶)的叶尖、叶缘失绿黄化，进而出现褐斑。严重时叶尖、叶缘焦枯，卷曲，似火烧，茎干脆而易折断。植物矮小、结实不良，产量和品质下降，红壤土中一般含钾较少，通常易发生缺钾症。

钾过量对植物生长发育直接的不良影响在生产上颇为罕见。

(4)镁。镁是叶绿素的主要构成物质。镁能调节原生质的物理化学状态，镁与钙有颉颃作用，过剩的钙有害时，只要加入镁即可消除钙。药用植物缺镁时，叶绿素合成减少，植物叶片褪绿黄化或白化，但叶脉残留绿色，形成网纹(双子叶植物)或条纹(单子叶植物)花叶。失绿部分还可能出现淡红色或淡紫色斑点。症状一般先从下部老叶开始，逐渐向上部叶片蔓延，且常在植物生长的中后期出现。

植物镁过量障碍尚未见报道。

(5)钙。钙是细胞壁及胞间层的组成成分，并能调节植物体内细胞液的酸碱反应，把草酸结合成草酸钙，减少环境中过酸的毒害作用，加强植物对氮、磷的吸收，并能降低一价离子过多的毒害，同时在土壤中有一定的杀虫、杀菌功能。药用植物缺钙时，症状一般只出现在新生组织上，如根尖和顶芽。新叶的叶尖、叶缘黄化，窄小畸形呈粘连状，展开受阻，叶脉皱缩，叶肉组织残缺不全并伴有焦边，幼叶尖端多呈钩状，顶芽黄化甚至枯死。根尖坏死，根系发育不良，根系多而短，细胞壁黏化，以致腐烂。

生产上过量使用石灰时，钙过量，有可能诱发植物锌、铁、锰、硼等元素的缺乏。

(6)硫。硫是蛋白质的重要组成成分。药用植物缺硫时，幼芽生长受到抑制、新叶失绿黄化，呈亮黄色，一般不坏死。有些植物脉间组织失绿更为明显。

植物对硫的过量吸收一般不发生直接的毒害作用，但土壤还原条件强烈时，SO_4^{2-} 还原为 S^{2-}，后者形成硫化氢，对植物根系及地上部分产生毒害。

(7)铁。植物对铁的需求量虽小，但植物生长发育却不可少。铁参与叶绿素的形成，并是构成许多氧化酶的必要元素，具有调节呼吸的作用。由于铁在植物体内不易转移，药用植物缺铁时，首先是枝条上部的嫩叶受害，叶肉组织褪绿黄化，叶脉残留绿色，双子叶植物出现黄色网纹状，单子叶植物出现黄绿相间的条纹，下部老叶仍保持绿色。

(8)锰。锰是植物体内许多酶的活化剂，能促进光合作用，调节氧化还原电位。锰可抑制过多的铁毒害，又能增加土壤中硝态氮的含量。它在形成叶绿素及植物体内糖分积累和转运中，起着重要作用。锰有促进种子发芽、幼苗生长、加速花粉萌发和花粉管伸长的作用。药用植物缺锰时，新生叶失绿并伴有褐色坏死斑点，褪绿程度较缺铁轻，伴纹色度不均匀，界限不及缺铁清晰，叶片变薄易呈下披状。严重缺锰时叶脉间的失绿区域变成灰绿到灰白色，叶片薄，枝条有顶枯现象。缺锰一般发生在碱性土壤中。

锰过剩而出现的中毒症状主要是根系变褐坏死，叶片上出现褐色斑点，嫩叶上卷。锰过剩还会抑制钼的吸收。

(9)锌。锌是植物体内许多酶的组成成分或激活剂，主要参与生长素(吲哚乙酸)的合成和某些酶系统的活动，促进光合作用。有报道称，提供良好的锌营养，还能增强植物对真菌性病害的抵抗力。锌在植物体内不能迁移，因此缺锌症状首先出现在幼嫩叶片上和其他幼嫩植物器官上。药用植物缺锌时，茎顶端生长受阻，节间缩短，生长矮小(“簇生病”)，叶扭曲，叶片明显变小(小叶病)、失绿、丛生。缺锌也不利于种子的形成。

药用植物缺氮、磷、钾、镁等元素，症状在老龄组织上先出现；缺钙、硫、铁、镁、锰、锌等元素，症状在幼嫩组织先出现。

除上述元素外，铜、硼、硒、钼等元素也对植物的生长发育有较大影响。

二、环境污染

环境污染主要指大气污染、水污染、土壤污染和酸雨等。大气污染物的来源主要是来自工矿区排出的有害气体及内燃机排出的废气，如硫化物、氮氧化合物、氟化物、挥发性有机化合物(如苯、甲醛)、含重金属(如铅、镉)的粉尘、光化学氧化物(如臭氧)等。大气污染物对植物的危害，首先决定于有害气体的浓度及作用持续时间，同时也取决于污染物的种类、受害植物种类及不同发育时期等。

大气污染物往往延迟植物抽芽，结实少而小，叶片失绿变白或有坏死斑，严重时大量落叶、落果，甚至使植物死亡。大气污染物除直接对植物生长有不良影响外，还能降低植物的抗病力。

除大气污染外，土壤中水污染及土壤残留物的污染也能引起植物的非侵染性病害。如土壤中残留的农药、石油、有机酸、氰化物及重金属(汞、铬、镉、铝、铜)等污染物，往往使植物根系生长受抑制，影响水分吸收和生理代谢，植物即死亡。

空气中二氧化硫等可形成酸雨，造成雨水中的 pH 偏低，对植物也会产生严重的危害。

施用和喷洒杀菌剂、杀虫剂或除草剂，浓度过高，可直接对植物叶、花、果产生药害。植物药害可以按照发生的时间快慢分急性和慢性两种。急性药害一般在施药后 2～5 d 发生，常在叶面上或叶柄基部出现坏死的斑点或条纹，叶片褪绿变黄，严重时凋萎脱落。一般来讲，植物的幼嫩组织或器官容易发生此类药害。施用无机的铜、含硫杀菌剂和有机砷类杀菌剂容易引起急性药害。植物的慢性药害并不很快表现明显的症状，而是逐渐影响植株的正常生长发育，使植物生长缓慢、枝叶不繁茂，进而叶片变黄以至脱落；开花减少，结实延迟，果实变小，籽粒不饱满，种子发芽率降低等。

三、温度不适

适当的温度是植物完成正常生长发育必不可少的环境条件。植物的生长发育都有各自的最低温度、最适温度和最高温度，超过两个极限温度范围，就可能造成不同程度的损害，甚至全株死亡。

1. 高温伤害

当环境温度高于植物正常生长发育的最高温度时出现热害。一般高等陆生植物的热胁迫温度是45～65℃，高温能破坏光合作用和呼吸作用的平衡，使光合作用迅速下降，呼吸作用上升，因而消耗植物体内大部分碳水化合物，引起生长减退，伤害加强，甚至植株枯死。此外，高温也会使植物的茎、叶、果受到伤害，通常称为灼伤。如人参日灼病。

2. 低温伤害

低温也会使植物受到不同程度的伤害。强大的寒流和夜间辐射降温引起的低温能严重影响植物的生长发育，甚至导致死亡。低温对植物的伤害可分为冷害、冻害、霜害三种。

(1)冷害。药用植物在0℃以上的低温条件下出现的生理失调现象。长时间的低温冷害能破坏植物的光合能力；低温还影响根系对矿质养分的吸收，影响植物体内物质的运转，使植物生长、抽穗和开花延迟；植物在生殖生长时期如遇到冷害，则影响小孢子的形成，受害后可导致花粉畸形或丧失生活力，影响授粉受精，导致减产。

(2)冻害。指植物遭受0℃以下的低温胁迫，使组织结冰而引起的伤害。冻害可因植物细胞内或细胞外的水结冰，而对植物造成伤害。涂白的树干温度在向阳时比未涂白树干低，从而减少温差，可防止反复冻融的伤害。

(3)霜害。当气温或地表温度降到0℃时，空气中过饱和的水蒸气凝结成白色的冰晶——霜。伴随霜而来的低温使植物所受的伤害称霜害。霜害其实就是冻害的一种。在早春和晚秋，由于霜冻的来临，常造成药用植物幼苗伤害或成熟不良，引起严重减产，一般来说，霜冻的危害程度主要取决于降温幅度、持续时间及霜冻的来临及解冻是否突然。一般降温幅度愈低，持续时间愈长，危害也就愈严重。解冻也是这样，如果温度逐渐上升，缓慢解冻，则不易受害，若霜冻后温度突然上升，解冻太迅速，就容易受害。

四、土壤水分失调

水是农业的命脉，有收无收在于水，说明水对植物生长发育、对产量的重要性。植物必须不断地从土壤中吸收水分，用于补充植物蒸腾作用散失的水分，也就是说，植物体内的水分总是处于动态的平衡中。植物正常的生理活动就是在不断吸水、传导、利用与散失中进行的。因此，土壤中水分不足或过多以及供应失调，都会对植物产生不良影响。

1. 旱害

在土壤干旱缺水的条件下，植物的光合作用受到抑制，碳水化合物总含量减少，植物体内矿质养分的运输受到抑制，蒸腾作用消耗的水分多于根系吸收的水分，一切代谢作用衰弱，细胞缺水，膨压消失，植物出现萎蔫现象。较严重的干旱将引起植株矮小，叶片变小，叶尖、叶缘或叶脉间组织枯黄，这种现象常由基部叶片逐渐发展到顶梢，引起早期落叶、落花、落果、花芽分化减少。在植物苗期或幼株移栽定植后，以及一些草本植物在严重干旱的条件下，往往会发生萎蔫或死亡。如天麻、栝楼、藏红花等植物对干旱的环境条件非常敏感，因此在选择播种场地时必须考虑到水源条件。

2. 涝害

土壤水分过多时，土壤空隙中氧气减少，CO_2 浓度增高，而高浓度的 CO_2 能抑制有氧呼吸，植物根部正常呼吸受阻，影响水分和矿物质吸收，同时在缺氧的状态下，由于厌氧性细菌活跃，使土壤中一些有机物产生有毒物质，毒害植物的根系，使之腐烂。根系受到损害后，便引起地上部分叶片发黄和落叶，植物生长受阻，严重时植株死亡。水涝对根系的损害程度，常因植物的种类、土壤因子、涝害的时间等条件而不同，一般草本药用植物容易受到涝害，植物在幼苗期对水涝较敏感。

学习任务　非侵染性病害的诊断与防治

一、非侵染性病害的特点

非侵染性病害是由非生物因素引起的，除了植物自身遗传性疾病外，非侵染性病害主要是由不利的环境因素引起的，在区分非侵染性病害和侵染性病害时，应明确非侵染性病害有以下主要特点：

(1)无病征。在发病植物上看不到任何病征，也分离不到病原物。但是患病后期由于抗病性降低，病部可能会有腐生菌类出现。

(2)田间分布受地形、地物的影响大，发病比较普遍，往往大面积同时发生。如大气污染或气候因素(冻害、干热风、日灼)。

(3)没有传染性，田间无发病中心。

(4)在适当的条件下，有的病状可以恢复(植物的缺素症在施肥后症状可以很快减轻或消失)。

在遇到新病害或难于区分的病害时，应采用柯赫法则证明病害是否有侵染性。

二、非侵染性病害的诊断

诊断的目的是为了查明和鉴别植物发病的原因，进而采取相应的防治措施。对非侵染性病害的诊断通常可以从以下几个方面着手：

一是进行病害现场的观察和调查，了解有关环境条件的变化，分析发病因素。病害的现场观察和调查十分重要，这对于初步确定病害的类别、进一步缩小范围很有帮助。现场观察要细致、周到，由整株到根、茎、叶、花、果等各个器官，注意颜色、形状和气味的异常；由病株到病区，由病区到全田，由全田到邻田；注意地形、地貌、邻作或建筑物的影响。病害的调查要注意区分不同的症状，尽可能排除其他病害的干扰；记录发病率和病情指数，分析病害的田间分布类型。向当地气象部门了解发病前后一段时间气象因子的变化，向种植者了解相关的农事操作等。

二是依据侵染性病害的特点和侵染性试验的结果，尽量排除侵染性病害的可能。在检查是否为非侵染性病害时，必须用显微镜检查有无病原物（或用电子显微镜结合生物测定，确定是否有病毒感染），若发病部位有病原物，则为侵染性病害，若无则为非侵染性病害。也可用组织分离法来诊断，如果是非侵染性病害，在发病部位分离不到病原物，但对病毒性病害则难分别。有时在非侵染性病害的发病部位，可能有寄生性或腐生性菌类存在，在这种情况下，一般利用显微镜是难以确定的，必须进行接种试验来判断是否为非侵染性病害。

三是进行治疗诊断，对缺乏某种元素所产生的缺素症，通常要观察其外部特征，叶片颜色变化等，同时可进行缺素症的试验，通过增施缺乏的元素，如果症状能够恢复，则可确定其为某种元素的缺素病。

三、非侵染性病害的防治

非侵染性病害的防治，首先要确定病害的种类及发病因素，然后针对病因进行防治。如环境污染引起的病害，首先要了解污染物的种类，采取措施消除污染源。对于土壤水分过多引起的病害则要进行排涝，防止暴晒；在干旱地区及干旱气候条件下，应加强土壤保水措施及灌溉。总之，非侵染性病害的鉴别及防治是复杂的，必须进行科学的管理，选择科学的试验分析方法，才能达到预期的目的。

模块三　药用植物虫害及其防治

基础知识　昆虫基础知识

知识目标

- 了解昆虫的形态特征。
- 掌握昆虫的主要生物学特性。
- 掌握药用植物害虫的主要种类。
- 了解害虫的发生与环境之间的关系。

昆虫是动物界无脊椎动物中最大的一个类群。已知的昆虫种类有100多万种，约占所有动物种类的80%。昆虫在分类学上属于节肢动物门昆虫纲。昆虫与其他动物最主要的区别是：成虫整个体躯分头、胸、腹3部分；胸部有3对足，通常还有2对翅；在生长发育过程中，需要经过一系列内部结构和外部形态上的变化，即变态；具外骨骼（表3-1）。

表3-1　节肢动物门主要纲的区别

纲名	体躯分段	复眼	单眼	触角	足	翅	生活环境	代表种
昆虫纲	头、胸、腹	1对	0～3个	1对	3对	2对或0～1对	陆生或水生	蝗虫
蛛形纲	头胸部、腹部	无	2～6对	无	2～4对	无	陆生	蜘蛛
甲壳纲	头胸部、腹部	1对	无	2对	至少5对	无	水生或陆生	虾、蟹
唇足纲	头部、胴部	1对	无	1对	每节1对	无	陆生	蜈蚣
重足纲	头部、胴部	1对	无	1对	每节2对	无	陆生	马陆

一、昆虫的形态特征

昆虫种类繁多，外部形态复杂。研究昆虫的外部形态就是要从变化多端的构造中，找出它们共同的基本构造，作为识别种类的依据和防治害虫的理论基础（图3-1）。

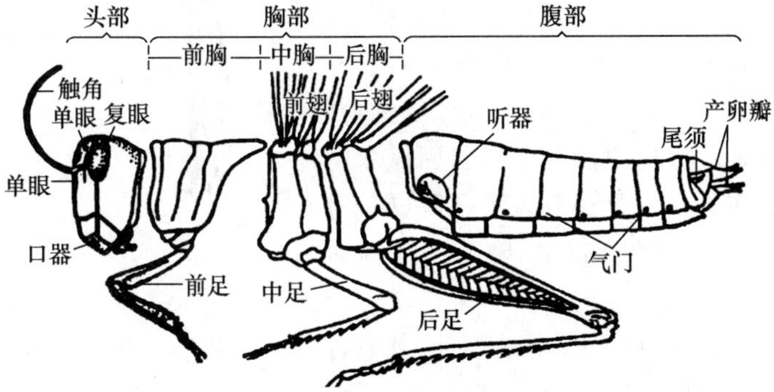

图3-1　蝗虫体躯侧面图

(一)昆虫的头部

头部是体躯最前端的一个体段，一般呈圆形或椭圆形。头部有触角、复眼、单眼和口器等器官，头部是昆虫的感觉和取食中心(图 3-2)。

1. 头式

昆虫由于取食方式的不同，口器的形状及着生位置也发生了相应的变化，根据口器着生方向，可将昆虫的头式分为三大类(图 3-3)。

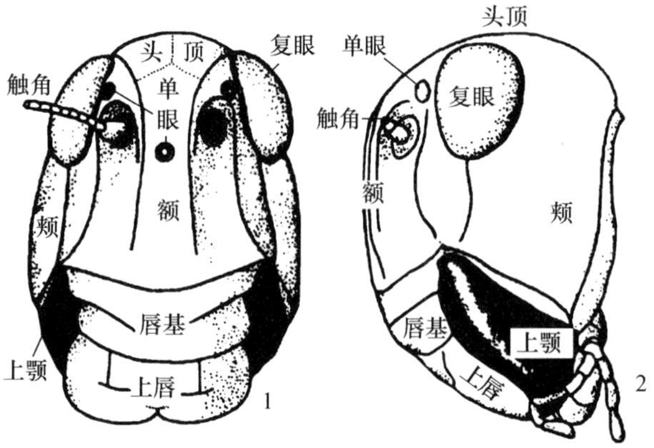

图 3-2　昆虫头部的构造

1. 正面　2. 侧面

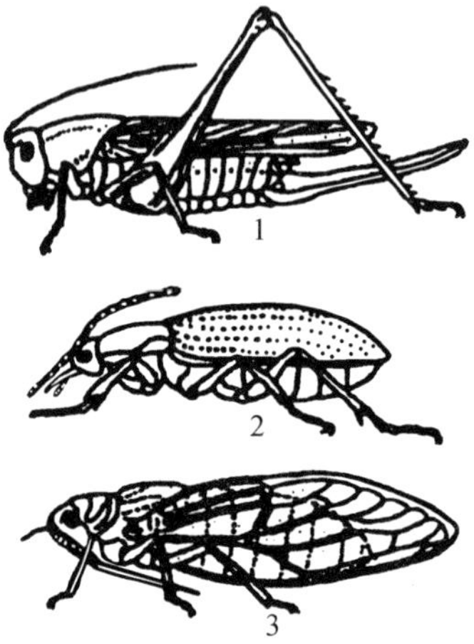

图 3-3　昆虫的头式

1. 下口式(螽蟖)　2. 前口式(步行甲)　3. 后口式(蝉)

(1)下口式。口器向下，头部的纵轴与身体的纵轴几乎呈直角。多见于植食性昆虫，如蝗虫、天牛、蝶蛾类幼虫等。

(2)前口式。口器向前，头部的纵轴与身体的纵轴接近平行。多见于潜食、钻蛀和捕食性昆虫，如蝼蛄、草蛉幼虫等。

(3)后口式。口器向后，头部的纵轴与身体的纵轴呈锐角。多为刺吸式口器昆虫，如蚱蝉、蚜虫、蝽等。

2. 触角

除少数种类外，昆虫的头部都有 1 对触角，一般着生于额两侧。触角由许多节组成，基部一节称为柄节，第二节为梗节，梗节以后的各小节统称鞭节(图 3-4)。

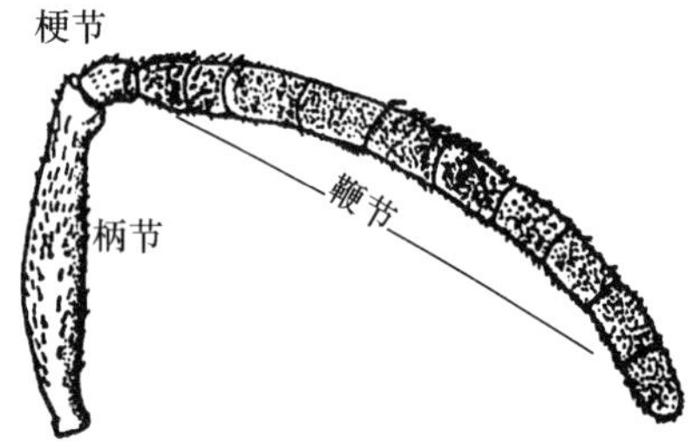

图 3-4　触角的基本构造

触角是昆虫重要的感觉器官，有嗅觉和触觉功能，昆虫借以觅食和寻找配偶。昆虫触角的形状因昆虫的种类和雌雄不同而多种多样。常见的有以下几种(图 3-5)。

刚毛状：触角短，基部两节较粗，鞭节部分则细如刚毛。如叶蝉等。

丝状：触角细长，除基部 1～2 节稍大外，其余各节大小和形状相似。如蝗虫。

念珠状：鞭节由近似圆球形大小相似的小节组成，像一串念珠。如白蚁、褐蛉等。

锯齿状：鞭节各小节的端部向一边突出如锯齿。如叩头甲、雌性绿豆象等。

栉齿状：鞭节各小节的一边向外突出呈细枝状，形如梳子。如雄性绿豆象等。

羽毛状：鞭节各节向两边伸出细枝，形似羽毛。如雄性毒蛾等。

膝状：柄节特长，梗节短小，鞭节和柄节弯呈膝状。如象甲、蜜蜂等。

具芒状：触角短，鞭节仅1节，上有一根刚毛或芒状构造，称触角芒。如蝇类等。

环毛状：鞭节各节均生有一圈长毛，近基部的毛较长。如雄蚊等。

球杆状或棒状：触角细长如杆，近端部数节逐渐膨大。如蝶类、蚁蛉等。

锤状：与球杆状相似，但触角较短，末端数节显著膨大似锤。如瓢虫等。

鳃片状：触角末端数节延展成片状，形如鱼鳃，可以开合。如金龟子等。

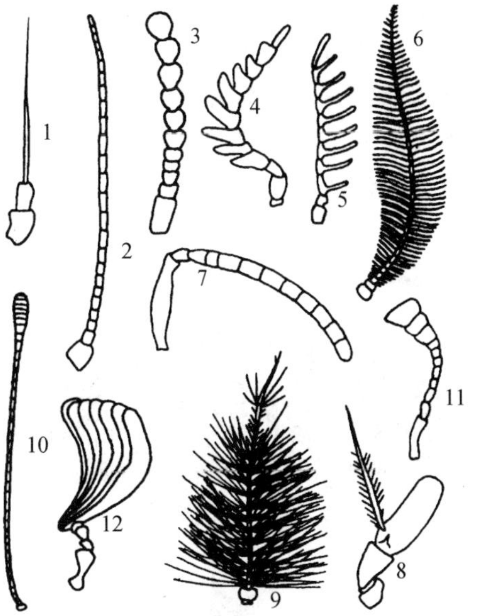

图 3-5　昆虫触角的主要类型

1. 刚毛状　2. 丝状　3. 念珠状　4. 锯齿状　5. 栉齿状　6. 羽毛状　7. 膝状　8. 具芒状　9. 环毛状　10. 球杆状　11. 锤状　12. 鳃片状

3. 眼

眼是昆虫的视觉器官，在昆虫的取食、栖息、繁殖、避敌、决定行动方向等活动中起重要作用。

昆虫的眼有两种：一种称复眼，1对，位于头部两侧，由1至多个小眼集合形成，小眼数目越多，视觉越强。复眼是昆虫的主要视觉器官；另一种称单眼，一般有3个，但也有1～2个或者无单眼的，单眼只能分辨光线强弱和方向，不能分辨物体和颜色。

4. 口器

口器是昆虫的取食器官。不同昆虫因食性和取食方式的不同，在口器构造上有各种不同的类型。取食固体食物的为咀嚼式口器，取食液体食物的为吸收式口器，兼食固体和液体两种食物的为嚼吸式口器。吸收式口器按其取食方式又可分为把口器刺入植物或动物组织内取食的刺吸式、锉吸式、刮吸式和吸食暴露在物体表面的液体物质的虹吸式、舐吸式。

（1）咀嚼式口器。是昆虫最基本、最原始的口器类型，其余口器类型都由此演化而来。咀嚼式口器由上唇、上颚、下颚、下唇和舌5个部分组成（图3-6）。

（2）刺吸式口器。昆虫用以吸食动、植物汁液的口器，如蚜虫、蝉、蚧壳虫、椿象等的口器，是由咀嚼式口器演化而成的。其构造特点是：上唇短小，呈三角形；上、下颚变成两对口针，互相嵌合形成两个管道；下唇延长成包藏和保护口针的喙（图3-7）。为害植物时口

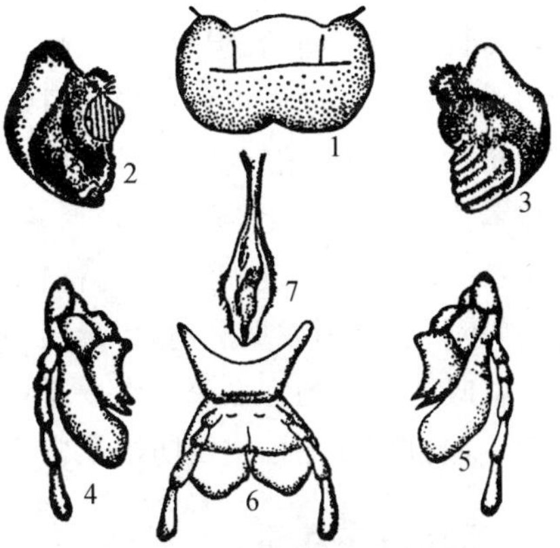

图 3-6　蝗虫的咀嚼式口器

1. 上唇　2、3. 上颚　4、5. 下颚　6. 下唇　7. 舌

针在肌肉的作用下刺入组织内，吸取汁液，而喙则留在植物体外。

(3)虹吸式口器。为鳞翅目蝶蛾类成虫的口器，这种口器的特点是：上颚完全缺失，下颚十分发达，延长并互相嵌合成管状的喙，内部形成一个细长的食物道。喙不用时卷曲于头部下方似钟表的发条，取食时可伸到花中吸食花蜜和外露的果汁及其他液体(图 3-8)。具这种口器的昆虫，除部分吸果夜蛾可为害果实外，一般不造成为害。

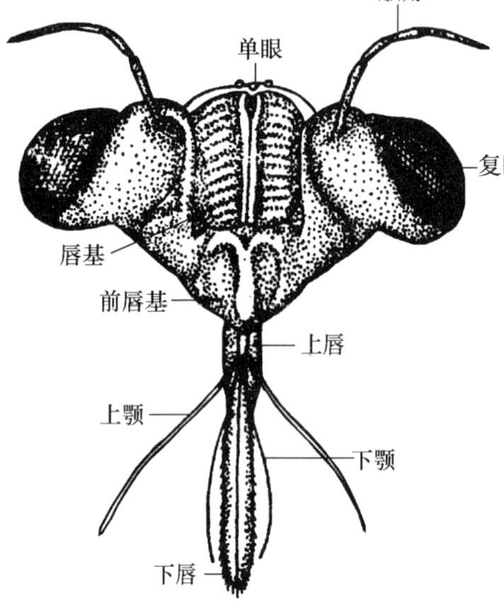

图 3-7　蝉的刺吸式口器

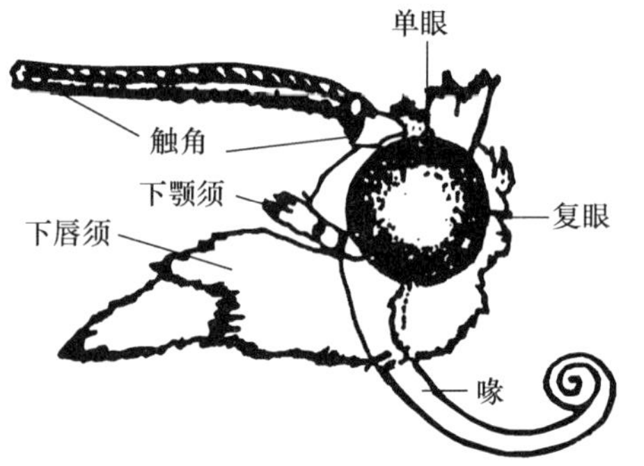

图 3-8　鳞翅目成虫的虹吸式口器(头部侧面)

(4)锉吸式口器。为缨翅目蓟马类昆虫所特有，这种口器的特点是：上颚不对称，即右上颚退化或消失，口针是由左上颚和一对下颚口针特化而成，取食时先以左上颚锉破植物表皮，然后以头部向下的短喙吮吸汁液。

口器类型与化学防治的关系。昆虫的口器类型不同，其为害特点不同，防治害虫的方法也不同。咀嚼式口器的害虫包括直翅目昆虫如蝗虫、蝼蛄等，鞘翅目昆虫如天牛、叶甲等，鳞翅目幼虫如刺蛾、蓑蛾等，膜翅目幼虫如叶蜂等。这些害虫为害的共同特点是直接取食植物的叶、花、果实、茎秆，造成植物组织残缺不全或受害部位破损。对于咀嚼式口器的害虫，应使用触杀剂或胃毒剂进行防治，但对蛀果、蛀秆、卷叶、潜叶为害的害虫，要在钻蛀之前施药。

刺吸式口器的昆虫包括半翅目蝽类，同翅目蚜虫、蝉、蚧壳虫等。这类害虫为害的特点是刺吸植物的汁液，被害植物一般没有显著的破损，但受害部位出现各种褪色斑点，受害植株常形成萎蔫、卷曲、黄化、皱缩或畸形，甚至在叶、茎、根上形成虫瘿。多数刺吸式口器的昆虫，如蚜虫、叶蝉、飞虱等，还可以传播植物病害，特别是病毒病。对刺吸式口器的害虫，防治上应使用内吸剂、触杀剂或熏蒸剂，胃毒剂一般无效。

虹吸式口器的害虫只吸食暴露在植物表面的液体，因此，可将胃毒剂制成液体，使其吸食中毒。如目前预测预报及防治上常用的糖酒醋诱杀液，可诱杀地老虎等成虫。

(二)昆虫的胸部

胸部是昆虫身体的第二体段，着生足和翅，是昆虫的运动中心。胸部由前胸、中胸和后胸

3个体节组成，各胸节均有1对足，分别为前足、中足和后足。大多数昆虫在中、后胸上还各有1对翅，分别称为前翅和后翅。胸节的发达程度与其上着生的足和翅的发达程度有关。

1. 胸足的构造和类型

(1)胸足的构造。胸足是胸部的附肢，成虫的胸足由基部向端部一般依次可分为基节、转节、腿节、胫节、跗节和前跗节6节(图3-9)。除前跗节外，各节大致都呈管状，节间由膜相连，是各节活动的部位。

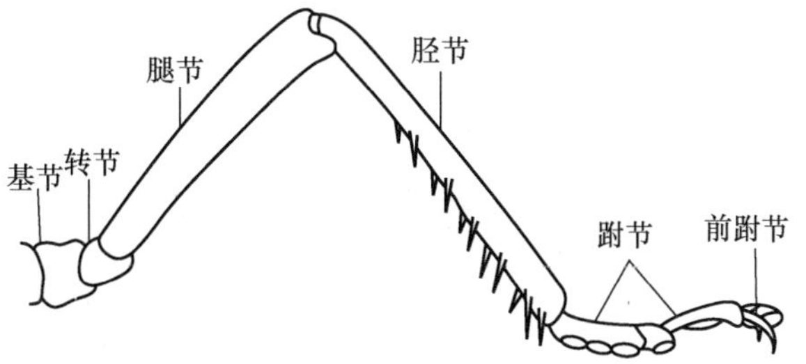

图3-9　昆虫胸足的基本构造

(2)胸足的类型。昆虫胸足的原始功能为行动器官，但由于适应不同的生活环境和生活方式的不同，常特化成许多不同的类型(图3-10)。

步行足：是昆虫中最常见的一种足，各节又细又长，各节也没发生显著的变化，最适于行走。如瓢虫、步行甲、天牛等的足。

跳跃足：一般由后足特化而成，腿节特别膨大，胫节细长，适于跳跃。如蝗虫的后足。

捕捉足：由前足特化而成，基节延长，腿节和胫节的相对面上有齿形成捕捉构造。如螳螂的前足。

开掘足：前足又粗又壮，上面还有几个大齿，像专门挖土的铲子，掘起土来十分方便，如蝼蛄的前足。

游泳足：足扁平，胫节和跗节边缘有长毛，用以划水。如龙虱的后足。

抱握足：跗节膨大成吸盘状，在交尾时用以抱握雌体。如雄性龙虱的前足。

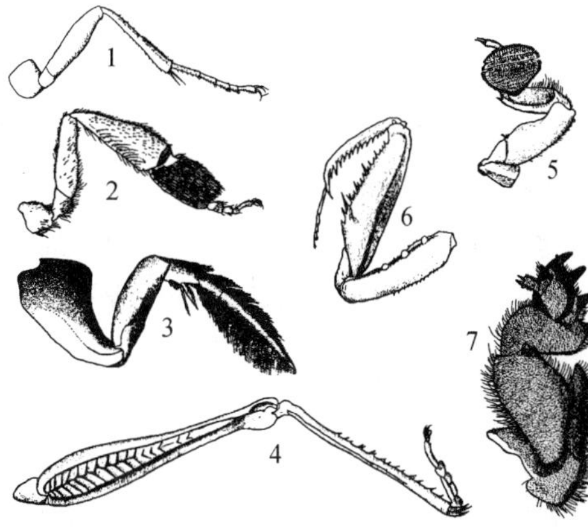

图3-10　昆虫足的类型

1.步行足　2.携粉足　3.游泳足　4.跳跃足
5.抱握足　6.捕捉足　7.开掘足

携粉足：胫节宽扁，两边有长毛，用以携带花粉，通称“花粉篮”。第一跗节很大，内面有10～12排横列的硬毛，用以梳刮附着在身体上的花粉。如蜜蜂的后足。

2. 翅的构造和类型

昆虫是无脊椎动物中唯一有翅的动物，昆虫的翅是由胸节背板侧缘向外扩展而来。翅对昆虫的分布、传播、觅食、求配、避敌等生命活动及进化有重大的意义。

(1)翅的基本构造。昆虫的翅常呈三角形，有3条边和3个角。翅展开时靠近前面的一边称前缘，后面靠近虫体的一边称内缘或后缘，其余一边称外缘；前缘基部的角称肩角，前缘与外缘间的角称顶角，外缘与后缘间的角称臀角；翅面还有一些褶线将翅面划分成3～4个区(图3-11)。

(2)翅的类型。根据翅的形状、质地和被覆物,可将昆虫的翅分为以下几种类型(图3-12)。

复翅:翅质地坚韧如皮革,多不透明或半透明,有翅脉。如蝗虫的前翅。

膜翅:翅膜质,薄而透明,翅脉明显可见。如蜂类、蚊类的翅。

鞘翅:翅质地坚硬如角质,不用于飞行,用来保护背部和后翅。如甲虫类的前翅。

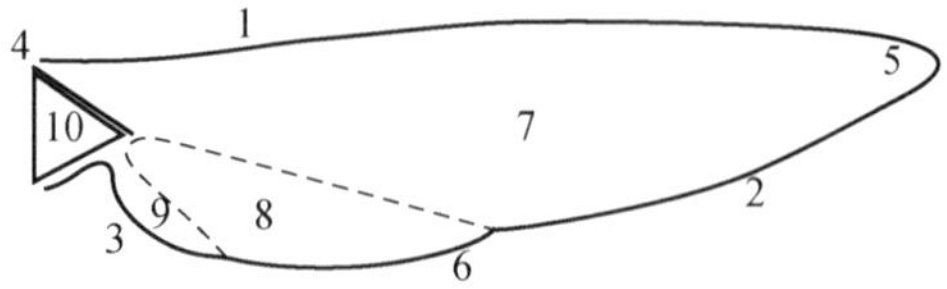

图 3-11 昆虫翅的基本构造

1.前缘 2.外缘 3.后缘 4.肩角 5.顶角 6.臀角 7.臀前区 8.臀区 9.轭区 10.腋区

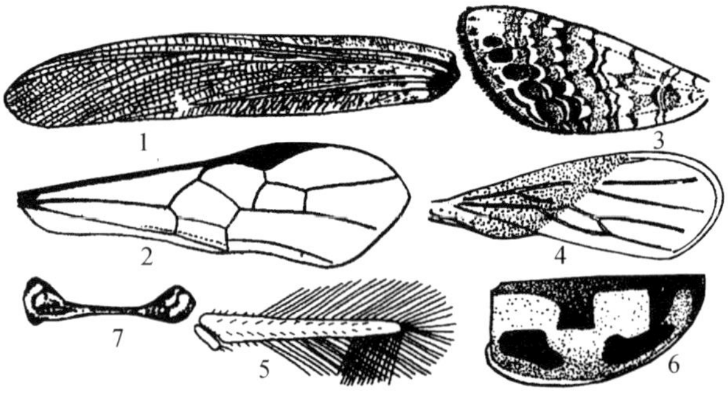

图 3-12 昆虫翅的类型

1.复翅 2.膜翅 3.鳞翅 4.半鞘翅 5.缨翅 6.鞘翅 7.平衡棒

半鞘翅:基半部为皮革质或角质,端半部为膜质有翅脉。如蝽类的前翅。

鳞翅:翅的质地为膜质,翅上密被鳞片,外观不透明。如蛾类、蝶类的翅。

缨翅:前后翅狭长,翅脉退化,翅的质地膜质,边缘上着生细长缨毛。如蓟马的翅。

平衡棒:某些昆虫的后翅退化成很小的棒状构造,飞翔时用以平衡身体。如蝇类后翅。

(三)昆虫的腹部

腹部是昆虫的第三体段,紧连胸部。昆虫的消化道、马氏管、背血管和生殖系统等大部分内脏器官及组织均位于腹部,因而腹部是昆虫的生殖和代谢中心。

腹部一般为近纺锤形或圆筒形,也有一些奇特的形状。成虫的腹部一般9～11节。腹部除末端有外生殖器和尾须外,一般无附肢。腹节可以互相套叠,后一腹节的前缘常套入前一腹节的后缘内。因此,伸缩、扭曲自如,并可膨大和缩小,有助于昆虫的呼吸、蜕皮、羽化、交配产卵等活动。

昆虫腹部的末端着生外生殖器,雌性的外生殖器称产卵器,雄性的外生殖器称交配器。有些种类还着生一对尾须,尾须是由末腹节附肢演化而成的须状外突物,形状变化较大。

(1)雌性外生殖器(产卵器)。产卵器一般为管状构造,着生于第8、9腹节上。产卵器包括:一对腹产卵瓣,由第8节附肢形成;一对内产卵瓣和一对背产卵瓣,均由第9腹节附肢形成(图3-13)。一般昆虫的产卵器由其中两对产卵瓣组成(另一对退化),如蝗虫的产卵器由背、腹产卵瓣组成(图3-14);蝉类的产卵器由腹、内产卵瓣形成,可刺破树木枝条将卵产入植物组织,造成皮层破裂;蛾、蝶、甲虫等多种昆虫没有产卵瓣,只能将卵产在裸露处、裂缝处或凹陷处。根据产卵器的形状和构造,可以了解害虫的产卵方式和产卵习性,从而采取针对性的防治措施。

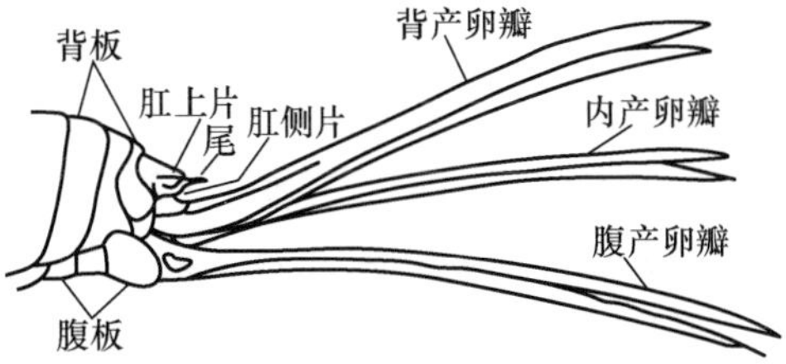

图 3-13　雌性产卵器基本构造图

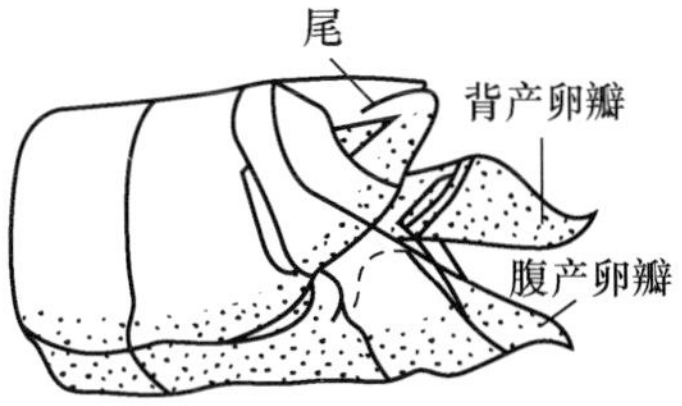

图 3-14　蝗虫雌性外生殖器

(2)雄性外生殖器(交配器)。其构造较产卵器复杂,常隐藏于体内,交配时伸出体外,主要包括将精子输入雌性的阳茎及交配时抱握雌体的抱握器。

了解昆虫外生殖器,对分辨雌雄、掌握虫情非常必要,也是昆虫分类的重要依据之一。

(四)昆虫的体壁

昆虫的体壁是昆虫体躯(包括附肢)最外层的组织,它起着高等动物皮肤和骨骼的作用:①控制体内水分的蒸发;②特殊的结构与化学组成能阻止异物侵入,起保护性屏障作用;③决定并支撑虫体体形,保护内脏,内陷形成的“内骨骼”可供肌肉着生;④着生各种感觉器官和腺体,是内外信息交流的屏障。

昆虫的体壁可分为 3 个主要层次,由外向内依次为表皮层、皮细胞层和底膜(图 3-15)。

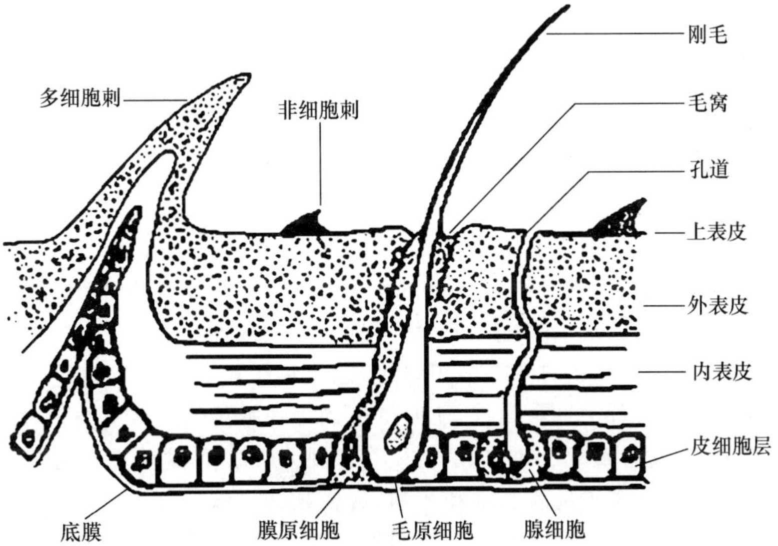

图 3-15　昆虫体壁的结构

(1)表皮层。位于身体的最外层,是皮细胞层向外分泌的非细胞性物质,体壁的许多特性,如坚硬性、弹性、不透水性、抵御外物侵入的特性以及类似骨骼的支撑作用,都是表皮层表现出的特性。表皮层还纵贯有许多孔道。表皮层由外向里又分为上表皮、外表皮、内表皮 3 层,其化学成分主要有蛋白质、几丁质、多元酚、脂类、色素和酶类等。

(2)皮细胞层。是一层排列整齐的活细胞层,有较活泼的分泌机能,皮细胞层的主要生理功能是:控制昆虫的蜕皮作用,在蜕皮过程中分泌蜕皮液;消化并吸收旧内表皮,合成新表皮物质;分泌表皮层形成虫体的外骨骼及外长物(刚毛、鳞片、刺、距及各种分泌腺体等);修补伤口等。

(3)底膜。是紧贴在皮细胞层下的一层薄膜,起着将皮细胞层与血腔分隔开的作用。

昆虫的体壁结构及性能与害虫防治有着密切的联系。认识昆虫体壁的特性,是为了设法打破体壁的保护性能,提高药剂的穿透能力,达到杀灭害虫的目的。因此,防治时应从以下几方面考虑:①龄期:幼龄比老龄幼虫体壁薄,蜡质较少,抗药力差,容易触药致死,所以防治害虫应掌握在3龄之前。②用强烈的亲和性药剂,如有机磷杀虫剂、拟除虫菊酯类等。另外剂型为油乳的一般比可湿性粉剂杀虫效果好,原因是油乳型的触杀剂一般属脂溶性,易于破坏疏水性的体壁蜡层而渗透入虫体,从而提高了杀虫效果。③阻碍几丁质合成的药剂,如灭幼脲类农药中的灭幼脲能抑制昆虫表皮几丁质的合成,使幼虫蜕皮时不能形成新表皮,变态受阻或造成畸形,最终导致死亡。

二、昆虫的生物学特性

昆虫生物学主要研究昆虫的个体发育史,包括昆虫的繁殖、发育、变态,以及从卵开始到成虫为止的生活史等方面的生物特性。通过研究昆虫的生物学特性,可进一步了解昆虫共同的活动规律,对害虫的防治和益虫的利用都有重要意义。

(一)昆虫的生殖方式

1. 两性生殖

大多数昆虫为雌雄异体,通过雌雄交配、受精,产生受精卵,每个受精卵发育成为一个新个体,这是昆虫繁衍后代最普通的方式,如蝗虫、天牛、蛾、蝶等昆虫。

2. 孤雌生殖

雌虫产生的卵不受精也能发育成新个体的现象叫孤雌生殖。大致可分为三种类型。

(1)偶发性的孤雌生殖。即某些昆虫在正常条件下进行两性生殖,但雌成虫偶尔产出的未受精卵也能发育成新个体的现象。如家、一些毒蛾和枯叶蛾等。

(2)经常性的孤雌生殖。也称永久性孤雌生殖,这种生殖方式在某些昆中经常出现,而被视为正常的生殖现象。可分为两种情况:①膜的蜜和小蜂总科的一些种类中,雌成虫产下的卵有受和未受精卵两种,前者发育成雌虫,后者发育成雄虫。②有的昆虫在自然情况下,雄虫极少,甚至尚未发现雄虫,几乎或完全行孤雌生殖,如粉虱、蚧、蓟马等。

(3)周期性的孤雌生殖。即孤殖生殖与两性生殖交替进行,这与其所处的季节有关,如棉蚜从春季到秋末,行孤雌生殖10~20代,到秋末冬初则出现雌、雄两性个体,并交配产卵越冬。

3. 多胚生殖

一个成熟的卵可以发育成2个或2个以上胚胎的生殖方式,称多胚生殖。常见于膜翅目的小蜂、细蜂等寄生性昆虫。

4. 幼体生殖

少数昆虫在母体尚未达到成虫阶段,还处于幼虫期就进行生殖,称为幼体生殖。实际是一种孤雌生殖，如一些瘿蚊。

(二)昆虫的变态发育

昆虫的个体发育过程可分为胚胎发育和胚后发育两个阶段。胚胎发育是指从卵受精开始到幼虫破壳孵出为止这一阶段，又称卵内发育。胚后发育是指幼虫自卵中孵出到成虫性成熟为止这一阶段。昆虫在个体发育过程中，要经过一系列外部形态、内部器官和生活习性的变化，这种现象称为变态。

1. 变态类型

昆虫经过长期的演化，随着成虫、幼虫态的分化程度不同以及对环境长期适应的结果，出现了不同的变态类型，大致可分为不完全变态和完全变态两类。

(1)不完全变态。昆虫一生经过卵、若虫、成虫 3 个虫态。若虫与成虫形态、习性和生活环境相似，仅个体小，翅和附肢短，性器官不成熟(图 3-16)。如蝗虫、蝽类等。

(2)完全变态。昆虫一生经过卵、幼虫、蛹、成虫 4 个虫态，如蛾、蝶等。完全变态类的幼虫不仅外部形态和内部器官与成虫不同，而且生活习性也完全不同。从幼虫变为成虫过程中，口器、触角、足等附肢都需经过重新分化。因此，在幼虫与成虫之间要历经"蛹"来完成剧烈的体型变化(图 3-17)。

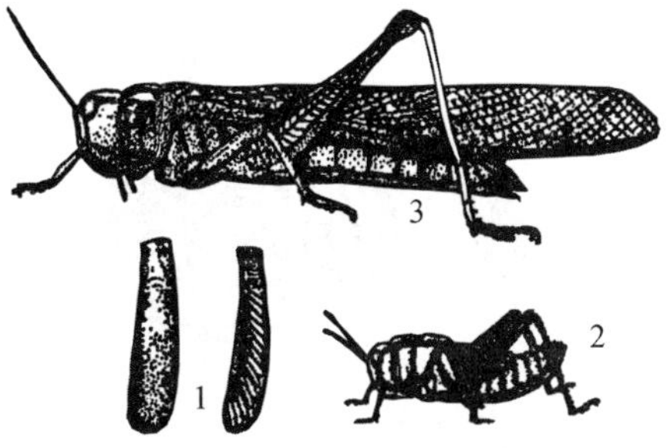

图 3-16 昆虫的不完全变态

1. 卵袋及其剖面 2. 若虫 3. 成虫

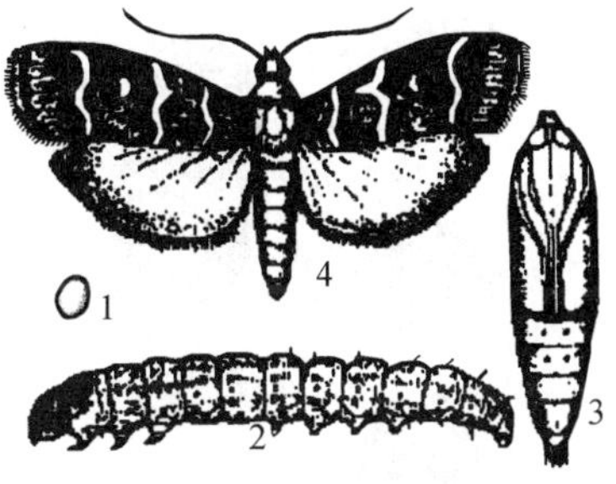

图 3-17 昆虫的完全变态

1. 卵 2. 幼虫 3. 蛹 4. 成虫

2. 各虫期生命活动的特点

(1)卵期。是昆虫个体发育的第一个时期，指卵从母体产下后到孵化出幼虫所经过的时期。卵是一个不活动的虫态，所以昆虫对产卵和卵的构造本身都有特殊的保护性适应。

昆虫的卵都比较小，形状多种多样(图 3-18)。常见的卵呈圆形或肾形，如蝗虫的卵。此外，还有球形(如甲虫)、筒形(如蝽类)、半球形(如夜蛾类)、有柄形(如草蛉)、瓶形(如粉蝶)等。卵的表面有的平滑，有的具有华丽的饰纹。

昆虫的产卵方式因种类而异，有的散产，如天牛、凤蝶；有的聚产，如螳螂、荔枝蝽；有的裸产，如松毛虫；有的隐产，如蝉、蝗虫。

(2)幼虫期。是昆虫个体发育的第二个时期。从卵孵化出来后到出现成虫特征(不完全变态类变成虫或完全变态化蛹)之前所经历的时期，称为幼虫期(或若虫期)。幼虫期的明显特点是大量取食，积累营养，体积迅速增大。从实践意义来说，幼虫期对药用植物的为害最严重，因而常常是防治的重点时期。

昆虫在胚胎发育完成后，幼虫破卵而出，叫孵化。初孵化的幼虫，体壁中的外表皮尚未形成,身体柔软,色淡,抗药能力差,此时是药剂防治的有利时期。

昆虫的体壁为外骨骼,当生长到一定程度时,其构成外骨骼的表皮便限制了虫体的生长,必须将其脱掉,以更大的外骨骼来代替。昆虫幼虫生长到一定程度,须将旧表皮脱去,重新形成新的表皮,并继续生长,这种现象叫脱皮,脱下的旧皮,称为蜕。昆虫每脱一次皮,身体显著增大,食量相应增加。脱皮的次数在不同昆虫中差别较大,但同一种昆虫的脱皮次数,一般来说是相当稳定的,如直翅目、鳞翅目一般为4～5次,金龟甲为3次。幼虫的生长往往呈阶段性,即取食→生长→脱皮→取食→生长……在正常情况下,幼虫生长到一定程度就要脱一次皮,所以它的大小或生长进程(即所谓虫龄)可以用脱皮次数来作指标。初孵的幼虫称1龄幼虫,脱一次皮后叫2龄幼虫,每脱一次皮就增加一龄,幼虫生长到最后一龄,称为老熟幼虫或末龄幼虫。虫龄计算公式:虫龄＝脱皮次数＋1。相邻两次脱皮之间所经过的时间,称为龄期。

完全变态类昆虫的幼虫由于食性、习性和生活环境十分复杂,幼虫在形态上的变化极大,根据幼虫足的数目可分为以下几类(图3-19)。

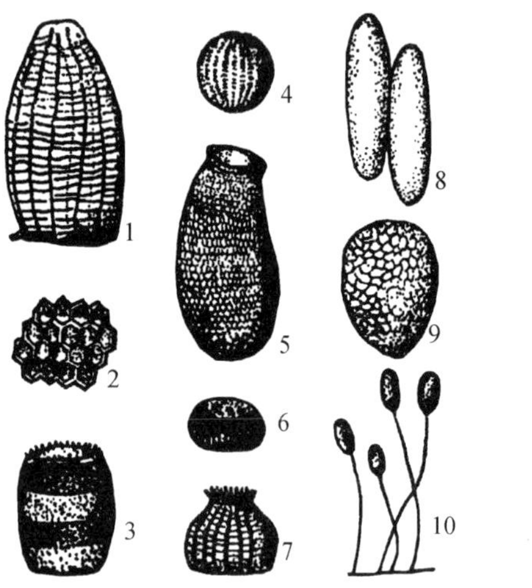

图3-18　各种昆虫卵的形状

1.瓶形　2.卵壳一部分　3.筒形　4.球形　5.茄果形
6.半球形　7.篓形　8.长椭圆形　9.卵形　10.有柄形

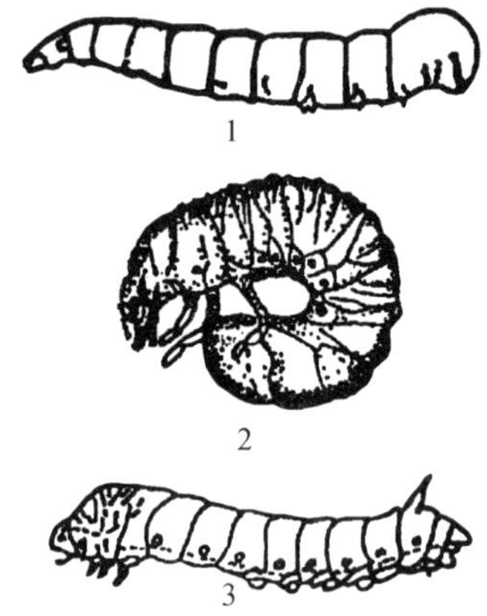

图3-19　全变态幼虫的类型

1.无足型　2.寡足型　3.多足型

无足型:幼虫既无胸足也无腹足。如蛆、象甲幼虫。

寡足型:幼虫只具有3对胸足,没有腹足和其他附肢。如蛴螬、草蛉幼虫。

多足型:幼虫具有3对胸足,2～8对腹足。如蝶、蛾类幼虫。

(3)蛹期。自末龄幼虫脱去表皮至变为成虫所经历的时期,称为蛹期。蛹期是完全变态昆虫所特有的发育阶段。蛹是幼虫转变为成虫的过渡时期,表面不食不动,但内部进行着分解旧器官、组成新器官的剧烈新陈代谢活动。根据翅、触角和足等附肢是否紧贴于蛹体上将蛹分为3种类型(图3-20)。

①离蛹:又称裸蛹,其翅和附肢(触角、足)不贴附在蛹体上,可以活动,同时腹节间也可活动。如金龟子的蛹。

②被蛹:翅和附肢(触角、足)紧贴蛹体上,不能活动。如蝶、蛾类的蛹。

③围蛹：蛹体实际上是离蛹，但蛹体外面有末龄幼虫所脱的皮形成的蛹壳所包围。如蝇类的蛹。

蛹是个不活动的虫期，蛹期不取食，也很少进行主动的移动，缺少防御和躲避敌害的能力。昆虫的化蛹场所和方式也多种多样，有的吐丝作茧，有的在树皮缝中或在地下作土室化蛹，有的在蛀道内或卷叶内化蛹等。因此，破坏化蛹场所或结合人工防治清除蛹体，对害虫防治具有重要意义。

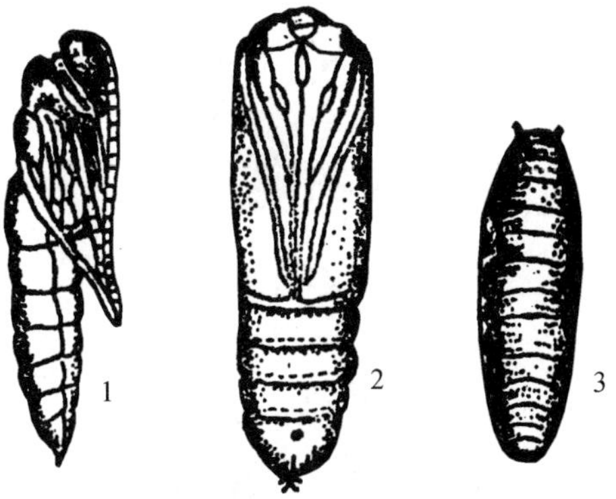

图 3-20　全变态类蛹的类型

1.离蛹　2.被蛹　3.围蛹

(4)成虫期。成虫是昆虫个体发育的最后一个阶段。成虫期雌、雄性的区别已显示出来，复眼也出现，有发达的触角，形态已经固定，有翅的种类，翅也长成，所以昆虫的分类以成虫为主要根据。成虫期的主要任务是交配产卵，繁殖后代，因此，成虫期本质上是昆虫的生殖期。

不完全变态的若虫和完全变态的蛹，蜕去最后一次皮变为成虫的过程称为羽化。初羽化的成虫色浅而柔软，待翅和附肢伸展，体壁硬化后，便开始活动。有些昆虫在羽化后，性器官已经成熟，不需取食即可交尾、产卵，这类成虫口器一般都退化，寿命很短。大多数昆虫羽化为成虫时，性器官还未完全成熟，需要继续取食，才能达到性成熟，如金龟子和不完全变态类等昆虫，这种对性细胞发育不可缺少的成虫期营养，称为“补充营养”。这类昆虫对药用植物继续造成为害，诱杀成虫于产卵之前进行，收效才好。

(三)雌雄二型和多型现象

1. 雌雄二型

同一种昆虫，雌雄成虫除在外生殖器和生殖系统上存在差别外，在其他方面存在的差异现象叫雌雄二型(图 3-21)。二型现象表现在多方面：

个体大小：一般雌虫大雄虫小，但少数昆虫如金龟甲总科的一些类群为雌虫小雄虫大。

翅的有无：在蚧、蓑蛾、一些毒蛾以及萤火虫中，雌虫无翅，雄虫有翅。

体态形状：可表现在触角的类型、复眼间的距离(双翅目)等。如马尾松毛虫雄蛾触角羽毛状，雌蛾为栉齿状。

身体颜色：雌虫色淡，雄虫色深，如舞毒蛾等。

2. 多型现象

同种昆虫同一性别的个体间在大小、体型、体色等形态结构方面存在明显差异的现象叫多型现象。多型现象不仅可以在成虫期出现，也可以在幼虫期或蛹期出现，但以成虫期居多，且以雌性普遍。多型现象在蜜蜂、蚂蚁、白蚁等社会性昆虫和蚜虫中表现最为突出。如蜜蜂的雌性中，有负责生殖的蜂后(王)和失去生殖能力而担负采蜜、筑巢等工作的工蜂；在白蚁的雌性中，生殖型个体常可分为长翅型、短翅型和无翅型；在蚜虫中，受光周期、寄主植物和种群密度等因素的影响会出现干母、干雌、有翅孤雌胎生蚜、无翅孤雌胎生蚜等不同型(图 3-22)。

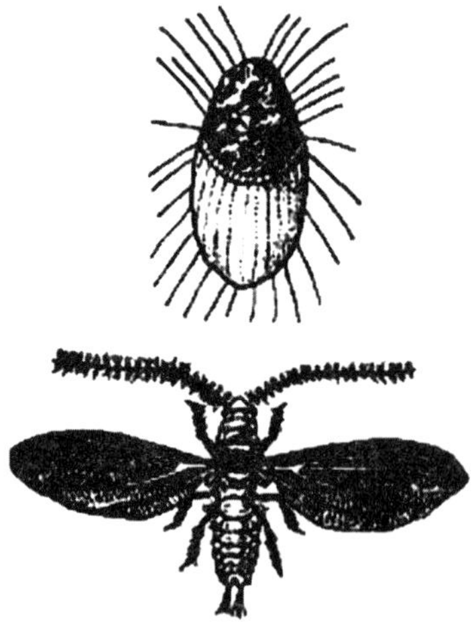

图 3-21 吹绵蚧的雌雄二型现象

1.无翅雌虫 2.有翅雄虫

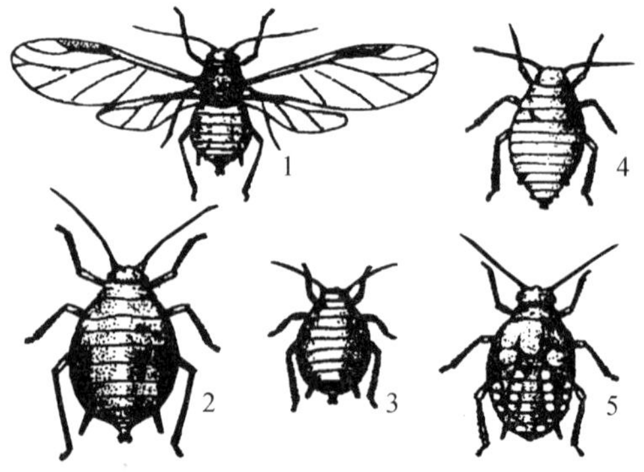

图 3-22 棉蚜的多型现象

1.有翅胎生雌蚜 2.大型无翅胎生雌蚜
3.小型无翅胎生雌蚜 4.干母 5.有翅若蚜

(四)昆虫的生活史

1. 昆虫的世代

昆虫从卵或幼体离开母体到成虫性成熟产生后代为止的个体发育周期,称为一个世代,简称为一代。各种昆虫完成一个世代所需的时间不同,在一年内完成的世代数也不同,如大地老虎、舞毒蛾等一年发生 1 代;二化螟、东亚飞蝗等 1 年内完成 2 代;蚜虫平均一年完成 10～20 代;也有一些昆虫需两年或多年才能完成 1 代,如桑天牛等需 2 年才完成 1 代,北美洲十七年蝉 17 年才完成一代。

一年发生多代的昆虫,由于成虫发生期长和产卵期先后不一,同一时期内,在一个地区可同时出现同一种昆虫的不同虫态,造成上下世代间重叠的现象,称世代重叠(表 3-2)。

2. 生活史

生活史是指昆虫在一定阶段的发育史。生活史常以一年为单位,昆虫在一年(通常从越冬虫态开始活动起,到翌年越冬结束止)中的发育史称年生活史。研究害虫的年生活史,目的在于摸清害虫在 1 年内的发生过程、活动和为害情况,针对害虫生活史中的薄弱环节,确定防治有利时机进行防治,具有重大的实践意义。昆虫的年生活史除用文字进行叙述外,也可以用图表来表示(表 3-2)。

(五)昆虫的行为和习性

昆虫的某些行为和习性,是以种或种群为表现特征,所以掌握了昆虫的某些关键行为或习性,就可以正确地进行虫情调查,预测预报,或采取各种有效措施诱杀害虫。

1. 休眠和滞育

昆虫在一年的生长发育过程中,常出现暂时停止发育的现象,即通常所谓的越冬和越夏,这种现象从其本身的生物学和生理学特性来看,可分为休眠和滞育两类。

表 3-2　核桃扁叶甲生活史

代旬＼月份	1	2	3	4	5	6	7	8	9	10	11	12
越冬代	⊕⊕⊕	⊕⊕⊕	⊕⊕⊕ +++	++								
第一代			·	··· ——— ○○ +	— ○○○ +++	+						
第二代					··· ——— ○○ +	·· ——— ○○○ +++ △△	△△△	△△ +++	+			
第三代									··· —— ○○ +	·· —— ○○ +++ ⊕⊕⊕	⊕⊕⊕	⊕⊕⊕

注：·卵；—幼虫；○蛹；+成虫；⊕越冬成虫；△越夏成虫。

(1)休眠。是由于不良环境条件直接引起的，当不良环境条件解除后，即可恢复正常的生命活动。休眠发生在炎热的夏季称夏蛰(或越夏)；发生在严冬季节的称为冬眠(或越冬)。各种昆虫的休眠虫态不一，如小地老虎在北京以蛹越冬，在长江流域以蛹和老熟幼虫越冬，在广西南宁以成虫越冬。

(2)滞育。是由环境条件引起的，但通常不是由不良环境条件直接引起的。在自然情况下，当不利的环境条件还远未到来之前，具有滞育特性的昆虫就进入滞育状态，而且一旦进入滞育状态，即使给以最适宜的条件，也不能解除滞育，所以滞育是昆虫长期适应不良环境而形成的种的遗传特性。如樟叶蜂以老熟幼虫在 7 月上、中旬于土中滞育，至第二年 2 月上、中旬才恢复生长发育。

2. 食性

不同昆虫在自然界的长期活动中，逐渐形成了不同的食物范围。

(1)按照取食对象划分

①植食性昆虫：以活植物的各个部位为食物的昆虫。大多数是农林业害虫，如蝗虫、刺蛾、叶甲等；少数种类对人类有益，如柞蚕，家蚕等。

②肉食性昆虫：以其他动物为食物的昆虫。如瓢虫、螳螂、食虫虻、胡蜂等；寄生在害虫体内的寄生蝇、寄生蜂等；对人类有害的蚊、虱等。

③腐食性昆虫：以动物、植物残体或粪便为食物的昆虫，如蜣螂等。

④杂食性昆虫：既以植物或动物为食，又可腐食，如蜚蠊。

(2)按昆虫所吃食物种类的多少划分

①单食性昆虫：只以一种或近缘种植物为食物的昆虫，如三化螟、落叶松鞘蛾等。

②寡食性昆虫：以一科或几个近缘科的植物为食物的昆虫，如菜粉蝶、马尾松毛虫等。

③多食性昆虫:以多个非近缘科的植物为食物的昆虫,如刺蛾、棉蚜、蓑蛾等。

3. 趋性和假死性

(1)趋性。趋性是指昆虫对外界刺激(如光、温度、湿度和某些化学物质等)所产生的趋向或背向行为活动。趋向活动称为正趋性,背向活动称为负趋性。昆虫的趋性主要有趋光性、趋化性、趋温性、趋湿性等。

①趋光性:是昆虫视觉器官对光线刺激所产生的趋向或背向活动。趋向光源的反应,称为正趋光性;背向光源的反应,称为负趋光性。多数夜间活动的昆虫,对灯光表现为正趋性,特别是对黑光灯的趋性更强。而蜚蠊类昆虫则经常藏身于黑暗的场所,有负趋光性。

②趋化性:是昆虫嗅觉器官对一些化学物质刺激所表现出的反应。其正、负趋化性通常与觅食、求偶、避敌、寻找产卵场所等有关。如一些夜蛾,对糖醋酒混合液发出的气味有正趋性;菜粉蝶喜趋向含有芥子油的十字花科植物上产卵;而菜蛾则不趋向含有香豆素的木樨科植物上产卵,表现为负趋化性。

根据昆虫的趋性可采用杀虫灯诱杀如金龟子、夜蛾等有趋光性的昆虫;利用趋化性设糖醋液来诱杀夜蛾类害虫。

(2)假死性。是指昆虫受到某种刺激或震动时,身体蜷缩,静止不动,或从停留处跌落下来呈假死状态,稍停片刻即恢复正常而离去的现象。如金龟子、象甲、叶甲以及黏虫幼虫等都具有假死性。假死性是昆虫逃避敌害的一种适应,我们可利用害虫的假死性进行人工捕杀、虫情调查等。

4. 群集性和社会性

(1)群集性。是指同种昆虫的大量个体高密度聚集在一起的习性。如小造桥虫初孵幼虫在叶背群集取食,将人参、西洋参等叶片吃成纱网状,2~3 龄后开始分散为害。刺蛾的低龄幼虫、金龟子一些种类的成虫也都有群集为害的特性。

(2)社会性。是指昆虫营群居生活,一个群体中个体有多型现象,有不同分工。如蜜蜂(有蜂王、雄蜂、工蜂);白蚁(有蚁王、蚁后、有翅生殖蚁、兵蚁、工蚁)。

三、药用植物害虫的主要类群

(一)昆虫分类的基本概念

1. 昆虫分类的意义

自然界中昆虫种类很多,人们要识别它们,必须逐一加以命名和描述,并按其亲缘关系的远近,归纳成一个有次序的分类系统,才便于正确地区分它们。同时昆虫分类在生产实践上也有极其重要的意义,例如在益虫利用和害虫防治工作中,对某些有重要经济意义的种类,由于形态、习性等近似,常引起混淆,若忽视了正确的分类鉴别工作,就有可能弄错对象,不能收到预期的效果。在检疫方面,正确鉴定害虫种类并查明其分布区,有助于准确划分疫区和确定对外对内植物检疫对象名单。

2. 昆虫分类的单元及命名法

昆虫的分类单元包括界、门、纲、目、科、属、种,种是分类的基本单位。昆虫分类学家从进化的观点出发,将那些形态特点、地理分布、生物、生态性状等相近的种类集合成属,将近缘属集合成科，将近缘科集合成目，将各目集合成纲，即昆虫纲。在分类等级中，通常还采用一些中间等级。如纲下设亚纲，目下设亚目，科下设亚科等。下面以霜天蛾为例，表示分类等级的顺序：

界：动物界 Animalia

门：节肢动物门 Arthropoda

纲：昆虫纲 Insecta

亚纲：有翅亚纲 Pterygota

目：鳞翅目 Lepidoptera

亚目：异角亚目 Heterocera

总科：蚕蛾总科 Bombycoidea

科：天蛾科 Sphingidae

属：霜天蛾属 *Psilogramma*

种：霜天蛾 *Psilogramma menephron* (Cramer)

按照国际动物命名法规，昆虫的科学名称采用林奈的双名法命名。每一种昆虫的学名均由属名和种名组成，属名在前，第一个字母大写；种名在后，第一个字母小写，这种由双名构成学名的方法称为“双名法”。

（二）药用植物害虫主要目、科介绍

与药用植物关系密切的目有：直翅目、半翅目、脉翅目、缨翅目、同翅目、鞘翅目、鳞翅目、膜翅目、双翅目等。

1. 直翅目(Orthoptera)

体中至大型，口器咀嚼式，触角丝状。有翅或无翅，前翅狭长革质，后翅宽大、膜质透明。后足为跳跃足或前足为开掘足；雌虫多具发达的产卵器。雄虫通常有听器或发音器。不完全变态。多数植食性。药用植物上常见的科有：

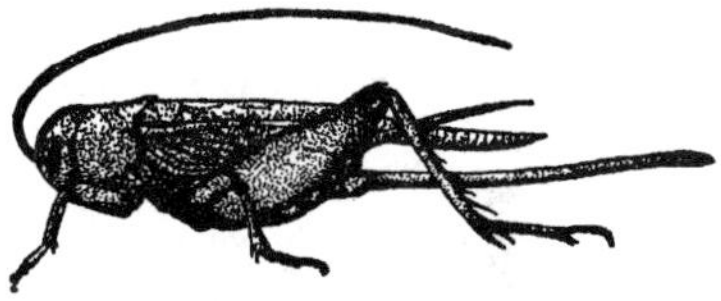

图 3-23　蟋蟀科

(1)蝗科(Locustidae)。俗称蝗虫或蚂蚱。触角丝状或剑状。多数种类有 2 对翅，亦有短翅或无翅种类。跗节 3 节。听器在腹部第一节的两侧。产卵器短锥状。植食性。常见的有短额负蝗、棉蝗等。

(2)蟋蟀科(Gryllidae)。体粗壮，色暗。触角比体长，丝状。听器在前足胫节基部。跗节 3 节。产卵器细长，矛状。尾须长。植食性，为害各种苗木的近地面部分。常见的有大蟋蟀等(图 3-23)。

(3)蝼蛄科(Gryllotalpidae)。触角较体短。前足为典型的开掘足。前翅短，后翅宽并纵卷。听器在前足胫节上。产卵器不外露。植食性。常见的有华北蝼蛄和东方蝼蛄(图 3-24)。

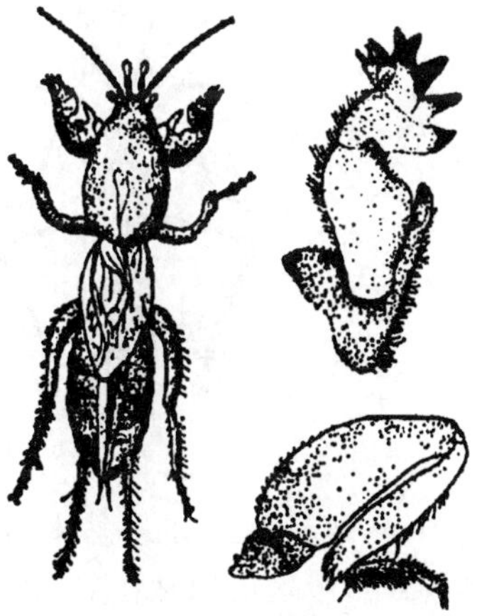

图 3-24　蝼蛄科

2. 半翅目(Hemiptera)

通称椿象，简称蝽。体小至大型。单眼 2 个或无。触

角 3～5 节。口器刺吸式，下唇延长形成分节的喙，喙通常 4 节，从头部的前端伸出。前胸背板大，中胸小盾片发达。前翅为半鞘翅，后翅膜质。多数种类具有臭腺。不完全变态。大多陆生，少数水生。肉食性或植食性(图 3-25)。

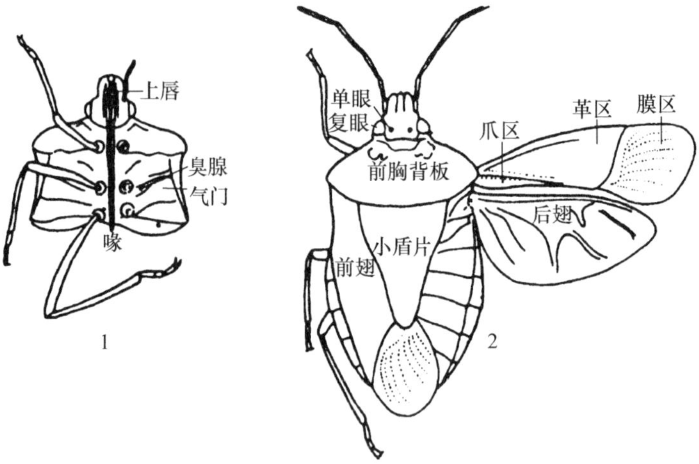

图 3-25　半翅目分类特征

1. 蝽前半段腹面　2. 蝽背面

(1)蝽科(Pentatomidae)。体小至大型。触角 5 节，部分种类 4 节。有单眼。喙 4 节。小盾片发达，三角形，至少超过爪片长度。前翅膜片上一般有 5 条纵脉，多从一条基横脉上分出。跗节 3 节。常见的有斑须蝽、菜蝽等。

(2)缘蝽科(Coreidae)。体中至大型。体狭长至椭圆形。触角 4 节，具单眼，喙 4 节。小盾片不超过爪片长度，膜片上有数条平行脉。有时后足腿节粗大，具瘤状或刺状突起，胫节成叶状或齿状扩展。植食性。常见的有环胫黑缘蝽、瘤缘蝽、点蜂缘蝽等(图 3-26)。

(3)网蝽科(Tingidae)。微小至小型。体长一般 3～4 mm，体扁平。触角 4 节，第 3 节极长。头部、前胸背板及前翅上有网状纹。常见的有梨网蝽、香蕉冠网蝽等(图 3-27)。

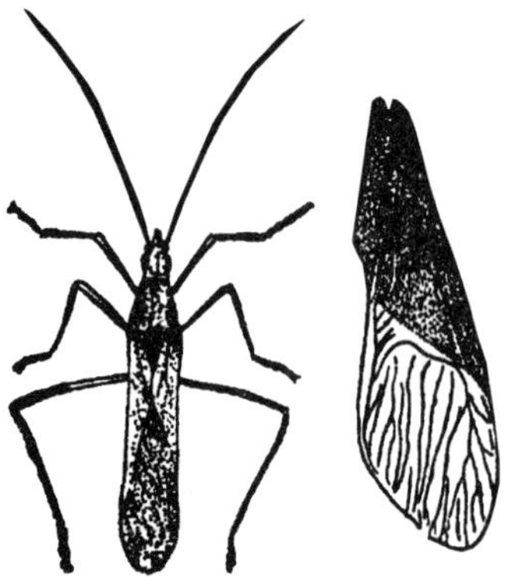

图 3-26　缘蝽科

图 3-27　网蝽科

(4)盲蝽科(Miridae)。体小至中型，略瘦长。无单眼，触角 4 节。前翅革区分为革片、爪片和楔片。膜区由翅脉在基部围成两个翅室，其余翅脉均消失。大多植食性。常见的有绿盲蝽、三点盲蝽等。

3. 脉翅目(Neuroptera)

小至大型,口器咀嚼式。触角丝状、念珠状、梳齿状或棒状。前后翅膜质透明,大小和形状均相似。翅脉多,呈网状,在边缘处多分叉。完全变态。幼虫寡足型,行动活泼。成、幼虫均为捕食性,可捕食蚜虫、蚧壳虫、木虱、粉虱、叶蝉、蛾类幼虫及卵、叶螨等,其中的草蛉、粉蛉是重要的害虫天敌。

(1)草蛉科(Chrysopidae)。体中型,细长柔弱,草绿色、黄白色或黄灰色。复眼有金属光泽,触角长,丝状。翅多无色透明,少数有褐斑。卵有长柄。幼虫纺锤形,上颚长而略弯,无齿。体两侧多有瘤突,丛生刚毛。喜捕食蚜虫,故称"蚜狮"。蛹包在白色圆形茧中。常见种类有大草蛉等(图 3-28)。

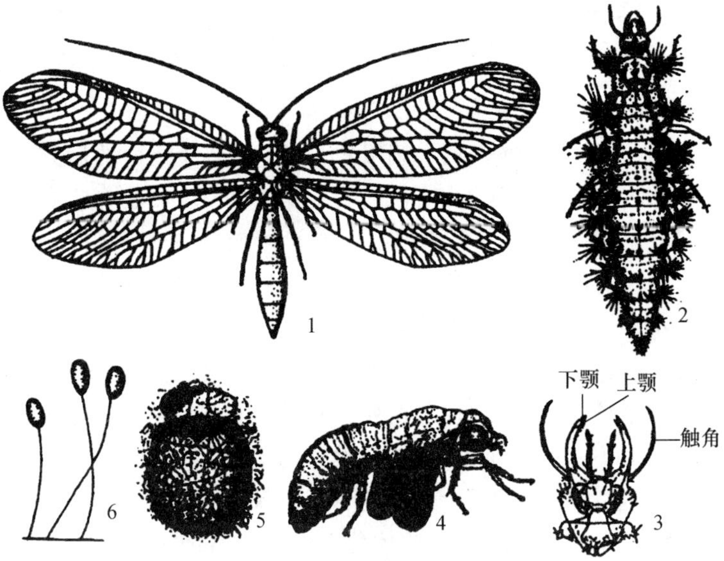

图 3-28　脉翅目主要科代表(草蛉科)

1.成虫　2.幼虫　3.幼虫头部　4.蛹　5.茧　6.卵

(2)粉蛉科(Coniopterygidae)。体小型,体翅被有白色蜡粉,故有粉蛉之称。触角念珠状。前后翅相似,翅脉简单,纵脉至多不超过 10 条,到翅缘不再分叉。卵椭圆形、略扁,有网状花纹,一端有突起的受精孔。幼虫身体扁圆,两端尖削。成虫和幼虫均捕食蚜虫、螨类、蚧壳虫和粉虱等。

4. 缨翅目(Thysanoptera)

通称蓟马。体长一般 0.5～7 mm,体黄褐、苍白或黑色,有的若虫红色。触角 6～9 节。口器锉吸式。翅 2 对,膜质,狭长形而翅脉少,翅缘密生缨毛。足跗节端部生一可突出的端泡,故又称泡脚目。大多植食性。

(1)蓟马科(Thripidae)。触角 6～8 节,末端 1～2 节形成端刺。翅狭长而端部尖锐,前翅常 2 条纵脉,无横脉。雌虫产卵器锯齿状,从侧面观,其尖端向下弯曲。常见的有花蓟马、葱蓟马等(图 3-29)。

(2)管蓟马科(Phlaeothripidae)。体黑色或暗褐色。触角 4～8 节。腹部末节管状,生有较长的刺毛,无产卵器。翅表面光滑无毛,前翅没有翅脉。常见的有中华简管蓟马等(图 3-30)。

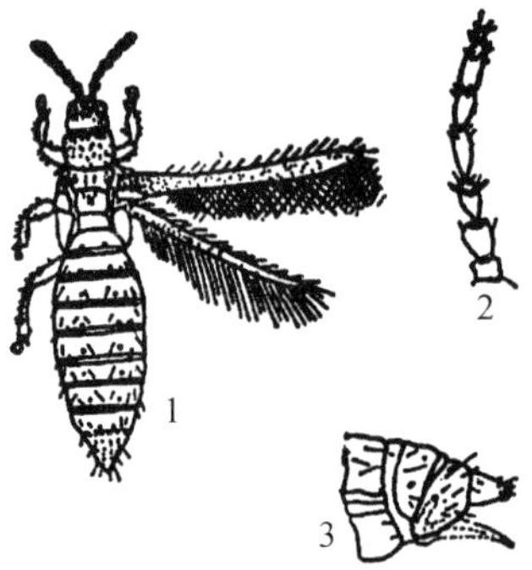

图 3-29 蓟马科

1.全形 2.触角 3.雌虫腹部末端

图 3-30 管蓟马科

1.全形 2.腹管末端

5.同翅目(Homoptera)

体微小至大型。触角刚毛状或丝状。刺吸式口器,从头部腹面的后方伸出。前翅革质或膜质,后翅膜质,静止时平置于体背上呈屋脊状,有的种类无翅,如有些蚜虫和雌性蚧壳虫无翅,雄蚧壳虫后翅退化成平衡棒。不完全变态。两性生殖或孤雌生殖。植食性,刺吸植物汁液,造成生理损伤,并可传播病毒或分泌蜜露引起煤污病。

(1)蝉科(Cicadidae)。体中至大型。触角刚毛状。单眼 3 个,呈三角形排列。翅膜质透明,脉较粗。雄虫具发音器,雌虫具发达的产卵器。成虫与若虫均刺吸植物汁液,若虫在土中为害根部,雌成虫产卵于枝条中,导致枝条枯死。常见的有蚱蝉等。

(2)叶蝉科(Cicadellidae)。体小型,狭长。触角刚毛状。单眼 2 个。后足胫节有 1～2 列短刺。叶蝉善跳,有横走习性。常见的有大青叶蝉、小绿叶蝉等(图 3-31)。

(3)蜡蝉科(Fulgoridae)。体中至大型,体色美丽。额常向前延伸而多少呈象鼻状。触角 3 节,基部两节膨大如球,鞭节刚毛状。常见的有碧蛾蜡蝉、斑衣蜡蝉等(图 3-32)。

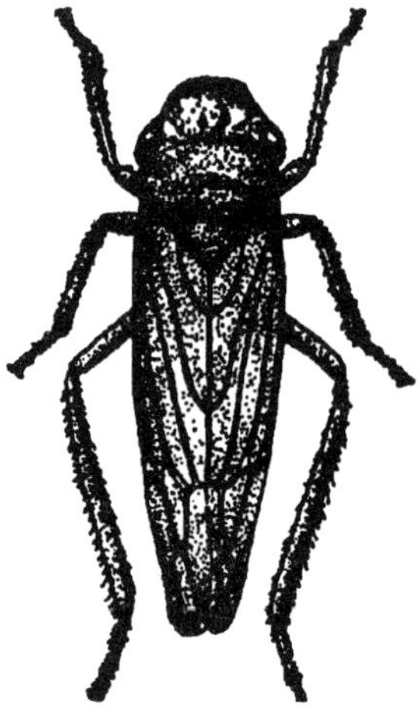

图 3-31 叶蝉科

图 3-32 蜡蝉科

(4)木虱科(Psyllidae)。体小型,似小蝉。触角较长,9～10 节,末端有 2 条不等长的刚毛。单眼 3 个。翅两对,前翅质地较厚。跗节 2 节。若虫椭圆形或长圆形,许多种类被蜡丝。常见的有枸杞木虱、柑橘木虱等(图 3-33)。

(5)粉虱科(Aleyrodidae)。体小型。纤细,体翅均被有蜡粉。前翅 2～3 条纵脉,后翅只有 1 条翅脉,前后翅相似,后翅较小。常见的有黑刺粉虱、柑橘粉虱、温室白粉虱等(图 3-34)。

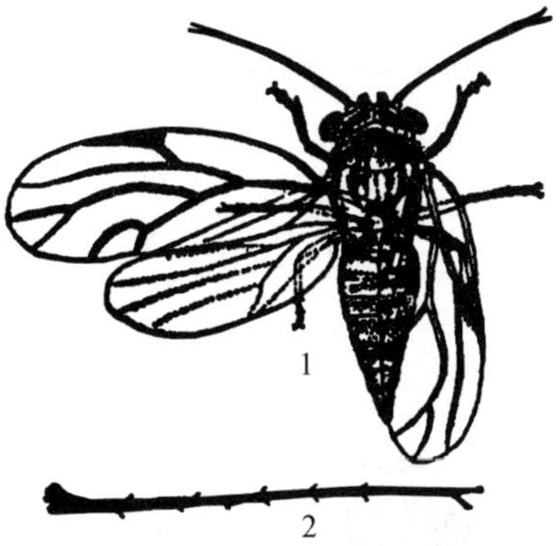

图 3-33　木虱科

1. 成虫　2. 触角

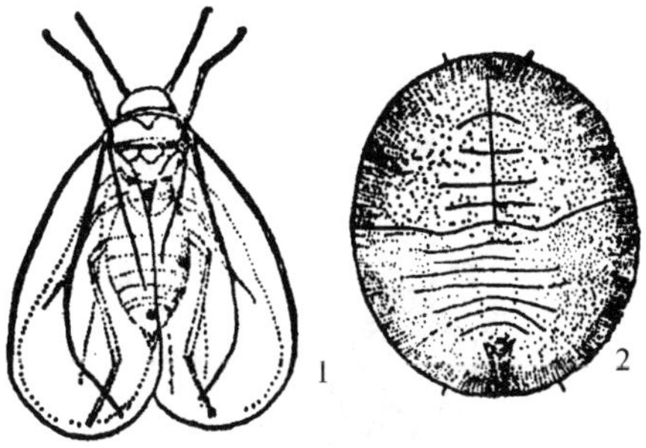

图 3-34　粉虱科

1. 成虫　2. 蛹壳

(6)蚜科(Aphididea)。小型多态昆虫,体色差异较大,有绿、黄、黑、红等颜色。同种有无翅和有翅型。触角丝状。前翅比后翅大,前翅有翅痣。成虫腹部第 6 节或 7 节背面两侧生有腹管,腹末有突起的尾片(图 3-35)。常见的有红花指管蚜、菊小长管蚜等。

(7)蚧总科(Coccoidea)。通称蚧壳虫。形态奇特,雌雄异型(图 3-36),雌虫无翅,口器发达,喙短,1～3 节,多为 1 节,口针很长。触角、复眼和足通常消失。体壁上常被蜡粉或蜡块,或有特殊的蚧壳保护。雄虫体长形,有 1 对薄的膜质前翅,后翅退化成平衡棒。触角长,念珠状。口器退化。寿命短。卵圆球形或卵圆形,产在雌虫体腹面、蚧壳下或体后的蜡质袋内。常见的有吹绵蚧、柿绒蚧等。

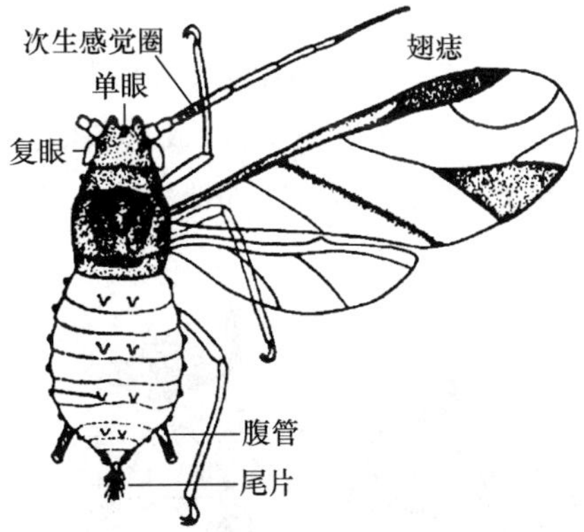

图 3-35　蚜科

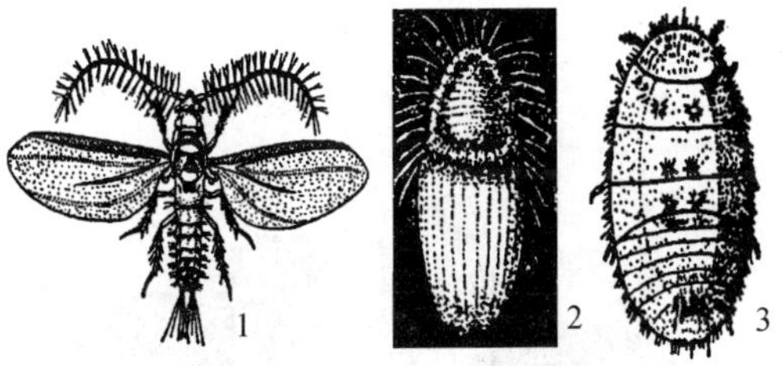

图 3-36　蚧总科

1. 雄虫　2. 孕卵的雌虫　3. 除去蜡层的雌虫

6. 鞘翅目(Coleoptera)

通称甲虫,是昆虫纲中最大的一目。成虫体微小至大型,体壁坚硬。前翅坚硬、角质,为鞘翅,后翅膜质。复眼发达,一般无单眼。触角一般 11 节,形状多样。口器咀嚼式。完全变态。幼虫寡足型或无足型,口器咀嚼式。植食性、肉食性、腐食性、粪食性等。

(1)叩头甲科(Elateridae)。通称叩头虫,是小至大型的昆虫。前胸很发达,前胸背板后缘两侧突出呈锐刺;前胸与鞘翅相接处明显凹陷;前胸腹板具有向后延伸的刺状突,插入中胸腹板的凹沟内,能作有力的叩头状活动。幼虫身体光滑、坚硬,大多呈黄色,在地下取食植物根茎,通称金针虫,是重要的地下害虫(图 3-37)。

(2)吉丁甲科(Buprestidae)。体形与叩头甲相似,但前胸背板后侧角不向后突出,前胸与鞘翅相接处不凹陷,前胸腹板突扁平状,嵌入中胸腹板,不能活动。多数种类具美丽的金属光泽,身体流线形。触角锯齿状。幼虫俗称"串皮虫",体细长,前胸常扁平而膨大,无足,腹部柔软,在树木的形成层中串成曲折的隧道,取食为害,如金缘吉丁虫(图 3-38)。

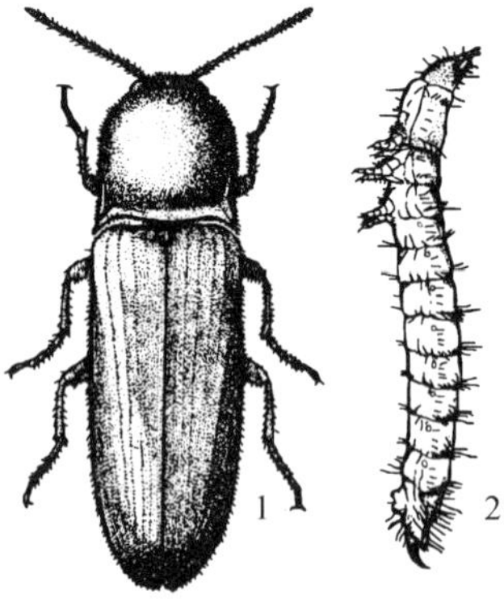

图 3-37 叩头甲科

1. 成虫 2. 幼虫

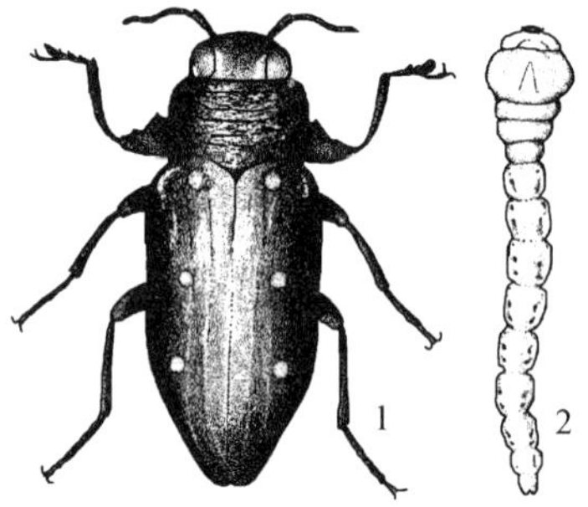

图 3-38 吉丁甲科

1. 成虫 2. 幼虫

(3)金龟总科(Scarabaeoidea)。通称金龟子。体粗壮。触角鳃片状,末端 3~8 节呈叶片状。幼虫寡足型,体呈"C"形弯曲,俗称蛴螬。多数种类植食性,取食植物的叶、花、果等部位,幼虫取食植物幼苗的根、茎。常见的有华北大黑鳃金龟、暗黑鳃金龟,铜绿丽金龟等(图 3-39)。

(4)瓢甲科(Coccinellidae)。体呈半球形或椭圆形,腹面扁平,背面拱起,形似瓢而得名。头小,后部隐藏于前胸背板之下。触角锤状。跗节"似为 3 节"。多数肉食性,成虫和幼虫都捕食蚜虫、蚧壳虫、粉虱、螨类等害虫。如澳洲瓢虫、七星瓢虫。少数植食性,如茄二十八星瓢虫、五味子瓢虫等(图 3-40)。

图 3-39 金龟总科

1. 成虫 2. 幼虫

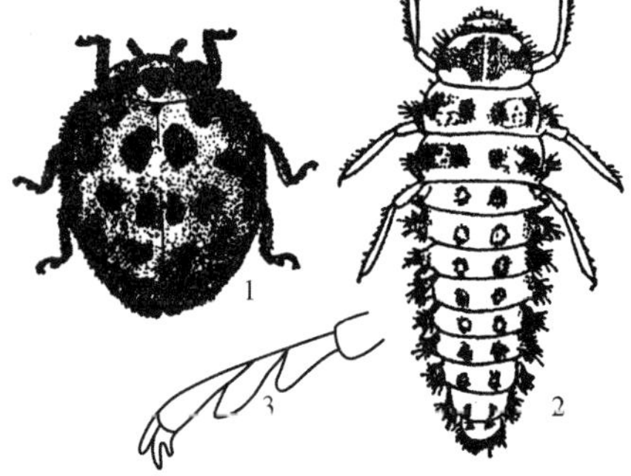

图 3-40 瓢甲科

1. 成虫 2. 幼虫 3. "似为 3 节"的跗节

(5)象甲科(Curculionidae)。通称象鼻虫。小至大型。头部前方延长呈象鼻状。触角膝状,末端膨大为锤状。幼虫无足型。成虫和幼虫均为植食性。常见的有大灰象等(图 3-41)。

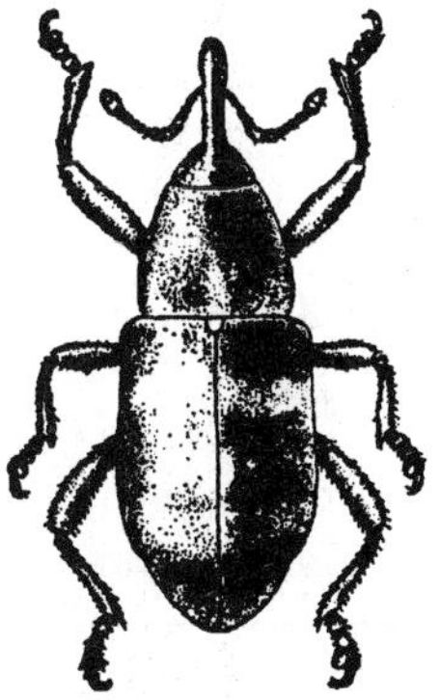
图 3-41 象甲科

(6)叶甲科(Chrysomelidae)。体小至中型,成虫常具有金属光泽。触角丝状,一般短于体长之半,不着生在额的突起上。复眼圆形,不环绕触角。幼虫肥壮,具 3 对胸足。植食性。如核桃扁叶甲等(图 3-42)。

(7)天牛科(Cerambycidae)。体长圆筒形。触角长,常超过体长。复眼环绕触角基部,呈肾形。幼虫体肥胖,无足。主要以幼虫进行为害,钻蛀树干、树根或树枝,为重要的蛀干害虫。常见的有星天牛、桑天牛等(图 3-43)。

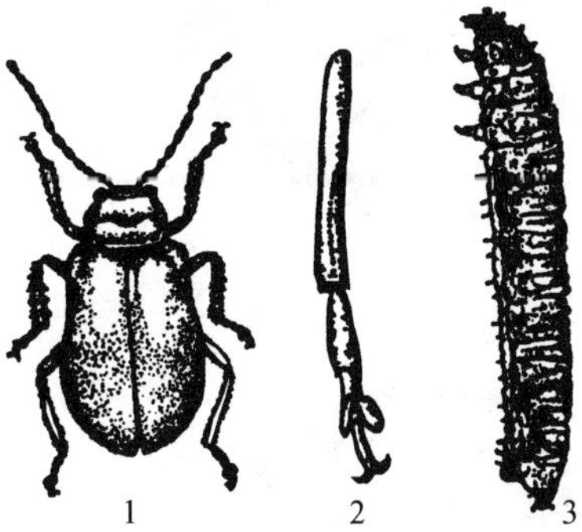

图 3-42 叶甲科

1.成虫 2.胫节和跗节 3.幼虫

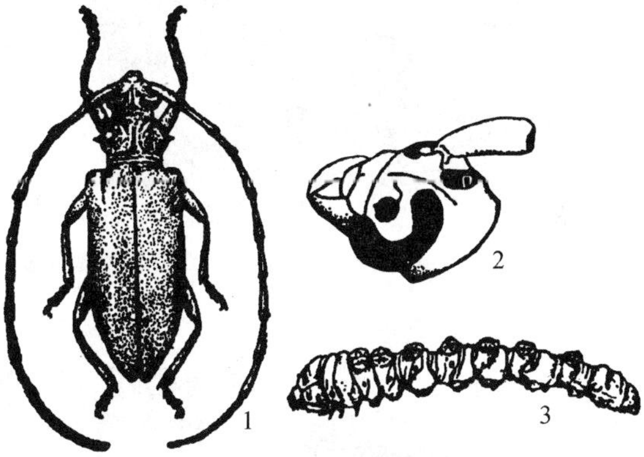

图 3-43 天牛科

1.成虫 2.头部 3.幼虫

7. 鳞翅目(Lepidoptera)

鳞翅目包括蝶类和蛾类(表 3-3)。全世界已知约 20 万种,是昆虫纲中第二大目。体小至大型,触角细长,丝状、栉齿状、羽毛状或球杆状等。口器虹吸式。翅膜质,翅面上覆盖有鳞片,故称为鳞翅。前翅上的鳞片组成一定的斑纹,分线和斑两类,线根据在翅面上的位置由基部向端部顺次称为基横线、内横线、中横线、外横线、亚缘线、缘线;斑按形状分为环状纹、肾状纹、楔状纹、剑状纹(图 3-44),后翅常有新月纹。完全变态,幼虫为多足型,除 3 对胸足外,一般有腹足 5 对,但腹足的对数常有不同的变化。幼虫体上常有斑线和毛,纵线以所在位置称背中线、亚背线、气门上线、气门线、气门下线、基线、侧腹线和腹线(图 3-45)。蛹为被蛹。成虫除少数种类外,一般不为害,但幼虫口器为咀嚼式,绝大多数为植食性,可取食植物的叶、花、芽,或钻蛀植物茎、根、果实,或卷叶、潜叶为害。

(1)木蠹蛾科(Cossidae)。体中至大型,体肥大,翅多灰色,常有黑色斑纹。喙退化。幼虫粗壮,多为红色或黄白色,钻蛀多种木本植物。如芳香木蠹蛾、咖啡木蠹蛾等。

(2)螟蛾科(Pyralidae)。成虫小形至中等大小,身体细长,脆弱,腹部末端尖削。有单眼,触角细长,下唇须伸出很长,如同鸟喙。足通常细长。前翅狭长三角形,后翅有发达的臀区,臀脉 3 条。幼虫体无次生毛,多钻蛀或卷叶为害。如玉米螟、紫苏野螟等。

表 3-3 蝶类与蛾类的区别

名称	蝶类	蛾类
触角	锤状、球杆状	丝状、羽毛状等
翅形	大多数宽大	大多数狭小
腹部	瘦长	粗壮
停栖时翅位	四翅竖立于背	四翅平展呈屋脊状
成虫活动时间	白天	晚上

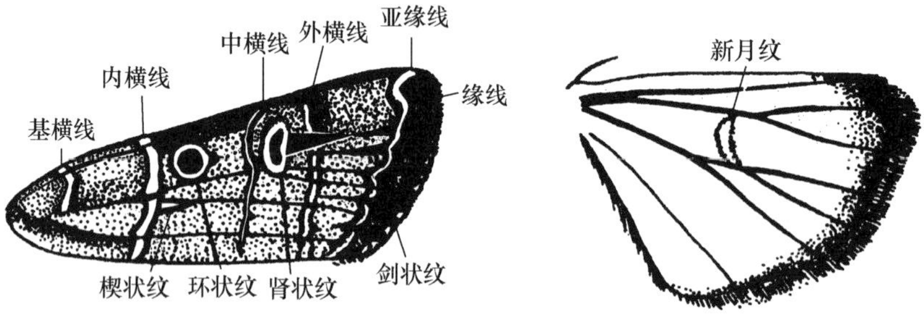

图 3-44 鳞翅目翅的斑纹(小地老虎)

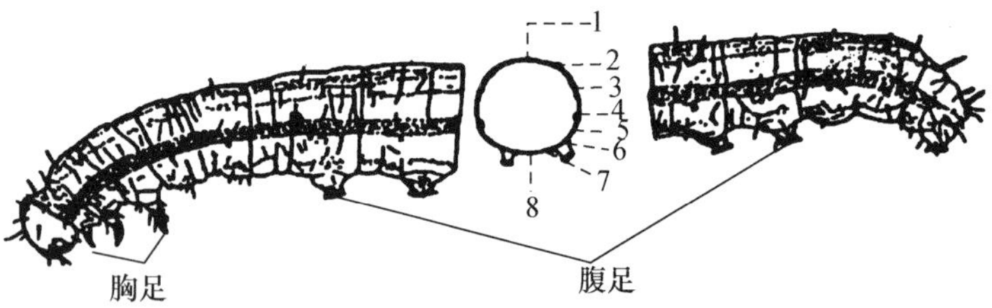

图 3-45 鳞翅目幼虫胴部的线纹

1.背线 2.亚背线 3.气门上线 4.气门线 5.气门下线 6.基线 7.腹侧线 8.腹线

(3)蓑蛾科(Psychidae)。雌雄异型,雄蛾具翅,翅上稀被毛和鳞片。触角双栉齿状。雌蛾无翅,触角、口器和足退化。幼虫胸足发达,幼虫吐丝缀叶,造囊袋隐居其中,取食时头胸伸出袋外。如大袋蛾、小袋蛾等(图 3-46)。

(4)尺蛾科(Geometridae)。又名尺蠖科。体细长。翅大而薄,前后翅颜色相似并常有波纹相连。幼虫只有 2 对腹足,行走时明显拱腰造桥,故幼虫也称造桥虫、步曲。常见的有油茶尺蛾、金银花尺蛾等(图 3-47)。

图 3-46 蓑蛾科

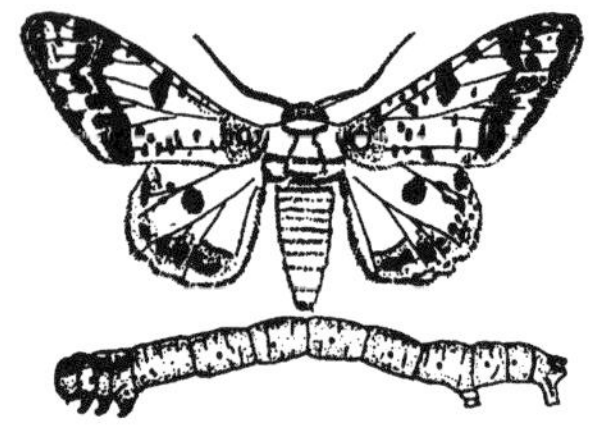

图 3-47 尺蛾科

(5)刺蛾科(Limacodidae)。中型蛾子,体粗壮多毛。喙退化。触角线状,雄蛾为栉齿状。翅宽而密被厚鳞片,多呈黄、褐色或绿色。幼虫蛞蝓型。头内缩,胸足退化,腹足吸盘状。体常被有毒枝刺或毛簇。化蛹在光滑而坚硬的茧内。如黄刺蛾、扁刺蛾等。

(6)潜蛾科(Lyonetiidae)。体小型,前翅狭细,翅展约 10 mm,有光泽;后翅线形,缘毛长,中室消失。幼虫多潜入叶片上下表皮间的叶肉组织内,把叶片吃成弯曲的细隧道,使叶片破碎脱落。幼虫老熟后由潜痕内钻出,在叶片或枝干上作茧化蛹。常见的有银纹潜叶蛾、旋纹潜叶蛾。

(7)天蛾科(Sphingidae)。大型蛾类,体粗壮呈梭形。触角末端弯曲成钩状。喙发达。前翅狭,外缘倾斜,后翅小。幼虫肥大,第 8 腹节背中央有一尾角。常见的有鬼脸天蛾、红天蛾等。

(8)毒蛾科(Lymantriidae)。中型蛾类。无单眼。喙退化。触角栉齿状或羽状。休止时,多毛的前足向前伸出。有的种类雌蛾无翅。幼虫被浓密长毛,并经常成毛丛或毛刷,第 6、7 腹节背面中央各有 1 个翻缩腺。常见的有茸毒蛾、乌桕黄毒蛾等。

(9)夜蛾科(Noctuidae)。体中至大型,翅多暗色,喙发达。前翅狭长,有横带和斑纹,后翅三角形,多白或灰白色。幼虫体粗壮。光滑少毛,颜色较深。常见的有小地老虎、斜纹夜蛾等(图 3-48)。

(10)透翅蛾科(Aegeriidae)。体中型,狭长,似蜂状,白天活动。触角棍棒状,末端有毛。翅狭长,除边缘及翅脉上外,大部分透明,无鳞片。足细长,有距。幼虫蛀食树干、树枝或树根。如栝楼透翅蛾等(图 3-49)。

图 3-48　夜蛾科

图 3-49　透翅蛾科

(11)凤蝶科(Papilionidae)。中至大型,颜色鲜艳。后翅外缘呈波状,臀角常有尾突。幼虫的后胸显著隆起,前胸背中央有一臭丫腺,受惊时翻出体外。如马兜铃凤蝶、玉带凤蝶等(图 3-50)。

(12)蛱蝶科(Nymphalidae)。中到大型,翅上斑纹鲜艳,但由于种类众多,因而在翅形、色彩及斑纹的变化也特别多。前足退化,触角端部特别膨大。前翅中室闭式,后翅中室开式。以幼虫食叶为主。如紫闪蛱蝶、地黄拟豹纹蛱蝶等(图 3-50)。

图 3-50　鳞翅目蝶亚目重要科代表

1. 粉蝶科　2. 凤蝶科　3. 蛱蝶科

(13)粉蝶科(Pieridae)。体中型,黄色或白色,并带有黑色或红色斑纹。前翅三角形,后翅卵圆形。触角锤状。幼虫多为黄色或绿色,圆筒形,表面有许多短毛或小瘤突。如菜粉蝶、云斑粉蝶等(图 3-50)。

8. 膜翅目(Hymenoptera)

通称蜂、蚁。体微小至大型。触角丝状、膝状等。口器咀嚼式或嚼吸式。翅 2 对,膜质,翅脉少。跗节 5 节,有的足特化为携粉足。雌虫产卵器发达,高等种类形成针状构造。完全变态。幼虫多足型、寡足型和无足型等。蛹为离蛹。肉食性、寄生性或植食性。

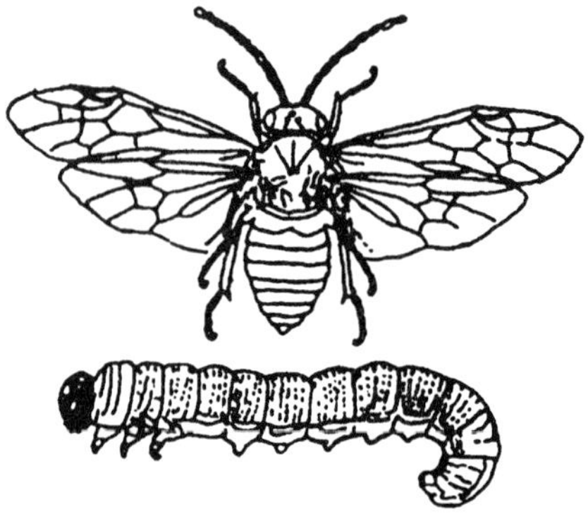

图 3-51 叶蜂科

(1)叶蜂科(Tenthredinidae)。体小至中型,较粗壮如蜜蜂。头阔,复眼大,触角丝状或棒状。翅大。前足胫节有 2 个端距。产卵器扁、锯状,产卵时用以锯开植物组织,故亦称叶蜂为"锯蜂"。植食性。常见的有樟叶蜂、山药叶蜂等(图 3-51)。

(2)姬蜂科(Ichneumonidae)。体中小型,细长。触角线形,15 节以上。前翅第 2 列翅室的中间一个特别小,多角形,称为"小室",有回脉两条。寄生于鳞翅目昆虫。如刺蛾紫姬蜂等(图 3-52)。

(3)茧蜂科(Braconidae)。体小型至微小型,特征与姬蜂相似,其区别是:没有第二回脉,"小室"多数无或不明显。以幼虫寄生于同翅目、鳞翅目或鞘翅目昆虫。如蚜茧蜂、松毛虫绒茧蜂等(图 3-52)。

(4)小蜂科(Chalcididae)。体小型,头横阔,复眼大。触角多为膝状,翅脉简单,后足腿节膨大。寄生于鳞翅目、鞘翅目、双翅目昆虫的幼虫和蛹。如广大腿小蜂、丽蚜小蜂等(图 3-52)。

(5)纹翅小蜂科(赤眼蜂科)(Trichogrammatidae)。体微小,复眼多为红色,触角膝状。翅宽,具长的缘毛,翅面上的微毛呈带状排列。寄生于多种昆虫的卵内。如舟蛾赤眼蜂、玉米螟赤眼蜂等(图 3-52)。

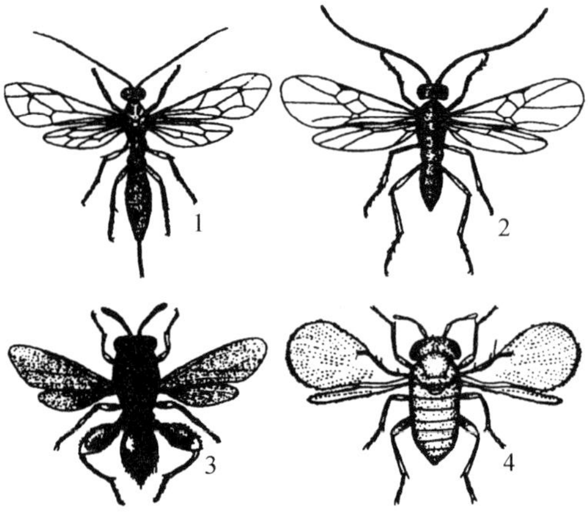

图 3-52 膜翅目重要科代表

1.姬蜂科 2.茧蜂科 3.小蜂科 4.赤眼蜂科

9. 双翅目(Diptera)

通称蚊、蝇、虻。微小型至大型。触角线状、具芒状或环毛状等。口器刺吸式、刮吸式或舐吸式等。仅生1对前翅，膜质，后翅退化成平衡棒。幼虫无足型，一般头小且内缩。围蛹(蝇)或被蛹(蚊)。完全变态。食性复杂，植食性、腐食性、捕食性或寄生性等。

(1)瘿蚊科(Cecidomyiidea)。外形似蚊，身体纤弱，有细长的足。触角念珠状，10～36节，每节生有长毛。前翅阔，上生毛和鳞片，翅脉简单，仅有3～5条纵脉，很少横脉。幼虫取食花、果、茎等，能形成虫瘿。如菊花瘿蚊、柑橘花蕾蛆等(图3-53)。

(2)花蝇科(种蝇科)(Anthomyiidea)。体中小型，体细长多毛，黑色、灰色或黄色。中胸背板有1条完整的盾间沟划分为前后两块。腋瓣大，翅脉直达翅缘，M_1脉不向上弯曲。幼虫为地下害虫，称为地蛆。如种蝇等(图3-53)。

(3)潜蝇科(Agromyzidea)。小型至微小型，翅前缘中部有一个折断处，中脉间有2个闭室，其后面无臀室。幼虫潜叶为害。如美洲斑潜蝇(图3-53)。

(4)食蚜蝇科(Syrphidea)。体中型，外形似蜂，体上常有黄、黑相间斑纹。触角具芒状，前翅中央有1条两端游离的"伪脉"，外缘有1条与边缘平行的横脉。幼虫捕食蚜虫、蚧壳虫、粉虱、叶蝉等。如大灰食蚜蝇、斜斑鼓额食蚜蝇等(图3-53)。

(5)寄蝇科(Tachinidea)。小至中型，外形似家蝇，体多毛，暗灰色，有褐色斑纹。触角芒光裸。胸部在小盾片下方有呈垫状隆起的后小盾片。M脉第1支极度向前弯曲。幼虫多寄生于鳞翅目幼虫及蛹内。如松毛虫狭颊寄蝇、毛虫追寄蝇(图3-53)。

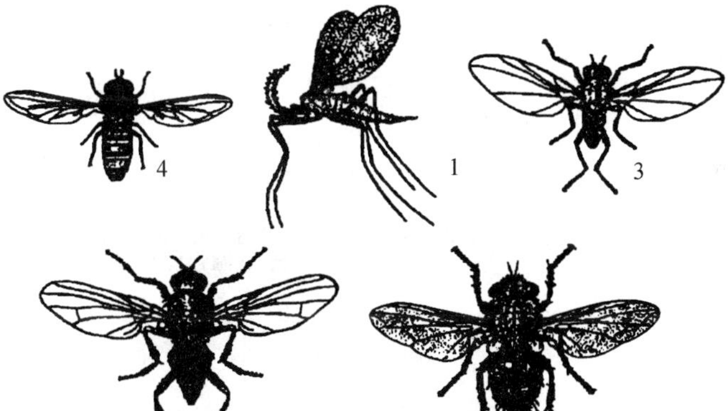

图3-53　双翅目重要科代表

1.瘿蚊科　2.花蝇科　3.潜蝇科　4.食蚜蝇科　5.寄蝇科

四、昆虫的发生与环境条件的关系

昆虫的发生除与本身的生物特性有关外，与环境条件也有密切关系。影响昆虫种群数量的环境因素主要有气候因素、土壤因素、生物因素和人为因素等。

(一)气候因素

气候因素与昆虫的生命活动关系非常密切。气候因素包括温度、湿度、光照和风等，其中以温度和湿度对昆虫的影响最大。

1. 温度对昆虫生长发育的影响

昆虫是变温动物，体温随环境温度的高低而变化，体温的变化可直接加速或抑制代谢过程。因此，昆虫的生命活动直接受外界温度的支配。

(1)昆虫对温度的一般反应。任何一种昆虫的生长发育、繁殖等生命活动，都要求一定的温度范围，这一温度范围称适宜温区(或有效温区)。不同昆虫适宜温区不同，根据昆虫对温度的适应范围，可分为 5 个温区(表 3-4)。

表 3-4　昆虫对温度的适应范围

温度/°C	温区		昆虫对温度的反应
60 50	致死高温区		部分蛋白质凝固，酶系统遭破坏，短时间造成死亡
40	停育高温区		死亡取决于高温强度和持续时间
30	最高有效温度 高适温区	适宜温区 (有效温区)	随温度升高，发育速度减慢
20	最适温区		死亡率最小，繁殖力最强，发育速度最快
10	低适温区 最低有效温度		发育速度较慢，繁殖力较低，或不能繁殖
0 −10	停育低温区		代谢过程很慢，引起生理功能失调，死亡取决于低温强度和持续时间
−20 −30 −40	致死低温区		原生质结冰，组织破坏死亡

(2)昆虫生长发育的积温法则。昆虫和其他生物一样，在其生长发育过程中，完成一定的发育阶段(1 个虫期或 1 个世代)需要一定的温度积累，亦即发育所需时间与该时间的温度乘积理论上应为一常数。即

$$K = NT$$

式中，K 为积温常数，N 为发育日数，T 为温度。

由于昆虫必须在发育起点温度以上才能开始发育，因此，式中的温度(T)应减去发育起点温度(C)，即

$$K = N(T - C) \quad \text{或} \quad N = \frac{K}{T - C}$$

昆虫完成某一个发育阶段所需时间的倒数也称发育速率(V)。即 $V = 1/N$,代入上式,则得:

$$T = C + KV$$

这个说明温度与发育速度关系的法则,称积温法则。积温的单位常以日度表示。有效积温对于了解昆虫的发育规律、害虫的预测预报和利用天敌开展防治工作具有重要意义:

①推算昆虫发育起点温度和有效积温数值。发育起点 C 可以由试验求得:将一种昆虫或某一虫期置于两种不同温度条件下饲养,观察其发育所需时间,设 2 个温度分别为 T_1 和 T_2,完成发育所需时间为 N_1 和 N_2,根据 $K = N(T - C)$,产生联立式:

第一种温度条件下:$K = N_1(T_1 - C)$ ………………………………………………… a

第二种温度条件下:$K = N_2(T_2 - C)$ ………………………………………………… b

因为 $a = b = K$　得 $N_1(T_1 - C) = N_2(T_2 - C)$

$$C = \frac{N_2 T_2 - N_1 T_1}{N_2 - N_1}$$

将计算所得 C 值代入原式即可求得 K。

②估测某昆虫在某一地区可能发生的世代数。知道了一种昆虫完成 1 个世代的有效积温(K),再利用某地区常年温度的记录,统计出 1 年内此地对该虫的有效积温总和(K_1),便可推算出这种昆虫在该地区每年可能发生的世代数。

$$\text{世代数} = \frac{\text{某地 1 年的总有效发育积温总和(日度)}}{\text{某虫完成 1 代所需的有效积温(日度)}} = \frac{K_1}{K}$$

③预测害虫发生期。知道了一种害虫或 1 个虫期的有效积温与发育起点温度后,便可根据公式 $N = \frac{K}{T - C}$ 进行发生期预测。

④控制昆虫发育进度。人工繁殖寄生蜂防治害虫时,按释放日期的需要,可根据公式 $T = \frac{K}{N} + C$ 计算出室内饲养寄生蜂所需要的温度,通过调节温度来控制寄生蜂的发育速度,在合适的日期释放出去。

⑤预测害虫在地理上分布的界限。如果当地全年有效总积温不能满足某种昆虫完成 1 个世代所需总积温,此地就不能发生这种昆虫。只有全年有效积温之和大于昆虫完成 1 个世代所需的总积温的地区,这种昆虫才能发生。

2. 湿度对昆虫的影响

昆虫对湿度的要求因种类、发育阶段和生活方式不同而有差异。最适范围一般在相对湿度 70%～90%,湿度过高或过低都会延缓昆虫的发育,甚至造成死亡。如松干蚧的卵在相对湿度 89%时孵化率为 99.3%;36%以下绝大多数卵不能孵化;而相对湿度 100%时卵虽能孵化,但若虫不能钻出卵囊而死亡。但一些刺吸式口器害虫如蚧壳虫、蚜虫、叶蝉及叶螨等对大气湿度变化并不敏感,即使大气非常干燥,也不会影响它们对水分的要求,如天气干旱时寄主汁液浓度增大，提高了营养成分浓度，有利于害虫繁殖，所以这类害虫往往在干旱时为害严重。

降雨不仅影响环境湿度，也直接影响害虫发生的数量，其作用大小常因降雨时间、次数和强度而定。春季雨后有助于一些在土壤中以幼虫或蛹越冬的昆虫顺利出土；而暴雨则对一些害虫如蚜虫、初孵蚧壳虫以及叶螨等有很大的冲刷致死作用，从而大大降低虫口密度；阴雨连绵不但影响一些食叶害虫的取食活动，且易造成致病微生物的流行。

3. 光对昆虫的影响

昆虫的生命活动和行为与光的性质、光强度和光周期有密切的关系。

(1)昆虫对光的性质和光强度的反应。光是一种电磁波，因波长不同显示出不同的性质。昆虫辨别不同波长光的能力和人的视觉不同，人眼可见的波长为 400～800 nm，昆虫的视觉能感受 250～700 nm 的光，但多偏于短波光，许多夜出性昆虫对 330～400 nm 的紫外光有强趋性，因此，在测报和灯光诱杀方面常用黑光灯(波长 365 nm)。还有些蚜虫对 550～600 nm 黄色光有反应，利用“黄色粘板”可以诱杀蚜虫。

光强度主要影响昆虫的活动和行为。昆虫在一天中的活动，明显地受着日夜交替的支配，首先表现出日出性、夜出性的行为。如菜粉蝶等多种蝶类和双翅目中的蝇类都喜欢在白天活动；小地老虎、斜纹夜蛾等夜蛾科成虫多在夜间活动，处于黑夜中的灯光便成了它们的定向活动目标，因而表现出对光的趋向。还有一些种类如棕色金龟子喜欢黄昏时飞翔活动。昆虫这种习性的形成，是它们对光强度长期适应的结果。

(2)昆虫对光周期的反应。光周期是指昼夜交替时间在 1 年中的周期性变化，对昆虫的生活起着一种信息作用。许多昆虫对光周期的年变化反应非常明显，表现于昆虫的年生活史、滞育特性、世代交替以及蚜虫的季节性多型现象。

光照时间及其周期性变化是引起昆虫滞育的重要因素，季节周期性影响着昆虫的年生活史的循环。昆虫滞育受到温度和食料条件的影响，主要是光照时间起信息的作用。已证明近百种昆虫的滞育与光周期变化有关。

4. 风对昆虫的影响

风对环境的温湿度有影响，可以降低气温和湿度，但风对昆虫的影响主要是昆虫的活动，特别是昆虫的扩散和迁移受风影响较大，风的强度、速度和方向，直接影响昆虫扩散和迁移的频度、方向和范围。有资料表明，许多昆虫能借风力传播到很远的地方，如蚜虫可借风力迁移 1 200～1 440 km 的距离。

(二)土壤因素

土壤是昆虫的一个特殊生活环境，很多昆虫的生活都与土壤有密切的关系。如蝼蛄、蛴螬、地老虎、金针虫等地下害虫，有些昆虫终生在土壤中生活，有些昆虫大部分虫态是在土中渡过的。

土壤的理化性状，如温度、湿度、机械组成、有机质成分和含量以及酸碱度等，直接影响在土中生活昆虫的生命活动。一些地下害虫往往随土壤温度变化而上下移动，以栖息于适温土层。秋天土温下降时，土内昆虫向下移动；春天土温上升时，则向上移动到适温的表土层；夏季土温较高时，又潜入较深的土层中。在 1 昼夜之间也有其一定的活动规律，如蛴螬、小地老虎夏季多于夜间或清晨上升到土表为害，中午则下降到土壤下层。生活在土中的昆虫，大多对湿度要求较高，当湿度低时会因失水而影响其生命活动。

总之，各种与土壤有关的害虫及其天敌，各有其最适于栖息的土壤环境条件。人们掌握了这些昆虫的生活习性之后，可以通过土壤垦复、施肥、灌溉等各种措施，改变土壤条件，达到控制害虫的目的。

(三)生物因素

生物因素包括食物、捕食性和寄生性天敌、各种病原微生物等。

1. 食物因子

昆虫种类繁多，不同种类昆虫食性不同。食物直接影响昆虫的生长、发育、繁殖和寿命等。如果食物数量足，质量高，昆虫生长发育快，自然死亡率低，生殖力高，相反则生长慢，发育和生殖均受到抑制，甚至因饥饿引起昆虫个体大量死亡。一些昆虫成虫期有取食补充营养的特点，如果得不到营养补充，则产卵甚少或不产卵，寿命亦缩短。

2. 昆虫的天敌

昆虫在生长发育过程中，由于被其他生物寄生或捕食而死亡，这些生物称为昆虫的天敌。天敌是影响害虫种群数量的一个重要因素。天敌种类很多，大致有以下几类。

(1)病原生物。主要包括病毒、细菌、真菌等。这些病原生物常会引起昆虫感病而大量死亡。

(2)捕食性天敌昆虫。该类天敌昆虫种类很多，常见的有螳螂、猎蝽、草蛉、瓢虫、食虫虻、食蚜蝇等。这些捕食性天敌可大量捕食害虫，在害虫控制中具有重要的作用。例如，引进澳洲瓢虫防治吹绵蚧，应用七星瓢虫防治棉蚜等。

(3)寄生性天敌昆虫。主要有膜翅目的寄生蜂和双翅目的寄生蝇。例如，应用松毛虫赤眼蜂防治马尾松毛虫。

(4)其他有益动物。在自然界中有不少蜘蛛、鸟类、青蛙和线虫都可用来防治害虫。

(四)人为活动的影响

人类的活动对昆虫的繁殖、活动和分布影响很大。归纳起来表现在4个方面。

1. 改变一个地区的生态系统

人类从事药用植物栽培管理中的农事操作如改变耕作制度、引进推广新品种等，可引起当地生态系统的改变和其中昆虫种群的兴衰。

2. 改变一个地区的昆虫种类组成

人类频繁地调引种苗，扩大了害虫的地理分布范围；相反，有目的地引进和利用益虫，又可抑制某种害虫的发生和为害，并改变一个地区昆虫的组成和数量。如引进澳洲瓢虫，成功地控制了吹绵蚧的为害。

3. 改变害虫和天敌生长发育和繁殖的环境条件

人类通过中耕除草、灌溉施肥、整枝、修剪等农业措施，可增强植物的生长势，使之不利于害虫而有利于天敌的发生。

4. 直接杀灭害虫

采用农业防治、生物防治、物理机械防治及药物防治等综合防治措施，可直接消灭大量害虫，以保障药用植物的正常生长发育。

学习情境一

地下害虫的识别与防治

知识目标

• 掌握地下害虫的种类、为害特点、害虫的形态特征及主要生活习性。

技能目标

• 能根据害虫的形态特征及为害特点准确判断害虫的种类、并结合查阅资料制定合理的防治方案。

学习任务

• 根据害虫的为害特点或害虫的形态特征，确定害虫种类，并制定地下害虫的综合防治方案。

地下害虫指主要生活在土壤中，为害药用植物地下部分或近地面部分的一类害虫。药用植物的地下部分，不仅是植物吸收水分和养分的主要器官，而且近70%的中药材是以地下部分(根、根茎或根皮)入药的，地下害虫的为害不仅影响着药用植物的生长发育，对中药材的产量和品质的影响也很大，因此，抓好药用植物地下害虫的防治至关重要。

药用植物地下部分的害虫主要包括蝼蛄、蛴螬、金针虫、地老虎、种蝇、拟地甲、象甲等。这些害虫主要为害人参、丹参、玄参、乌头、贝母、黄连、麦冬、天南星、白芍、桔梗、白术、紫菀、元胡、太子参、白芷等的根及根茎，也能为害穿心莲、菊花、荆芥、绞股蓝、薄荷、款冬花、牛蒡等药用植物的幼苗。

一、蝼蛄类

蝼蛄属直翅目蝼蛄科，俗称拉拉蛄。全世界约40种；我国记载有6种，其中分布广泛、为害严重的有华北蝼蛄和东方蝼蛄(图3-54)。

蝼蛄是最活跃的地下害虫，食性杂，以成虫、若虫咬食地下刚播下的种子，也咬幼根和嫩茎，造成缺苗断垄。蝼蛄还用口器和前足将植物在地下的根茎撕咬成乱麻状，使幼苗萎蔫而死。蝼蛄也善于在行垄间穿凿隧道，致使幼苗与土壤分离，引起一行行或一段段枯死，俗语“不怕蝼蛄咬就怕蝼蛄跑”就是这个道理。

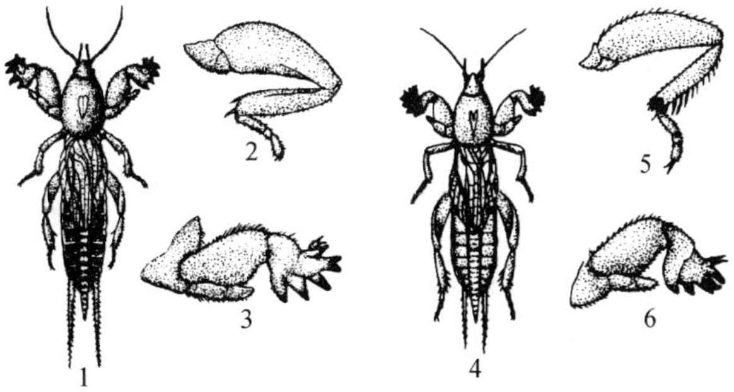

图 3-54 华北蝼蛄和东方蝼蛄

华北蝼蛄:1. 成虫 2. 后足 3. 前足

东方蝼蛄:4. 成虫 5. 后足 6. 前足

(一)形态特征

两种蝼蛄的主要形态特征区别见表 3-5。

表 3-5 两种蝼蛄主要形态特征区别

虫态	项目	华北蝼蛄	东方蝼蛄
成虫	体长	40～50 mm	30～35 mm
	体色	黑褐色	淡黄褐色
	前胸	背板中央有一个不明显的心形凹斑	背板中央有一个明显的心形凹斑
	腹部	末端近圆筒形	末端近纺锤形
	前足	腿节下缘弯曲	腿节下缘平直
	后足	胫节内背侧有刺 1～2 根	胫节内背侧有刺 3～4 根
若虫	体色	黄褐色	灰褐色
卵	形状	椭圆形	长椭圆形

(二)生活习性

1. 生活史

华北蝼蛄生活史较长,约 3 年完成 1 代;东方蝼蛄发生不整齐,南方 1 年完成 1 代,北方 1～2 年完成 1 代。两种蝼蛄均以成虫和若虫在 60 cm 以下的土壤深层越冬。华北蝼蛄春季气温转暖达 8℃以上,越冬成虫开始活动为害,地面可见拱起的虚土隧道。6 月上中旬潜入土下 15～20 cm 做土室产卵,雌虫一生可产 300～400 粒,8 月下旬至 9 月上中旬气温转凉,又转移至表土层活动为害,形成一年中的 2 次(春、秋)为害高峰期。10～11 月,若虫达 8、9 龄时潜入深土层越冬;第二年越冬若虫继续为害,至 10 月或 11 月发育到 12、13 龄的若虫进行越冬;第三年春天越冬高龄若虫开始活动为害,秋季羽化为成虫,即以成虫越冬,至此完成 1 个世代。据山西沂县观察将两种蝼蛄的活动过程分为冬季休眠、春季苏醒、出窝迁移、猖獗为害、越夏产卵、秋季为害 6 个阶段。

2. 习性

(1)活动节律。两种蝼蛄均是昼伏夜出,白天多潜伏于土壤深处,20:00～23:00 为取食为害高峰。

(2)趋性。成虫具强趋光性，利用黑光灯可诱到大量的东方蝼蛄，且雄虫多于雌虫。华北蝼蛄因身体笨重，飞翔力弱，诱量小。蝼蛄喜食甜食，对煮半熟的谷子、炒香的豆饼、麦麸等有很强的趋性，对马粪等未腐熟的有机肥的趋性也很强，因此，可将食料做成毒饵或用粪肥进行诱杀。蝼蛄喜欢在潮湿的土中生活，因此，土壤湿润、腐殖质含量多的低洼地、水浇地为害较重，有“蝼蛄跑湿不跑干”、“喜湿不喜热”的说法。

(3)群集性。初孵若虫有群集性，怕光、怕风、怕水。东方蝼蛄孵化后 3～6 d 群集一起，以后分散为害；华北蝼蛄孵化后群集的时间比东方蝼蛄还长些。

二、蛴螬类

蛴螬俗称白土蚕，是鞘翅目金龟甲总科幼虫的总称，为地下害虫中种类最多、分布最广、为害最重的一大类群。为害药用植物种类主要有华北大黑鳃金龟、暗黑鳃金龟、铜绿丽金龟等(图 3-55)。蛴螬的食性杂，寄主多。可为害白芍、丹皮、菊花、桔梗、贝母、百合、人参、山药、黄芪等近 20 种药用植物。喜食刚播种的种子、根、块茎以及幼苗，将根咬断、咬伤，其端口较整齐，也可在根、地下茎上蛀食成孔洞、疤，使植株生长缓慢、发黄枯萎，甚至死苗。成虫在地上取食叶片，咬成缺刻，孔洞或全叶吃光。

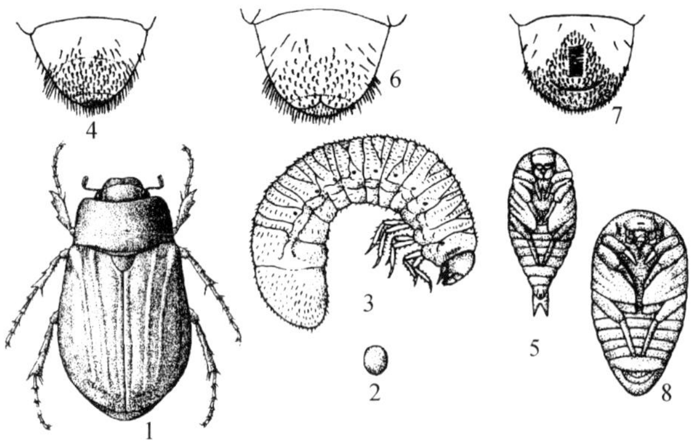

图 3-55　华北大黑鳃金龟、暗黑金龟、铜绿丽金龟

华北大黑鳃金龟：1. 成虫　2. 卵　3. 幼虫　4. 幼虫臀节腹面观　5. 蛹

暗黑鳃金龟：6. 幼虫臀节腹面观

铜绿丽金龟：7. 幼虫臀节腹面观　8. 蛹

(一)形态特征

三种金龟子的主要区别见表 3-6。

(二)生活习性

1. 华北大黑鳃金龟

在华南地区 1 年 1 代，以成虫在土中越冬；其他地区均是 2 年 1 代，成虫、幼虫均可越冬。

在2年1代区，越冬成虫翌春10 cm土温达14～15℃时开始出土，10 cm土温达17℃以上时成虫盛发。成虫傍晚出土活动，20:00～21:00活动最盛，22:00以后逐渐减少；趋光性弱，灯下诱虫量仅占田间实际出土虫量的0.2%左右。有假死性，飞翔能力弱，活动范围小，因此，常在局部地区形成连年为害的老虫窝。成虫食性杂，可取食毛茛科、豆科药用植物或农作物，并产卵于靠近植物根部10～15 cm的土中，单雌产卵量40～102粒。幼虫有3龄，低龄幼虫多在为害株周围取食，3龄幼虫多顺垄活动，历期最长、为害性最重。幼虫一年四季随土壤温度的变化而在土壤中上下迁移。土温5℃以下全部进入越冬状态。

表3-6　三种金龟甲的主要区别

虫态	项目	华北大黑鳃金龟	暗黑鳃金龟	铜绿丽金龟
成虫	体长	16～21 mm	17～22 mm	19～21 mm
	体色	黑褐色，有光泽	暗黑色，无光泽	铜绿色，有光泽
	前足	胫节外侧有3个尖锐齿突	胫节外侧有3个较钝齿突	胫节外侧有2个齿状突起
	鞘翅	每侧有4条纵肋	每侧4条纵肋不明显	每侧有4条明显的纵肋
幼虫	肛腹板覆毛区刺毛列	无刺毛列；钩状毛散生，排列不均匀，达全节的2/3	无刺毛列；钩状毛排列散乱，但较均匀，仅占全节的1/2	钩毛区中央有2列针状刚毛14～15对，四周有排列不规则的钩状毛

华北大黑鳃金龟成虫最适温度为24℃左右，在适温区内，成虫产卵量与温度呈正相关，而与大气湿度呈负相关，产卵高峰往往出现在高温天气。土壤含水量在20%左右对幼虫最有利，幼虫为害白芍在沙壤土最重，沙土田次之，黏土最轻。

2. 暗黑鳃金龟子

1年1代，以老熟幼虫在30 cm以下土层越冬，越冬幼虫一般春季不为害，4月下旬至5月上旬化蛹，5月中旬化蛹盛期。蛹期15～20 d，6月上旬开始羽化，6月中旬至8月上旬为成虫活动高峰期。雌虫6月中旬开始产卵，盛期为7月中旬至8月上旬。初孵幼虫即可活动为害，秋季为幼虫为害高峰期。

成虫昼伏夜出，趋光性强，飞翔速度快，先集中在灌木上交配，20～22 h为交配高峰，22 h以后群集于高大乔木上整夜取食，有隔夜出土扑灯习性，喜食豆科、胡麻科药用植物。暗黑鳃金龟适于较高的温度，气温在25～28℃时活动最盛。土壤含水量为20%时，卵孵化率和幼虫成活率均达100%。

3. 铜绿丽金龟子

各地均1年1代，以幼虫在土中越冬。越冬幼虫春季10 cm土温高于6℃开始活动，成虫始见期为5月下旬，6月中旬进入活动盛期。6月下旬至7月上旬大量雌虫产卵，7月中旬为卵孵化盛期，初孵幼虫即可活动为害，一年中以4～5月和8～9月为害最重。10月中下旬，10 cm的土温低于10℃时开始下潜越冬。成虫昼伏夜出，先交配，后取食。成虫食性杂，食量大，取食木本豆科药用植物叶片，仅剩茎秆。成虫趋光性极强，具假死性，雌虫有周期多批产卵习性。幼虫喜食木本药材苗木的嫩根和豆科药用植物的根、地下茎，一般顺垄取食为害。在不同的季节，在土层中随土壤温湿度的变化作上下移动，幼虫多发生在撂荒地或水浇条件好湿润地(土壤含水量 15%～18%)。

三、金针虫类

金针虫俗称铁丝虫,是鞘翅目叩头甲科幼虫的通称。在我国经常发生且为害药用植物的有沟金针虫、细胸金针虫和褐纹金针虫等,其中以沟金针虫和细胸金针虫(图 3-56)分布最广、为害较重。

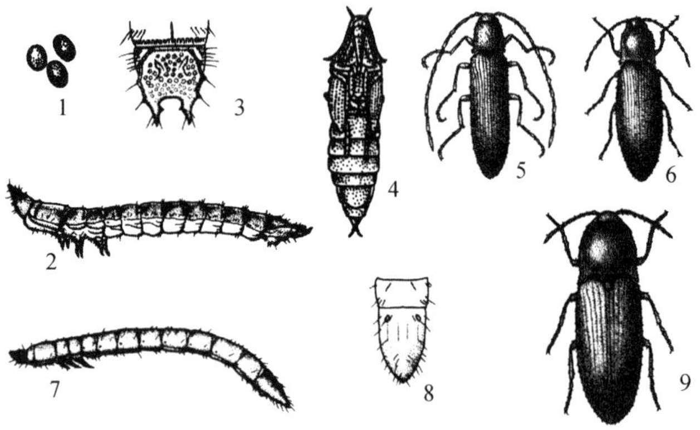

图 3-56　沟金针虫和细胸金针虫

沟金针虫:1. 卵　2. 幼虫　3. 幼虫尾节　4. 蛹　5. 雄成虫　6. 雌成虫

细胸金针虫:7. 幼虫　8. 幼虫尾节　9. 成虫

金针虫长期生活在土壤中,食性杂,寄主多,可为害贝母、白芍、人参、西洋参、太子参、桔梗、菊花、麦冬、天麻等药用植物。幼虫咬食刚播下的种子,使之不能发芽;咬食幼苗的根部、块根和地下茎,形成不整齐的切口,或在较粗的块根或块茎上蛀食钻孔,为害严重时,造成田间缺苗断垄。其成虫还可取食地上部分的叶片,但为害较轻。

(一)形态特征

两种金针虫的主要形态特征区别见表 3-7。

表 3-7　两种金针虫的主要形态特征区别

虫态	项目	沟金针虫	细胸金针虫
成虫	体长	长 14～18 mm,宽 3～5 mm	长 8～9 mm,宽约 2.5 mm
	体色	浓栗色,密布金黄色细毛	暗褐色,略有光泽
	前胸	背板半球状隆起,宽大于长	背板略带圆形
	鞘翅	长为头胸长度的 4～5 倍,纵列刻点不明显	长约为头胸长度的 2 倍,上有 9 条纵列刻点
幼虫	体长	20～30 mm	23 mm
	体色	金黄色	淡黄褐色
	尾节	末端两分叉,各叉内侧各有一齿	圆锥形无分叉
卵		近椭圆形,乳白色,长径 0.7 mm	圆形,乳白色,长径 0.5～1 mm
蛹		15～17 mm	8～9 mm

(二)生活习性

金针虫生活史很长,沟金针虫一般3年1代,细胸金针虫2～3年完成1代,均以幼虫和成虫于土中越冬。在华北地区,3月初沟金针虫的越冬成虫开始活动,3月中旬至4月上旬是越冬成虫活动高峰期。产卵期在4月上旬至6月上旬,5月上中旬为卵孵化盛期。孵化幼虫为害至6月下旬下潜越夏。到9月中下旬又上升至表土活动,为害至11月上中旬,开始在土壤深层越冬。第二年春、秋上升为害,夏、冬季休眠,幼虫期长达1 150 d,直至第三年8～9月老熟幼虫钻入15～20 cm土中作土室化蛹。9月初成虫羽化后不出土,在土室中潜伏越冬。第四年春季才出土交配、产卵,成虫寿命约220 d。成虫昼伏夜出,白天潜伏在寄主田或杂草中和土块下,晚上出来交配、产卵。雄虫善飞,不取食,有趋光性,雌虫无后翅,行动迟缓,多停留在寄主幼苗上。成虫均有假死习性,并对为腐熟的有机肥和炕土等散发的气味有趋性。卵散产于3～7 cm表土层,单雌平均产卵量200余粒。

土壤湿度主要影响金针虫种类的分布,沟金针虫较耐干旱,其适宜的土壤湿度为15%～18%,以沙壤地块虫口密度最高;而细胸金针虫不耐干旱,适宜的土壤湿度为20%～25%,土质较疏松、富含有机质的田块虫口密度大,为害严重。金针虫喜食禾本科、豆科植物、十字花科多年生药用植物田,土壤长期不翻耕、新垦土地或靠近荒地的药材田金针虫发生为害较重。

四、地老虎类

地老虎俗称切根虫、夜盗虫、土地蚕等,属鳞翅目夜蛾科,主要以幼虫为害药用植物的根部。地老虎的种类很多,其中小地老虎、大地老虎、黄地老虎(图3-57)分布广,为害重。地老虎是多食性害虫,可为害人参、西洋参、桔梗、白芍、白术、麦冬、贝母、薄荷、菊花、黄柏等30多种药用植物,幼虫不仅食根还为害药用植物的幼苗,低龄幼虫在地上昼夜活动,取食嫩叶,咬食呈凹斑、孔洞或缺刻;3龄后幼虫则潜入土表,将根、地下茎或近地面的嫩茎咬断,为害严重时造成缺苗断垄。

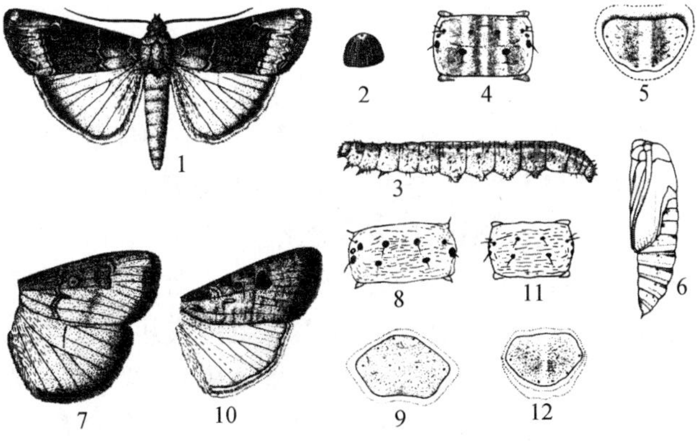

图3-57 小地老虎、大地老虎和黄地老虎

小地老虎:1. 成虫 2. 卵 3. 幼虫 4. 幼虫第4腹节背面观 5. 幼虫末节背板 6. 蛹

大地老虎:7. 前翅 8. 幼虫第4腹节背面观 9. 幼虫末节背板

黄地老虎:10. 前翅 11. 幼虫第4腹节背面观 12. 幼虫末节背板

(一)形态特征

三种地老虎的主要形态特征区别见表 3-8。

表 3-8 三种地老虎的主要形态特征区别

虫态	项目	小地老虎	大地老虎	黄地老虎
成虫	体长	16～23 mm	20～23 mm	14～19 mm
	体色	暗褐色,较深	暗褐色,较浅	黄褐色或灰褐色
	雄虫触角	双栉齿,分支仅达触角的 1/2 处,其余为丝状	双栉齿,分支向端部逐渐短小几乎达末端	双栉齿,分支仅达触角的 2/3 处,其余为丝状
	前翅	暗褐色,肾形纹外侧有 1 个尖端向外黑色剑状斑,外缘线内侧有 2 个尖端向内的黑色剑状斑,且三个剑状斑相对	灰褐色,肾形纹和环形纹明显,无契形纹	黄褐色,横线不明显,肾形纹、环形纹较明显,均有黑褐色边,无契形斑
	后翅	灰白色,翅脉及边缘黑褐色,缘毛黑白色	灰黄色,外边有很宽的黑褐色边,缘毛淡色	灰白色,翅脉及边缘呈黄褐色
幼虫	体长、体色	37～50 mm,灰褐色	41～60 mm,黑褐色	33～34 mm,黄色
	体表	密布明显大小颗粒	多皱纹,光滑,颗粒不明显	多皱纹,颗粒不明显
	气门	菱形	椭圆形	椭圆形
	臀板	黄褐色,有暗褐色纵带 2 条	几乎全为深褐色	为 2 大块黄褐色斑
卵	大小	0.5～0.55 mm	1.8 mm	0.7 mm
	形状	半圆球形	半球形	扁圆形
蛹	体色	赤褐色～暗褐色	黄褐	红褐
	第 1～3 腹节	无明显横沟	有明显横沟	无明显横沟

(二)生活习性

小地老虎在我国从北向南每年发生 1～7 代不等,1 月平均气温 0℃等温线或北纬 33°一线为越冬分界线。在 0℃等温线以北地区,越冬代成虫从南方迁入;0～4℃等温线地区越冬代成虫主要从南方迁入;4～10℃等温线地区,能安全越冬,但越夏困难;10℃等温线以南地区冬季能正常生长发育,但不能越夏,秋季虫源从北方迁入。小地老虎是一种迁飞性害虫。

小地老虎成虫昼伏夜出,白天多栖息于杂草间、土缝中或其他隐蔽处,夜晚进行取食、交配和产卵。成虫活动受气候条件影响很大,10～16℃活动最盛,低于 3℃或高于 20℃时很少活动。大风或有雨的夜晚不活动。成虫具强趋光性和趋化性,对发酵的酸甜气味和萎蔫的杨树枝把趋性强,喜食花蜜和芽露。成虫补充营养后 3～4 d 交配产卵。卵散产于土块、枯草、作物的幼苗及杂草叶背,单雌产卵量 800～1 000 粒。幼虫共 6 龄,少数 7、8 龄。1～2 龄幼虫对光不敏感,昼夜活动,多集中在表土、杂草或钻入幼苗心叶间或叶背上取食叶肉,吃成孔洞或缺刻;3 龄后昼伏夜出,白天潜伏于表土层下,夜晚出来活动取食,将幼苗茎基部咬断、蚕食,清晨拖入穴内继续取食；5～6 龄进入暴食期，食量占总食量的 90%以上。幼虫 3 龄后有较强的耐饥能力，当食物缺乏或种群密度大时，个体间有自残性。有假死性，受惊时缩成环状。对泡桐叶有一定的趋性。幼虫老熟后潜入 5～7 cm 的表土层作土室化蛹。

小地老虎喜温喜湿，在 18～26℃、相对湿度 70%左右、土壤含水量 15%～20%，对其生长发育及活动有利。高温对其生长发育极其不利，成虫羽化不健全，产卵量下降和初孵幼虫死亡率增加。因此，各地均为 1 代多发型，第 1 代成虫羽化后即向北迁飞。沙土地，重黏土地发生少，沙壤土、壤土、黏壤土发生多。药田周围杂草多有利于小地老虎的发生。

黄地老虎每年发生 2～4 代。以幼虫和少量蛹在寄主田、沟渠、杂草等处 10 cm 以上的表土层越冬。成虫对黑光灯有一定的趋性，但对一般的白炽灯趋性很弱。趋化性弱，对糖醋液无明显趋性，但喜食大葱、花蜜作为补充营养。产卵于土面根茬、草秆及刺儿菜、小蓟、小旋花、苍耳等多种植物的叶背，单雌产卵量 400～500 粒。黄地老虎对雨水和湿度的要求偏低，故干旱少雨的地区发生严重。

大地老虎在我国均为 1 年 1 代，均以老熟幼虫滞育越夏，以低龄幼虫于土中越冬。翌春，气温达 8～10℃时开始取食为害。气温 20.5℃时老熟幼虫停止取食，开始在土下 3～5 cm 处筑土室越夏。成虫趋光性不强，交尾后第二天即可产卵，卵多产于土表或幼嫩杂草茎叶上，单雌平均产卵 900～1 000 粒。大地老虎适宜的温度为 15～25℃，相对湿度在 70%以上，因此雨水较多、土壤湿润的沿海及长江流域发生量较大，为害重。

地老虎的天敌种类很多，中华广肩步甲、甘蓝夜蛾拟瘦姬蜂、夜蛾瘦姬蜂、夜蛾土蚕寄生蝇、细菌、真菌等，对地老虎种群的发展有一定的抑制作用。

五、种蝇类

种蝇属双翅目，花蝇科，幼虫称根蛆、地蛆。世界性分布，国内各地均有。食性杂，可为害伞形科、葫芦科、豆科、十字花科、百合科的药用植物，其中当归、川芎、丝瓜络等受害最重。种蝇以幼虫为害播后的种子、根及块茎，蛀食内部组织，以后顺根茎向上取食为害，造成植株凋萎死亡。此外，根蛆造成大量的伤口，易导致软腐病、根腐、茎腐病的发生与流行。

(一)形态特征

成虫：体长 4～6 mm，暗黄色至暗褐色。触角黑色，头部银灰色，腹部背面有 3 条黑色纵纹。后足胫节内侧下方有 1 条稠密的短毛，腹部背面中央有 1 条黑色纵纹。各腹节间有 1 条黑色横纹，使腹部形成明显的小方块。雌虫略大于雄虫，灰色或灰黄色，中足胫节的外上方有 1 根刚毛刺，腹部背面中央纵纹不明显。

卵：长椭圆形，稍弯，弯内有纵沟线，乳白色，表面有网状纹。

幼虫：体长 7～10 mm，形似粪蛆。乳白色略带浅黄色，口钩黑色，尾端如截状，其上有 7 对肉质突起，第七对很小。

蛹：4～5 mm，长椭圆形，红褐色或黄褐色，尾端可见 7 对突起(图 3-58)。

(二)生活习性

种蝇由北向南每年发生 2～6 代，以老熟幼虫或蛹在土中越冬。越冬代成虫于 4 月下旬出

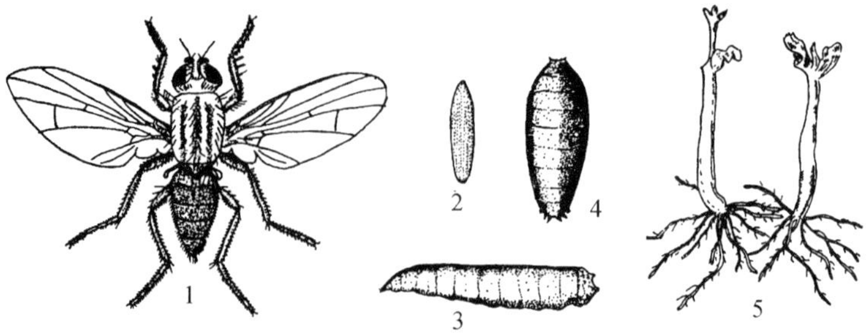

图 3-58　种蝇

1. 雌成虫　2. 卵　3. 幼虫　4. 蛹　5. 被害状

现，其产出的1代幼虫在5月上旬至6月上旬发生，主要为害药用植物的种子及幼苗，常导致缺苗断垄；第二代幼虫在6月中下旬至7月中旬发生，可为害当归及其他药材的根茎；第三代幼虫于9月下旬至10月中旬发生，能严重为害刚栽种不久的川芎。10月下旬至11月上旬以老熟幼虫或蛹在土中越冬。

成虫白天活动，早晚多隐蔽在土块缝隙下或其他隐蔽场所，以晴天中午前后最活跃。成虫对腐败的有机体、蜜露、糖醋液有较强的趋性，喜产卵于未腐熟的粪肥或苗根附近的湿土中。幼虫孵化后即在根茎处取食为害，群集性较强。幼虫老熟后在5～7 cm的表土层中化蛹。种蝇发育适宜温度为15～25℃，卵孵化及幼虫化蛹适宜的土壤含水量为35%左右。

六、地下害虫的防治措施

地下害虫种类多，寄主范围广，食性杂，发生期长，生活隐蔽，是较难防治的一类害虫。因此，防治上应贯彻“预防为主，综合防治”的植保工作方针，根据虫情，因地制宜，协调应用必要的措施，做到“地下害虫地上治、播前播后连续治、成虫幼虫结合治、农防化防综合治”，将地下害虫控制在经济受害允许水平之下，尽可能减少为害。

1. 农业防治

(1)深耕细耙。药用植物种植前或封冻前1个月，深耕细耙土壤35 cm，经机械杀伤、风冻日晒、鸟食和其他不利自然因子的侵袭，可直接或间接杀灭越冬成虫和幼虫，有效减少土壤中各种地下害虫的越冬虫口基数。

(2)适时浇水。地下害虫适宜的土壤湿度为15%～20%，当湿度大于35%～40%时停止为害，潜入20 cm土层躲藏，适时进行春灌和秋灌，可以恶化地下害虫的生活环境，起到淹杀、抑制活动、推迟出土、迫使下潜等作用，从而减少虫口密度，减轻为害。

(3)合理轮作。地下害虫食性杂，但多数害虫喜食禾本科作物，重灾区可与蔬菜或非禾本科药材混栽。有条件地区实行水旱轮作，可消灭大量蛴螬、蝼蛄、地老虎等害虫。

(4)科学施肥。据土壤肥力情况，施足底肥，重视氮、磷、钾的配合使用。碳酸氢氨等化学肥力应深施，既能提高肥效，又能因腐蚀、熏蒸作用杀伤蛴螬等地下害虫。增施腐熟有机肥，可有效减少蝼蛄、蛴螬等的活动和产卵。

(5)清除杂草。早春或药材收获后，及时清除田间杂草，可减少越冬幼虫和蛹的数量；同时，在药材出苗前或地下害虫1～2龄幼虫盛发期，及时铲尽田间杂草，减少幼虫早期食料，也可消灭部分幼虫和卵。将杂草深埋或运出田外，沤肥，可消除产卵寄主。

2. 物理防治

(1)诱杀成虫。3～9 月，利用黑光灯、频振式杀虫灯、性诱剂等，诱杀蝼蛄、蛴螬、地老虎等害虫，可有效减少田间虫口密度。

(2)捕杀幼虫。利用泡桐树叶(老叶、大叶为好)，用清水浸泡后，傍晚放在田中，每公顷均匀放置 1 000～1 200 片叶，叶面朝下，能诱集地老虎的习性，晨起捕捉幼虫。

(3)挖坑灭虫。在蝼蛄多的地块可挖多个 30 cm×30 cm×20 cm 的坑，内放新鲜的马粪，并盖草，晨起捕杀。

(4)人工捕虫。每天清晨到田间扒开新被害药苗周围或被害残留茎叶附近的表土，捕捉害虫，集中处理。也可于蝼蛄越夏产卵期人工挖窝灭卵。

3. 生物防治

利用蛴螬乳状杆菌商品制剂及大黑臀钩土蜂、春臀钩土蜂防治蛴螬及金龟甲，可在药田周围种植蜜源植物引诱钩土蜂，从而降低虫口密度，减轻为害。目前，可用于防治金龟甲类害虫效果好的有病原线虫中的斯氏线虫科和异小杆线虫科；白僵菌、绿僵菌、苏云金芽孢杆菌尤其对暗黑鳃金龟防治效果好；用颗粒体病毒防治黄地老虎等技术应大力推广；充分发挥各种益鸟、步甲等对金针虫类的灭虫作用。

4. 药物防治

(1)拌种。50%辛硫磷乳油按种子量的 0.1%～0.2%拌种。放置 3～4 h，种子稍干后再进行田间播种，可防治蝼蛄、蛴螬、地老虎和金针虫等地下害虫。

(2)土壤处理。结合播前整地，进行土壤药剂处理。选用 50%辛硫磷乳油 4.5 kg/hm^2，加水 750 kg 均匀喷洒地面，然后整地播种；5%辛硫磷颗粒剂等，37.5 kg/hm^2 拌 300～375 kg 细砂或煤渣撒施。或用一定量的药剂兑水处理土壤，制成毒土，撒于种苗穴中，注意种苗与毒土隔开，免生药害。每公顷配比为：药剂 1.5 kg＋水 7.5 kg＋细土 300 kg；或 5%二嗪磷颗粒剂 37.5 kg/hm^2 或 3%乐斯本颗粒剂、0.2%联苯菊酯颗粒剂 0.4 kg/hm^2 均匀撒施于植株周围。毒土撒施药田，可防治多种地下害虫。

(3)毒饵诱杀。用 90%晶体敌百虫或 50%辛硫磷乳油 0.3～0.75 kg/hm^2 加适量水，拌入碾碎炒香的麦麸或豆饼等饵料 30～75 kg 制成毒饵，于无风闷热的傍晚将毒饵分成若干小份撒放于药田的畦沟行间；或将新鲜莴苣叶、苜蓿、小白菜、刺菜、旋花等切碎，用 90%晶体敌百虫 500～800 倍液喷拌后制成毒饵，按 10～15 kg/hm^2 用量，于傍晚分成小堆置放田间，可毒杀小地老虎大龄幼虫等。

(4)糖醋液诱杀。地老虎、金龟子、蝼蛄等对糖醋液有较强的趋性，因此可用其进行诱杀。糖醋液配方是糖 6 份、醋 3 份、白酒 1 份、水 10 份，加 90%敌百虫 1 份调匀装盆。每亩 1 份，傍晚放置在距地面 1.2 m 高处，效果好。

(5)苗期害虫猖獗时，可进行药液浇根，用不带喷头的喷壶或拿掉喷片的喷雾器向植株根际喷药液。可用 90%晶体敌百虫或 50%辛硫磷乳油按推荐浓度或 10%吡虫啉可湿性粉 0.025 kg，隔 8～10 d 灌根一次，连续灌 2～3 次，可杀死地老虎、蛴螬和金针虫等地下害虫。

学习情境二

食叶、花类害虫的识别与防治

知识目标

• 掌握当地药用植物食叶类害虫的主要种类、为害特点、形态特征及生活习性。

技能目标

• 能根据害虫的为害特点进行分析、判断，借助查阅资料，制定合理的综合防治方案。

学习任务

• 调查不同药用植物食叶、花害虫的种类，根据为害特点或形态特征制定合理的综合防治措施。

食叶、花类害虫一般以幼虫或成虫取食为害药用植物地上部分的叶片、花器等，直接造成以叶、花入药的药用植物产量的损失和药材品质的下降。被害叶片形成缺刻，严重受害则仅剩叶柄；有的害虫取食叶肉，留下网状叶脉；如果害虫取食花蕾、花序，则造成花蕾残缺、畸形、脱落或花序腐烂，不能正常开花。这些害虫种类多，发生数量大，为害严重，主要是鳞翅目、鞘翅目的害虫。

学习任务一　主要鳞翅目害虫的识别与防治

一、忍冬细蛾

属于鳞翅目细蛾科，我国主要分布在河南，寄主植物主要是金银花。忍冬细蛾以幼虫潜叶为害，从叶下表皮取食叶肉，形成虫斑，初期叶正面正常，随后出现网眼状黄白小斑，叶上表皮鼓起皱缩，使叶片向背面弯折，内有黑色虫粪。每片叶上虫斑 3～5 个不等，严重者十余个，造成叶片枯焦，严重影响金银花树势和产量。

(一)形态特征

成虫:体长 2.5～3 mm,翅展 6～7 mm。体黄褐色。头部白色,顶部有 2 丛长鳞毛。触角丝状,明显长于体,鞭节各节基半部灰白色,端半部棕褐色。复眼黑色。翅狭长,端部尖锐,前翅黄棕色,间有金黄色和银白色鳞片,有 3 条银白色横带将翅近 4 等分,在各银白色横带前端或两侧有棕褐色鳞片,翅端部有金黄色鳞斑,后缘毛甚长;后翅窄,基半部银灰色,端半部深棕褐色,后缘毛甚长发达。足细长,除胫节、转节部分褐色外,其余黄白色,后足胫节端部有 2 个距发达。

卵:扁椭圆形,长径约 0.3 mm,乳白色,半透明,具光泽,孵化前变为淡褐色。

幼虫:细纺锤形,体稍扁。头部棕褐色,口器淡褐色。1～3 龄乳白色,4～5 龄腹中部淡褐色,其余部分乳白色。胸足 3 对,腹足 3 对,臀足 1 对。

蛹:长 3.5～4.5 mm,梭形。初化蛹时淡黄褐色,复眼黑褐色明显,腹部第 8 节明显比其余节长,中部两侧各有 1 个褐色突起。羽化前呈深红棕色。

(二)生活习性

忍冬细蛾在河南封丘 1 年发生 4 代,以幼虫在老叶内越冬。翌年春季 3 月中下旬,越冬幼虫开始活动,以后陆续化蛹。4 月中旬开始羽化,5 月上旬至 6 月上旬为第 1 代幼虫为害期;7 月为第 2 代幼虫为害期;第 3 代幼虫为害期出现在 8 月中旬至 9 月中旬;第 4 代幼虫出现在 10 月份,11 月上旬以幼虫越冬。

成虫趋光性较弱,多在傍晚前后活动,进行交尾,产卵于金银花嫩叶背面。卵单粒散产,半透明。初孵幼虫从卵壳下潜入叶下表皮为害,初期与叶上表皮紧连的叶肉组织未被破坏,叶片正面观正常,但翻转叶片背面观,可见许多大小不等的白色囊状椭圆形虫斑,随着虫龄期的增加,叶正面的叶肉组织部分被破坏,下表皮失水皱缩,使叶片向背面弯折,内有黑色虫粪,叶正面被虫为害部分则形成一黑色斑。老熟幼虫在虫斑内化蛹。

(三)防治措施

(1)农业防治。秋冬季结合金银花的修剪,清除落叶,并将剪下的枝条带出田园彻底销毁,以压低越冬虫源基数。

(2)药剂防治。忍冬细蛾有随着代数的增加,为害明显加重的特点,因此,应注意前期防治。在越冬代、第 1 代成虫盛期,可用 25%灭幼脲 3 号胶悬剂按推荐浓度喷雾。在各代卵孵盛期,用 1.8%阿维菌素乳油按推荐浓度喷雾,尽可能做到喷匀、喷透。

二、木橑尺蛾

木橑尺蛾又名木橑步曲,属鳞翅目尺蛾科。国内主要分布在内蒙古、河北、山西、陕西、山东、河南、安徽、四川、广西、云南等地。木橑尺蛾是一种多食性害虫,寄主植物达 150 余种,药用植物寄主有山茱萸、桔梗、酸枣、核桃等。幼虫取食寄主叶片,造成孔洞和缺刻,发生严重的年份,叶被食尽,枝梗光秃,造成药材产量大幅度下降甚至绝收。

(一)形态特征

成虫:体长 18～22 mm,翅展 72 mm。雄蛾触角羽毛状,雌蛾触角丝状。头顶灰白色,颜面橙黄色,喙棕褐色,下唇须短小,足灰白色。体灰褐色,翅底白色,前后翅散布不规则的灰色和橙色斑点,在前翅基部有一块近圆形的橙色大斑,内有褐纹,前后翅中室各有一大块灰色斑,斑内有星状线纹,并在外横线上各有一串橙色和深褐色圆斑。

卵:扁圆形,直径 0.9 mm,绿色,孵化前变为黑色。卵块上覆盖一层棕色绒毛。

幼虫:共 6 龄,老熟幼虫体长约 70 mm,体色变化较大,通常幼虫体色与寄主植物的颜色相近似,绿色至浅褐绿色或棕黑色,体表散生灰白色斑点。头部正面略呈四边形,密布乳白、琥珀及褐色泡沫状突起,头顶中央有凹陷成深棕色的"∧"形纹,头顶两侧具峰状突起。气门两侧各有 1 个白色斑点。

蛹:长约 30 mm,黑色,初为翠绿色,后变为黑褐色,体表光滑,布满小刻点,蛹体前端背面两侧有齿状突起(图 3-59)。

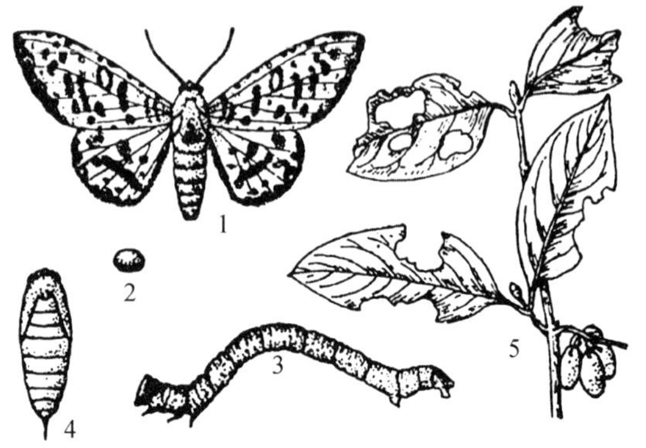

图 3-59　木橑尺蛾

1. 成虫　2. 卵　3. 幼虫　4. 蛹　5. 山茱萸被害状

(二)生活习性

木橑尺蛾在河南、河北、山西等省,1 年发生 1 代,以蛹在寄主周围 30～50 mm 土中越冬。成虫羽化期很长,7 月中、下旬为成虫盛发期。7 月上旬至 8 月下旬卵孵化,7 月上旬至 10 月下旬发生幼虫,幼虫为害盛期 7 月下旬至 8 月上旬,8 月中旬至 10 月下旬老熟幼虫坠地入土化蛹越冬。据河南省观察,幼虫从 7 月上旬至 9 月上旬为害山茱萸。成虫昼伏夜出,白天静伏在树干、树叶、杂草等处,傍晚至 22:00 最为活跃,有较强的趋光性。雌蛾产卵多产于山茱萸枝杈下部树皮缝中,几十粒呈一块,卵粒排列不规则,上面覆盖一层厚的棕黄色茸毛。每雌可产卵 1 000～1 500 粒。

幼虫孵化后即迅速分散,很活泼,爬行迅速,受惊吓吐丝下垂借风力转移为害。初孵幼虫具有 48 h 以上耐饥能力,可在叶尖取食叶肉,留下网状叶脉。2 龄幼虫则逐步开始在叶缘为害,静止时多在叶尖或叶缘用臀足攀住叶的边缘,身体向外伸直,如小枯枝,不易察觉和分辨。3 龄后行动迟缓,将叶片吃成缺刻或孔洞,常将叶片食尽后再转移,静止时,一般利用臀足和胸足攀附在两叶或两小枝之间,和寄主构成三角形。幼虫老熟即坠地入土 3 cm 左右化蛹,少数有吐丝下垂或顺树干爬习性,老熟幼虫入土前先在地面爬行,选择土壤松软、阴暗潮湿的地方化蛹,如石块缝、乱石堆、树干周围和杂草中,往往几十头或几百头蛹集聚在一起。

木橑尺蛾的天敌有黑卵蜂、广肩步甲、寄蝇、小茧蜂、胡蜂、土蜂、麻雀、大山雀等可以加以利用。

(三)防治措施

(1)农业防治。幼虫吐丝准备化蛹时,人工收集,集中杀死。越冬蛹密度大,且集中的地区,于晚秋或早春,组织人工挖蛹或结合药田施肥,深耕土层,杀死越冬蛹,可降低越冬虫口基数。

(2)物理防治。成虫趋光性强,可利用黑光灯诱杀成虫。

(3)生物防治。保护胡蜂、土蜂、麻雀、人工饲养寄生蜂等天敌,可在幼虫期用 3.2% Bt 制剂(含芽孢 100 亿个以上)喷雾。

(4)药剂防治。施药适期应掌握在幼虫 3 龄前,可供选择的药剂有 25%灭幼脲悬浮剂、50%辛硫磷乳油、40%乐斯本乳油、10%醚菊酯乳油、50%杀螟松乳油、2.5%功夫菊酯乳油等。

三、大蓑蛾

大蓑蛾又名大袋蛾、布袋虫,属鳞翅目蓑蛾科。国内分布广泛,几乎遍布全国各地。据调查,寄主有 90 个科 612 种植物,其中药用植物寄主有山茱萸、杜仲、忍冬、菊花、银杏等。以幼虫在护囊中咬食叶片,造成孔洞,发生较多时叶片被咬食成千疮百孔,被害叶易脱落;严重时,仅留叶脉或秃枝;同时还啮食茎秆表皮,其中山茱萸、杜仲受害较重。

(一)形态特征

成虫:雌雄异型。雄成虫有翅,平均体长 16.5 mm,翅展 35～44 mm。体黑褐色,触角羽毛状;胸部背面有 5 条深纵纹。前、后翅均褐色,前翅近外缘一侧有 4～5 个半透明斑。雌成虫体长 22～30 mm,纺锤形,翅与足均退化,似蛆。体软,乳白色,头部黄褐色,胸部和腹部黄白色,多茸毛,腹部第七节有褐色丛毛环。

卵:椭圆形,0.8～1.0 mm,淡黄色或乳白色,卵产在护囊的蛹壳内。

幼虫:共 5 龄。老熟幼虫体长 25～40 mm。胸足 3 对,腹足及尾足退化;3 龄起,雌雄二型明显。雌幼虫肥壮,头部赤褐色,头顶有环状斑,前、中胸背板有 4 条纵向暗褐色带,后胸背板有 5 条黑褐色带。雄幼虫黄褐色,体较小。

蛹:雌蛹 25～32 mm,纺锤形,赤褐色,似围蛹。尾端具有 3 根小刺。雄蛹长 17～20 mm,长椭圆形,被蛹,体细长,胸背略突起,腹部稍弯,每节后端有 1 列小刺突。

护囊:又称皮囊或虫囊,纺锤形,囊外附有较大的碎叶片,有时附有少数零散的枝梗;老熟雌囊大,饱满;而雄囊小,较瘦小(图 3-60)。

(二)生活习性

在河北、山东、河南、山西等地 1 年发生 1 代,华南地区 1 年发生 2 代。以老熟幼虫在蓑囊中越冬,翌年 5 月上、中旬化蛹,5 月中、下旬成虫羽化,黄昏时活动,寻觅雌蛾交尾。雄蛾趋光性强,晚 20:00～22:00 最活跃;雌蛾当天或次日陆续产卵,单雌产卵量 1 500～4 000 粒。大蓑蛾存在孤雌生殖。6 月上旬孵化为幼虫,初龄幼虫有群居习性,且多在晴天中午爬出虫囊吐丝下垂,随风扩散,落在适宜的寄主植物上,吐丝缀合碎叶片或少量小枝梗营造护囊,幼虫便隐匿于囊内,取食迁移时均负囊活动。幼虫具明显的趋光性,故树冠外层为害严重。1、2 龄咬食叶肉,残留表皮,形成不规则的透明斑;3 龄后食叶呈穿孔或将叶片吃成仅留叶脉,7～9 月幼虫进入老龄,为害最重。幼虫有较强的忌避性和耐饥性。

大蓑蛾一般在干旱年份最易猖獗成灾。6～8 月降雨在 500 mm 以上,影响幼虫生长,易患病死亡,不易成灾。此外,在海拔 200～600 m 的岗丘地带和向阳坡地山茱萸药田和幼年植

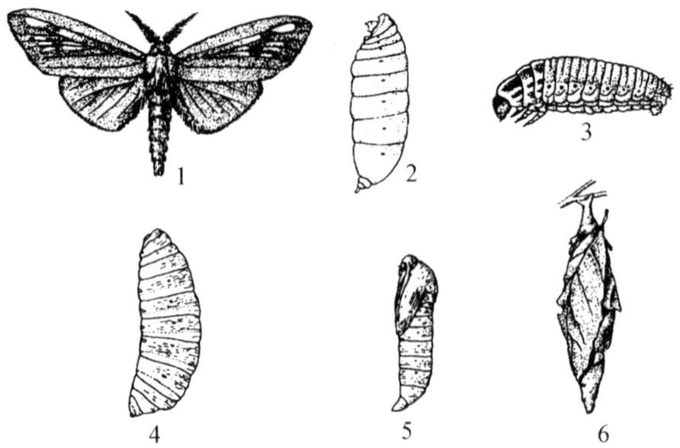

图 3-60　大蓑蛾

1. 雄成虫　2. 雌成虫　3. 幼虫　4. 雌蛹　5. 雄蛹　6. 袋囊

株虫口密度大时，为害严重。

(三)防治措施

(1)人工摘除袋囊。幼虫为害初期，虫口集中，被害症状显著，便于人工摘除护囊，以减少田间虫口数量，并防止扩散蔓延；秋、冬季落叶后，结合整枝修剪，进行采摘；也可结合田间管理，随时摘除护囊。

(2)生物防治。保护和利用灰喜鹊、大蓑蛾黑瘤姬蜂、费氏大腿蜂、瘤姬蜂、寄生蝇及大蓑蛾核多角体病毒、青虫菌粉剂等致病微生物等天敌；Bt 制剂(每克含芽孢量 100 亿以上) 1 500～2 000 g/hm^2，加水 1 500～2 000 kg，喷雾防治。

(3)诱杀成虫。成虫发生期，利用大蓑蛾性外激素，或雄虫的趋光性诱杀成虫。

(4)化学防治。幼虫孵化盛期或初龄阶段施药，常用的药剂有 1.8%阿维菌素乳油、90%敌百虫晶体、50%辛硫磷乳油、40%乐斯本乳油、2.5%功夫菊酯乳油、2.5%溴氰菊酯乳油等，注意要喷到树冠的顶部，并喷湿护囊。

四、刺蛾类

刺蛾类害虫属鳞翅目刺蛾科。幼虫俗称洋辣子，虫体生枝刺和毒毛，触及皮肤引起红肿和剧痛，老熟幼虫化蛹时结一石灰质鸟卵形的茧。常见的种类有黄刺蛾、褐边绿刺蛾、扁刺蛾、褐刺蛾等，为药用植物主要杂食性食叶害虫。以幼虫取食叶片呈缺刻或孔洞，严重时将叶片吃光，仅剩叶柄及主脉。

(一)形态特征

三种刺蛾的主要形态特征区别见表 3-9。

(二)生活习性

(1)黄刺蛾。1 年发生 1～2 代，以老熟幼虫在枝杈等处结茧越冬，5 月中、下旬化蛹，6 月上中旬成虫羽化。各代为害盛期分别是 6 月下旬至 7 月中旬、8 月下旬至 9 月中旬，9 月下旬越冬。成虫昼伏夜出，有趋光性。卵产于叶背，数十粒连成片或散产，单雌产卵 50～70 粒。幼虫共 7 龄，初孵幼虫先取食卵壳，再群集叶背取食上表皮和叶肉，形成透明小斑，以后分散为害。老熟幼虫在树干吐丝缠绕并分泌黏液造茧，羽化时破茧壳顶端小圆盖而出。第一代幼虫结的茧小且薄，第二代结的冬茧大而厚。

表 3-9　三种刺蛾主要形态特征的区别

虫态	项目	黄刺蛾	扁刺蛾	褐边绿刺蛾
成虫	体长	13～16 mm	16 mm	16 mm
	体色	黄色	褐色	头顶、胸背绿色，胸背中央有一棕色纵线，腹部灰黄色
	前翅	内半部黄色，外半部褐色，有 2 条棕褐色斜线在翅尖汇合于一点，呈倒 V 字形，内面的一条伸到中室下角，为黄色与褐色的分界线	灰褐稍带紫色，中室外侧有一明显的暗褐色斜纹，自前缘近顶角处向后缘中部倾斜。中室上角有一黑点	绿色，基部有暗褐色大斑，外缘为灰黄色宽带，带上散生暗褐色小点和细横线，其内侧有暗褐色波状细线
	后翅	淡黄褐色，边缘色较深	暗灰褐色	灰黄色，缘毛浅棕色
幼虫	体长	18～25 mm	22～26 mm	24～27 mm
	体色	黄绿色	翠绿色，扁平	翠绿色
	体背	有哑铃形褐色大斑，边缘发蓝，每节背侧各有一对枝刺，以胸部 6 个及腹末 2 个较大	背中线白色，边缘蓝色，体两侧各有 10 个瘤状突起，其上生有刺毛，每一体节背面有 2 小丛刺毛，第四节背面两侧各有一红点	第 1 腹节背面的一对毛瘤上各有 3～6 根红色刺毛，腹末有 4 个黑绒状刺突；背线绿色，两侧有深蓝色点
卵	形状	椭圆形，扁平	椭圆形	扁椭圆形
	颜色	黄白色→黑褐色	淡黄色→灰褐色	淡黄绿色
茧	体色	灰白色	暗褐色	暗褐色
	形状	卵形	椭圆形	椭圆形
	特征	表面有灰白和褐色纵条	形似鸟蛋	坚硬，两端钝平
	越冬	纹树干缝隙或枝杈上	树下周围浅土层中	多在寄主树干周围浅土层中

黄刺蛾的天敌主要有上海青蜂和黑小蜂。上海青蜂的寄生率很高，对黄刺蛾有一定的控制作用(图 3-61)。

(2)扁刺蛾。1 年发生 1～3 代，以老熟幼虫在树下 3～6 cm 土层内结茧越冬，4 月中旬化蛹，5 月中旬成虫羽化产卵。幼虫发生期分别是 6 月中旬至 7 月中旬、8 月至第二年 4 月。成虫多在黄昏羽化出土，昼伏夜出，有趋光性，羽化后即可交尾，卵散产于叶面上。初孵幼虫不取食，蜕第一次皮后，先取食卵壳，再啃食叶肉，仅留 1 层表皮。幼虫昼夜取食，幼虫期共 8 龄，老熟后即下树入土结茧，结茧部位的深度和距树干的远近与树干周围的土质有关：黏土地结茧位置浅，距离树干远，比较分散；腐殖质多的土壤及砂壤土地，结茧位置较深，距离树干较近且较集中(图 3-62)。

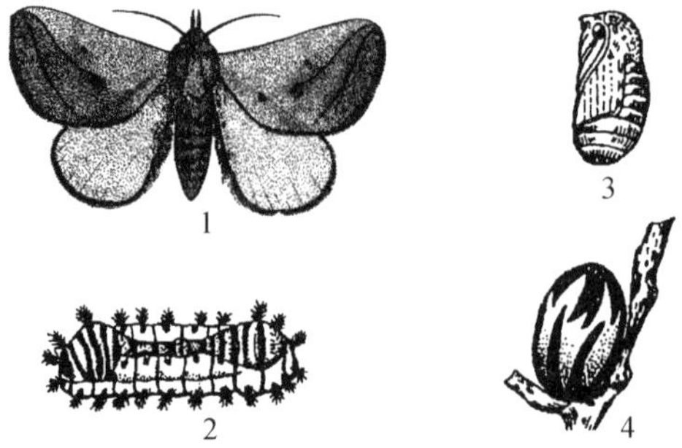

图 3-61 黄刺蛾

1. 成虫 2. 幼虫 3. 蛹 4. 茧

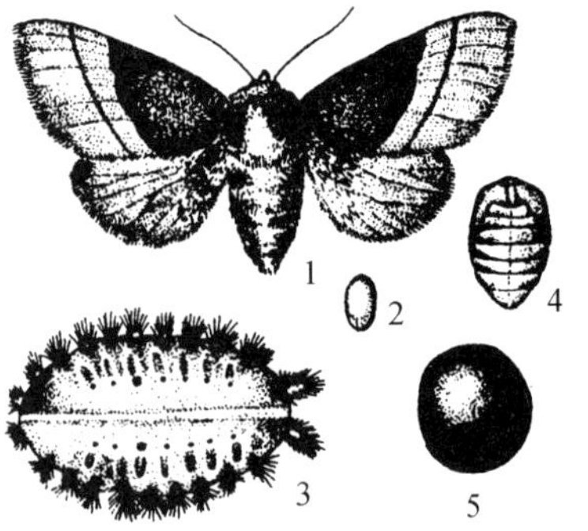

图 3-62 扁刺蛾

1. 成虫 2. 卵 3. 幼虫 4. 蛹 5. 茧

(3)褐边绿刺蛾。北方1年发生1代，长江以南一年发生2～3代，以老熟幼虫多在树干基部浅土层内或枝干上结茧越冬。4～5月化蛹，6月成虫羽化产卵。各代幼虫发生期为6～7月、8～9月，10月上旬入土结茧越冬。成虫昼伏夜出，有较强的趋光性。卵产于叶背，数十粒聚集成块，呈鱼鳞状排列，每雌产卵150粒左右。初孵幼虫有群集性，3龄后分散为害(图3-63)。

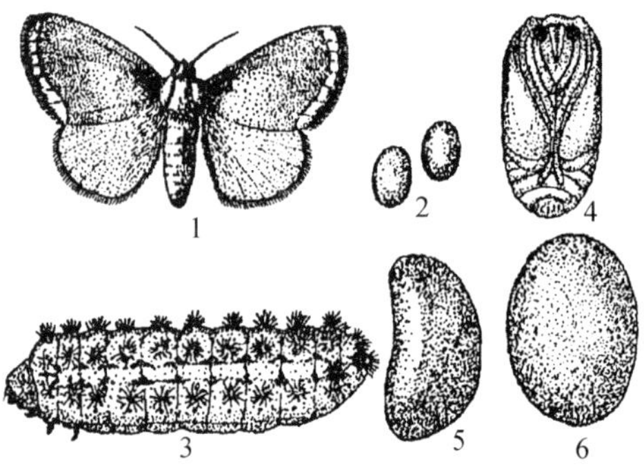

图 3-63 褐边绿刺蛾

1. 成虫 2. 卵 3. 幼虫 4. 蛹

5. 茧侧面观 6. 茧正面观

(三)防治措施

(1)人工防治。幼虫群集为害期人工捕杀，冬季结合修剪，清除树枝上的越冬茧，或根据入土结茧习性，组织人力在树下挖虫茧。

(2)灯光诱杀。羽化盛期，用黑光灯或频振式杀虫灯诱杀成虫。

(3)生物防治。选用Bt杀虫剂、白僵菌粉、青虫菌粉剂等在潮湿条件下喷雾；充分利用上海青蜂、刺蛾广肩小蜂、螳螂、中华星步甲等益虫。

(4)化学防治。应掌握幼虫2～3龄阶段施药，可喷施1%苦参碱、50%辛硫磷乳油、90%晶体敌百虫、40%乐斯本乳油、1.8%阿维菌素乳油、2.5%高效氯氟氰菊酯乳油、5%灭幼脲3号悬浮剂、2.5%溴氰菊酯乳油等药剂。

五、蝶类

为害药用植物的蝶类害虫有粉蝶科的菜粉蝶、云斑粉蝶、檀香粉蝶；凤蝶科的柑橘凤蝶、黄凤蝶、玉带凤蝶、马兜铃凤蝶、细辛凤蝶；蛱蝶科的小红蛱蝶、东北网蛱蝶、地黄蛱蝶等，药用植物蝶类害虫为害较重的有菜粉蝶、柑橘凤蝶和黄凤蝶。

(一)菜粉蝶

菜粉蝶的幼虫称菜青虫，遍布世界各地，以幼虫为害板蓝根等十字花科植物为主，初龄幼虫在叶背啃食叶肉，残留表皮，3 龄后将叶片食成缺刻和孔洞，严重时残留叶柄和叶脉，同时排出虫粪污染叶面。幼虫为害造成的伤口又可引起软腐病的侵染和流行，严重影响板蓝根的产量和品质。

1. 形态特征

成虫：体长 12～20 mm，翅展 45～55 mm。体灰黑色，翅白色。雌虫前翅顶角有 1 个较大的三角形黑斑，中央外侧雌蛾有 2 个圆形黑斑，呈纵向排列。雄蛾不明显，下方 1 个黑斑多消失。后翅基部黑灰色，前缘近外侧也有 1 个圆形黑斑，当翅展开时，前后翅的 3 个黑斑排列在 1 条纵线上。雄蝶体略小。

卵：瓶形，长约 1 mm。初产时淡黄色，后变橙黄色，表面有 10 余条纵、横列的脊纹，形成长方形的小格，卵散产。

幼虫：共 5 龄，老熟幼虫体长 28～35 mm，青绿色，背线淡黄色。每腹节均有 4～5 个皱纹，密布小黑毛瘤，上生细毛，沿气门线，有黄色斑点 1 列。

蛹：长 18～21 mm，纺锤形，两端尖细，中部膨大而有棱角状突起(图 3-64)。

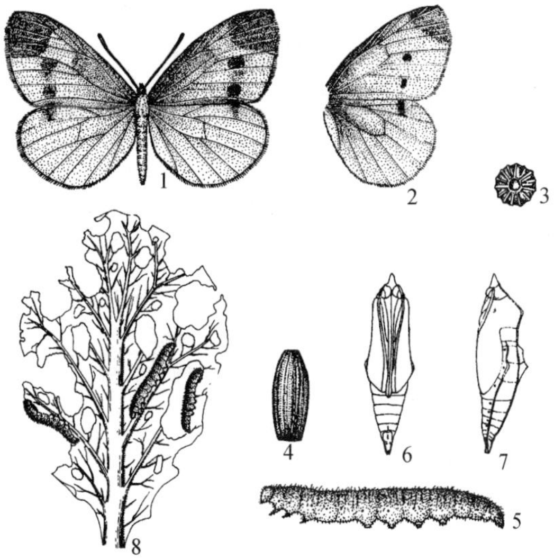

图 3-64　菜粉蝶

1. 雌成虫　2. 雄成虫前后翅　3. 卵正面观　4. 卵　5. 幼虫　6. 蛹腹面观　7. 蛹侧面观　8. 为害状

2. 生活习性

菜粉蝶 1 年发生多代，由北向南世代逐渐增多，黑龙江 1 年发生 3～4 代，河北 1 年发生 4～5 代，江苏 1 年发生 7 代，浙江、四川、湖北 1 年发生 8 代，湖南 8～9 代。各地均以蛹在寄主植物附近的房屋墙壁、篱笆、风障、树干上，也有的在砖石、土缝、杂草或残株落叶间越冬。由于越冬场所不同，环境条件差异较大，羽化期参差不齐，造成世代重叠现象严重。一般春(4～6 月)、秋(8～10 月)有 2 次盛发期，这两个时期正是十字花科植物大量栽培的季节，食料丰富、成虫繁殖力强、为害最重。10 月中、下旬以后老熟幼虫陆续化蛹越冬。

成虫夜间、阴天或风雨天栖息在生长茂密的植物上，白天露水干后活动、取食，以晴朗无风的中午最活跃，常在蜜源植物和产卵寄主之间雌雄追逐飞翔。卵多散产在叶片背面，边飞边产，单雌产卵 10～100 粒。据观察，雌虫产卵对十字花科寄主不同种类有选择性，在板蓝根与白菜，特别是厚叶片的甘蓝和花椰菜同田块种植条件下，雌虫趋向后者产卵，否则集中在板蓝根叶片上产卵，幼虫孵化后板蓝根受害严重。

幼虫多在清晨孵化，先取食卵壳，再取食叶肉，仅留下表皮；1～2 龄幼虫有吐丝下坠习性，4～5 龄进入暴食期，食量约占幼虫期总食量的 80%以上。有假死性，当受惊后可蜷缩身体坠地。幼虫行动迟缓，但老龄时爬行很远至隐蔽处化蛹。

菜粉蝶的天敌很多，卵的寄生天敌有广赤眼蜂，寄生率超过 27%；幼虫的寄生天敌有黄绒茧蜂、微红绒茧蜂，捕食性天敌有胡蜂等；蛹的寄生天敌有粉蝶金小蜂、凤蝶金小蜂、广大腿蜂。此外，还有菜青虫颗粒体病毒、苏云金杆菌等。

（二）凤蝶

凤蝶类害虫属鳞翅目凤蝶科，主要包括柑橘凤蝶和茴香凤蝶。柑橘凤蝶又名花椒凤蝶，分布全国各地，可为害吴茱萸、佛手、枳壳、花椒等芸香科药用植物；茴香凤蝶又名黄凤蝶、金凤蝶，国内分布在浙江、江西、四川、贵州、福建、广东、广西、东北、华北、西北等省区，可为害柴胡、当归、防风、小茴香、白芷、杜仲、沙参、川芎等药用植物，凤蝶以幼虫取食幼芽、嫩叶，造成孔洞或缺刻，严重时幼枝上叶片常被吃光。

1．形态特征

两种凤蝶的主要形态特征区别见表3-10。

表3-10　两种凤蝶的主要形态特征区别

虫态	项目	柑橘凤蝶	茴香凤蝶
成虫	体色	淡黄绿至暗黄，体背中间有黑色纵带，两侧黄白色	黄色，背脊为黑色宽纵纹
	前翅	翅面上有黄黑相间的斑纹，近外缘有8个新月形黄斑，翅中央从前缘至后缘有8个由小渐大的1列黄色斑纹，翅基部近前缘处有4条放射状黄色条纹，中室上方有2个黄色新月斑	金黄色，有光泽。中室基部无纵纹，中室端部及横脉外各有1个大黑斑。翅中央从前缘至后缘有8个由小渐大的1列黄色斑纹，翅的外缘有黑带，在外缘及黑带内有8个新月形斑
	后翅	黑色，外缘有波形黄线纹，亚外缘处有6个新月形黄斑，基部有8个黄斑。臀角处有1橙黄色圆斑，斑内有1小黑点	翅脉纹黑色，后翅外缘有6个新月形斑，近外缘为蓝色斑纹，并在近后缘处呈一红斑
	体长	40～48 mm	52～55 mm
幼虫	体色	黑色→黑褐色→黄绿色	绿色，头部具黑纵纹
	体背	1龄幼虫黑色，多刺毛；2～4龄黑褐色，有白色斜带纹，虫体似鸟粪；成长幼虫黄绿色，后胸背面有蛇眼纹，后胸及第一腹节有蓝黑色带状斑。腹部第4、5节两侧各有1条蓝黑色斜纹分别延伸至第5、6节背面相交。臭腺角橙黄色	光洁而无棘突，胸、腹各节背面具短黑横斑纹并间有金黄色斑点。胸、腹足外侧均有2个黑斑。臭腺角黄色
卵	颜色	黄绿色→深褐色	黄色→紫黑色

2．生活习性

柑橘凤蝶：东北1年发生1～2代；黄河流域1年发生2～3代；长江流域及以南地区1年发生3～4代。各地均以蛹在寄主叶背、枝干及其他隐蔽场所越冬。幼虫共5龄，初孵幼虫先取食卵壳，后昼夜取食嫩叶，形成透明小斑，严重的仅剩主脉和叶柄。幼虫受惊，伸出臭腺角，释放强烈的芳香气味。幼虫老熟后在叶背或枝条等隐蔽场所吐丝固着腹末，再做1条环绕腹部第2～3节间，将身体系在树枝或叶背化蛹。成虫飞翔能力强，吸食花蜜。卵散产于枝梢或幼叶的尖端或边缘，单雌产卵48粒以上（图3-65）。

茴香凤蝶：1年发生2代。以蛹在灌木丛越冬。翌春4～5月间羽化，第1代幼虫发生于

5～6 月，成虫于 6～7 月间羽化。第 2 代幼虫发生于 7～8 月，当幼虫受惊伸出臭腺角，分泌臭液以防御。幼虫老熟后在寄主叶片或枝条上化蛹，先吐丝把体末固定在附着物上，然后吐丝把虫体中部和附着物松缠，化蛹。成虫白天吸食花蜜，飞翔能力强。卵散产于叶背面，幼虫白天静伏于叶背及茎上，夜间蚕食嫩叶和未老化的成长叶片。

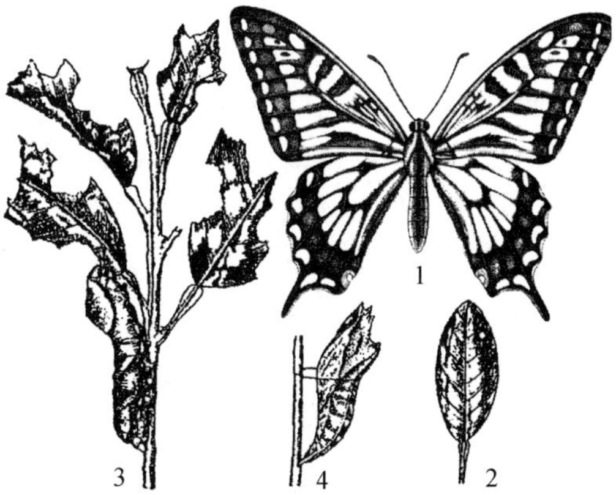

图 3-65　柑橘凤蝶

1. 成虫　2. 叶片上的卵　3. 幼虫为害状　4. 蛹

(三)蝶类的防治措施

(1)农业防治。加强田间管理，铲除田间杂草，及时清除田内外残株落叶，深翻药田，减少虫源；人工捕捉幼虫、蛹或成虫；板蓝根田内避免十字花科蔬菜连作，与非十字花科蔬菜轮作，或适量套种引诱植物甘蓝或花椰菜，引诱成虫产卵，集中杀灭幼虫。

(2)物理防治。糖醋液诱杀成虫。

(3)生物防治。保护利用天敌。天敌发生期应注意少用或不要化学农药，及时调查卵寄生率，保护被寄生的卵和蛹，利于天敌的繁殖，或在幼虫发生期喷施青虫菌或苏云金杆菌 HD-1 可湿性粉剂喷雾。

(4)药剂防治。应用植物源杀虫剂，如 2.5％鱼藤酮乳油，或 0.65％茴蒿素水剂按推荐比例喷雾使用；应用昆虫生长调节剂，如 25％灭幼脲 3 号悬浮剂、20％抑食肼可湿性粉剂、5％定虫隆(抑太保)乳油按比例喷雾使用，昆虫生长调节剂药效缓慢，故施药适期应比一般有机磷、菊酯类农药提早 3 d 左右；应用化学农药，如 50％辛硫磷乳油、20％菊马乳油或菊杀乳油、2.5％功夫乳油、18％阿维・烟碱水剂或 2.5％溴氰菊酯乳油按推荐浓度喷雾。

六、夜蛾类

(一)棉铃虫

棉铃虫又称棉铃实夜蛾，属鳞翅目夜蛾科，在国内各地均有分布。寄主种类繁多，受害药材有黄芪、牛蒡、枸杞、丹参、藿香、薏苡、白扁豆、玫瑰、月季、穿心莲、颠茄、金银花、薄荷等。幼虫先取食未展开的嫩叶，后钻入花蕾、花及果实内蛀食为害。嫩叶受害，展开后呈破叶；蕾、花受害，常引起落蕾、落花；为害枸杞时爬上枸杞植株取食果实成孔洞；为害白扁豆时幼虫吐丝将花瓣、嫩荚缀连在一起躲在其中取食。

1. 形态特征

成虫：体长 14～18 mm，翅展 30～38 mm。体色多变，有黄褐色、灰褐色、绿褐色及赤褐色等，一般雌蛾红褐色，雄蛾灰绿色。前翅翅尖突伸，外缘较直，肾状纹、环状纹及各横线不大清晰，中横线由肾状纹下斜伸至翅后缘，末端达环状纹的正下方。外横线斜向后伸达肾状纹正下方。后翅灰白色，沿外缘有黑褐色宽带，宽带中部 2 个灰白不靠外缘，翅脉黑褐色。

卵:半球形,高约 0.5 mm,直径 0.46 mm 左右,乳白色,具纵横网格;初产时乳白色,后渐成黄白色。

幼虫:共 6 龄,老熟幼虫体长 40～50 mm,头部黄褐色,体色变化很大,一般有淡红色、淡绿色、绿色、红褐色等类型。背线、亚背线和气门上线呈深色纵线,气门多呈白色,体表布满褐色和灰色小刺,刚毛长而尖,底座毛片大。

蛹:长 17～21 mm,纺锤形,赤褐色至黑褐色;第 5～7 腹节前缘密布比体色略深的环状刻点,尾端有臀刺两根(图 3-66)。

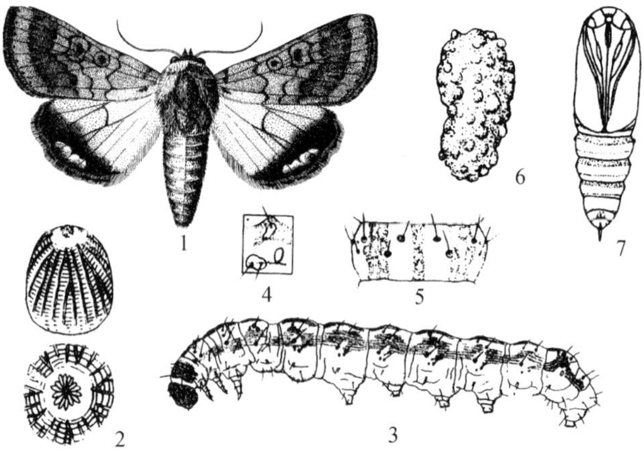

图 3-66　棉铃虫

1. 成虫　2. 卵　3. 幼虫　4. 幼虫前胸气门前 2 毛位与气门的关系
5. 幼虫第二腹节背面观　6. 土茧　7. 蛹

2. 生活习性

棉铃虫在华北地区每年发生 3～6 代,长江流域每年发生 4～5 代,以蛹在地下土室内越冬。地区、药材种类不同,受害时期及代次也不同,如牛蒡花果期主要受第一代棉铃虫为害;而黄芪、丹参、白扁豆等花果期为 6～10 月,受第三、四代为害较重。成虫产卵于寄主嫩叶、花蕾等处。初孵幼虫取食未展开的嫩叶或花蕾,2 龄后钻入蕾、花、果内蛀食,虫粪排在洞外。幼虫有转移为害习性,老熟后入土化蛹。

棉铃虫成虫昼伏夜出,在 19:00～21:00 和清晨 03:00～04:00 常出现两个活动高峰。羽化后需吸食花蜜、蚜虫的蜜露等做补充营养。雌虫有多次交配习性。每雌产卵 500～1 000 粒。成虫飞翔力强,对黑光灯有较强的趋性,棉铃虫在下半夜扑灯数量多于上半夜。黎明前,棉铃虫对半枯萎的杨、柳、洋槐、紫穗槐等树枝把散发的气味表现有趋性。

棉铃虫生育适温为 25～28℃,相对湿度 75%～90%,为害期间降雨次数多且雨量分布均匀易大发生。干旱地区灌水及时或水肥条件好、长势旺盛的药用植物田,前茬作物是麦类或绿肥的田块及玉米与药用植物邻作,对棉铃虫发生有利。

棉铃虫的天敌种类很多,有赤眼蜂、绒茧蜂、茧蜂、姬蜂、寄蝇、蜘蛛、草蛉、瓢虫、螳螂、小花蝽等 60 多种。

(二)黏虫

黏虫又名行军虫、五色虫、夜盗虫、剃枝虫等,属鳞翅目夜蛾科。在我国分布极广,除局部地区外，各省区均有发生。药用植物寄主主要有薏苡。大发生时，将叶片全部食光，穗咬断，造成产量降低和品质下降，因其具有群集性、迁飞性、暴食性、杂食性等特性，成为全国重要的害虫。

1. 形态特征

成虫：体长 16～20 mm，翅展 40～45 mm，头部、胸部灰褐色，腹部暗褐色，前翅淡灰褐色，前翅中央近前缘处有 2 个淡黄色圆斑，外方圆斑下有 1 个小白点，其两侧各有 1 小黑点，顶角具 1 条伸向后缘的黑色斜纹，外缘线为一列横点。

卵：馒头形，直径 0.5 mm，表面具网状脊纹，初产时乳白色，后变黄白色，孵化前呈灰黑色，单层排列成行，形成卵块。

幼虫：老熟幼虫体长 38 mm。体色多变。头部黄褐色，沿蜕裂线有“八”字形棕黑色纹，体背具各色纵条纹，背中线白色，边缘有细黑线，亚背线红褐色，上下镶有灰白色细条纹。气门黑色，气门线黄色，上下有白色带纹，腹足外侧各有 1 个黑褐色斑。

蛹：红褐色，体长约 20 mm。腹部背面 5～7 节近前缘有马蹄形刻纹。尾刺 3 对，中间的 1 对大而直，两侧的细小弯曲(图 3-67)。

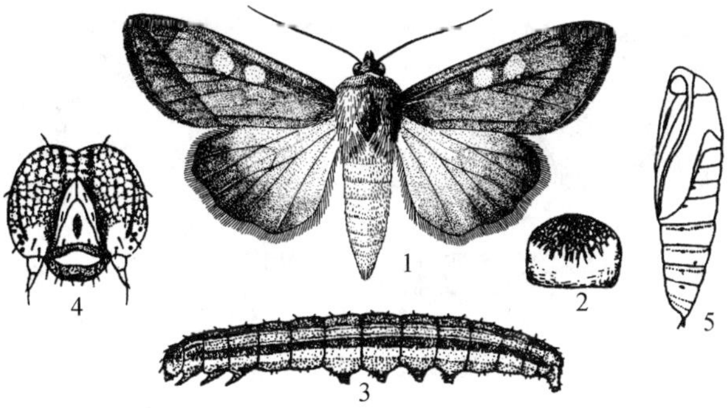

图 3-67　黏虫

1. 成虫　2. 卵　3. 幼虫　4. 幼虫头部　5. 蛹

2. 生活习性

黏虫无滞育现象，在国内年发生 1～8 代。发生世代随纬度的升高而减少。据研究，在我国东半部地区的越冬界限为 1 月份 0°等温线或北纬 33°。在 1 月份 0～4℃等温线(30°～33°N)冬季黏虫以蛹和幼虫越冬；4～8℃等温线(27°～30°N)之间，冬季黏虫虽能取食，但种群稀少；8℃等温线(27°N)以南，黏虫可终年繁殖为害。在越冬界以北的地区，每年初发世代虫源均由南方随气流远距离迁飞而至，一次可飞行 500 km 左右。

成虫昼伏夜出，白天潜伏在隐蔽的场所，傍晚及夜间进行取食、交尾产卵活动等，对糖、醋、酒混合液和杨柳树枝把有强烈的趋性，也喜食蜜源植物及蚜虫、介壳虫等昆虫分泌的蜜露、腐烂的水果、发酵的粉浆、胡萝卜、甘薯和酒糟等。趋光性弱，但对黑光灯有较强的趋性。成虫繁殖力强，产卵成块，每块 20～40 粒，每只雌蛾能产卵 1 000～2 000 粒。卵多产在寄主下部枯黄叶片的尖端或叶鞘内，排列成行。由分泌的胶质互相黏成块，随胶质的干涸而使叶纵卷成棒状。

幼虫孵化后先取食卵壳，后爬至叶面分散为害。初龄幼虫一经触动，即吐丝下垂，多潜伏在寄主心叶、叶腋等处；啃食叶肉形成透明条纹状斑；3 龄后有假死性，沿叶缘啃食成缺刻；5～

6龄进入暴食期，食量占整个幼虫期的90%以上，该期幼虫的抗药性也比2～3龄幼虫高10倍左右。食料缺乏时，大龄幼虫则成群向田外迁移，亦有互相残杀的习性。幼虫老熟后在寄主附近表土层3 cm左右筑土室化蛹。幼虫发生量大时常成群结队由一块田向另一块田转移为害。

黏虫的发生数量受虫源基数、气候条件、蜜源植物和天敌等因素的综合影响。黏虫属中温好湿的害虫。最适温度为19～22℃，相对湿度在70%以上；温度低于15℃或高于25℃，相对湿度低于65%，对成虫产卵、幼虫孵化和成活都有明显的影响。因此，群众中有“阴雨连绵生黏虫”之谚语，一般降雨有利于黏虫的发生，但在成虫发生期和产卵期，暴雨对黏虫种群数量的影响较大。

(三)斜纹夜蛾、甜菜夜蛾、苜蓿夜蛾

1. 分布及寄主

斜纹夜蛾：分布在全国各地，为暴发性害虫(图3-68)。此虫食性极广，寄主植物已知99科290多种。为害药用植物种类有人参、西洋参、黄芪、何首乌、酸浆、板蓝根、泽泻、地黄、郁金香等。

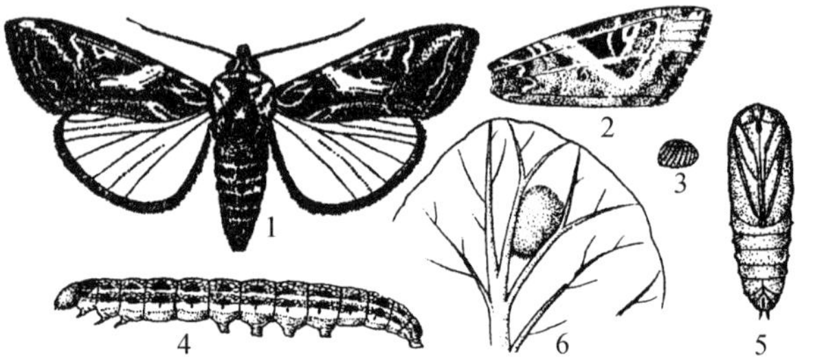

图3-68　斜纹夜蛾

1. 雌成虫　2. 雄成虫前翅　3. 卵　4. 幼虫　5. 蛹　6. 叶片上的卵块

甜菜夜蛾：为世界性暴发性害虫(图3-69)，分布在河南、河北、山东、陕西及东北、西北与长江流域各省区。主要药用植物寄主有薄荷、红花等。

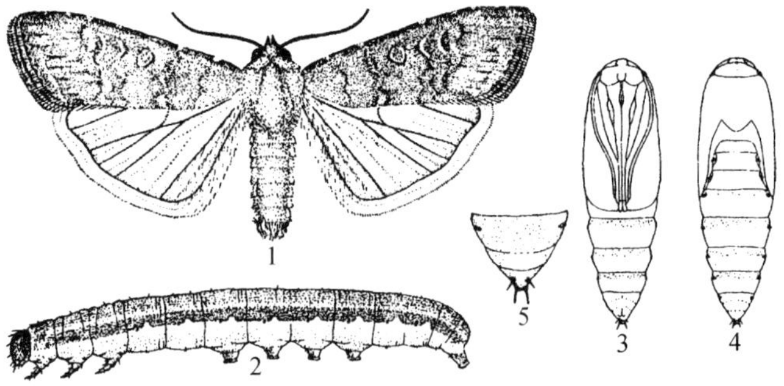

图3-69　甜菜夜蛾

1. 成虫　2. 幼虫　3. 蛹腹面观　4. 蛹背面观　5. 蛹末端背面

苜蓿夜蛾：分布在东北、华北、华中地区及内蒙古、江苏等省区。食性很杂，据报道被害作物有70多种，药用植物寄主有黄芩、蛇床子等。

2. 形态特征

三种夜蛾的主要形态特征区别见表3-11。

表3-11　三种夜蛾的主要形态特征区别

虫态	项目	斜纹夜蛾	甜菜夜蛾	苜蓿夜蛾
成虫	体长	14～20 mm	8～10 mm	14～16 mm
	体色	深褐色	灰褐色	灰褐色而带有青绿色
	前翅	灰褐色，环状纹不明显，肾状纹前部白色，后部黑色，在环状纹与肾状纹之间，有3条由前缘伸向后缘外方的白色斜纹	内横线和外横线均为黑白二色双线，外缘线由1列三角形黑斑组成；肾状纹灰黄褐色；环状纹黄褐色	环纹由中央1个棕色点和外围3个棕色点组成；肾形纹黑褐色，中横线为一上窄下宽的暗褐色带；外横线与亚缘线间为一褐色带，翅脉间为黑点，外缘线在翅脉间也呈一列黑点
	后翅	白色，外缘暗褐色	银白色，翅缘黑褐色	淡黄褐色，外缘有一黑色宽带，其中夹有心脏形淡褐斑。近前部有褐色枕形的斑纹。缘毛黄白色
幼虫	体长	35～47 mm	22 mm	31～37 mm
	体背	中胸至第九腹节亚背线上缘各有1对三角形黑斑。背线、亚背线及气门下线均为黄色及橙黄色	气门下线有1条黄白色的纵带，直达腹部末端。各节气门的后上方有1小白点，绿色型幼虫最明显	背线及亚背线黑褐色，气门线黄绿色，前胸背板上密布细小刚毛。腹面黄色，胸足和腹足黄绿色
卵	形状 颜色 特征	扁平球形，表面有网状纹 白色→淡绿色 卵块不规则重叠2～3层，上覆盖灰黄色绒毛	半球形 白色 卵粒重叠成块，卵块表面覆盖白色鳞毛	扁圆形 白色→黄绿色 卵壳表面有许多纵脊，长短不一

3. 生活习性

斜纹夜蛾：华北地区1年发生4～5代，长江流域1年发生5～6代，福建、广东等省可终年繁殖。每年以7～10月为害最重。幼虫共6龄，初孵幼虫群集叶背取食，将人参、西洋参叶片吃成纱网状，2龄后分散为害，4龄后有背光习性，白天栖息于地面或土缝，傍晚取食。幼虫可成群迁移，有假死性。老熟幼虫入1～3 cm深做土室化蛹。成虫有趋光性和趋化性，昼伏夜出，以20:00～24:00活动最盛，喜食糖酒醋等发酵物及取食花蜜作补充营养的习性。卵多产于叶背，每雌产卵1 000～2 000粒。

斜纹夜蛾是一种迁飞性害虫，常间歇性发生，喜高温，生长发育适宜温度为29～30℃，但其抗寒力弱，在0℃左右的低温下大量死亡。其天敌种类较多，主要有绒茧蜂、广大腿蜂、步行虫、瓢虫、鸟类和病毒等。

甜菜夜蛾：华北地区1年发生4～5代，长江流域1年发生5～6代。北方地区以蛹在土室内越冬，南方以幼虫或蛹越冬。初孵幼虫群集为害，1～2 龄幼虫咬食叶肉，仅留 1 层表皮，形成纱网状叶，幼虫受惊吐丝下垂；3 龄后进入暴食期，其取食量占整个幼虫期取食量的 90％以上。4 龄后昼伏夜出，大发生时可成群迁移，有互相残杀习性和假死性，幼虫共 5 龄，老熟后入土吐丝筑茧室化蛹。成虫昼伏夜出，飞翔能力强，飞翔时有一定的群集性，有趋光性和趋化性，喜在开花的植物上群集取食。成虫产卵于植株下部叶背，卵块上覆盖灰白色绒毛。甜菜夜蛾属于喜高温、干旱的害虫。幼虫和成虫在 43.3℃下经 4 h，对其发育和寿命均无影响，但幼虫和成虫抗寒力较弱，幼虫在 2℃下经数日便大量死亡，成虫在 0℃下经数小时便可死亡。

苜蓿夜蛾：北方地区 1 年发生 2 代。以蛹在土中越冬。据河北承德观察，6 月中旬前后出现越冬代成虫；第 1 代低龄幼虫取食黄芩嫩头，8 月中旬前后出现第 1 代成虫。第 2 代幼虫以 8 月下旬到 9 月中旬为害最重，9 月下旬幼虫开始入土化蛹越冬。成虫昼伏夜出，白天隐身于黄芩植株中、下旬层叶片，受惊扰后在植株间做短距离飞翔；夜间进行交尾，有吸食花蜜补充营养的习性和趋光性。产卵于叶片背面。幼虫日夜取食为害，以夜间取食为盛，低龄幼虫喜取食黄芩嫩头或上层叶片，受惊后迅速后退，高龄幼虫喜为害中、下旬层叶片，受惊后则卷成环形，落地假死。

(四)夜蛾类的防治措施

1. 农业防治

秋、冬季清除残株败叶，铲除杂草，深耕土壤，生长期勤锄草，消灭越冬代幼虫或蛹，降低虫口基数；生长季节，及时摘除卵块和初孵幼虫的被害叶，集中销毁；利用幼虫的假死性，振动寄主，使幼虫震落杀死。

2. 物理防治

成虫盛发期可用黑光灯、频振式杀虫灯等诱杀成虫。也可利用昆虫的趋化性配糖醋液(酒、水、糖、醋的比例为 1∶2∶3∶4)加少量敌百虫诱杀成虫；或每公顷设 30～40 个杨树枝把或谷草把，每日清晨用塑料袋套蛾捕杀，并将谷草或杨树枝把及时烧毁，降低田间落卵量和幼虫密度。

3. 生物防治

在卵盛期至 2 龄幼虫期用 Bt 制剂、青虫菌粉、茴蒿素、除虫脲胶悬剂、灭幼脲 3 号等生物农药连续喷 2 次，每次间隔 10 d；也可在夜蛾类卵初盛期至盛期，分别释放松毛虫赤眼蜂、螟黄赤眼蜂，隔 3～5 d 再放 1 次，连续 3～4 次，卵寄生率可达 80％。

4. 药剂防治

0.3％苦参素水剂、20％或 25％氰·辛乳油或 4.5％高效氯氰菊酯、50％辛硫磷乳油、2.5％敌百虫粉、48％乐斯本乳油、50％巴丹可湿性粉剂、20％速灭杀丁乳油、25％西维因可湿性粉剂、4.2％甲维盐高氯乳油、2.5％溴氰菊酯乳油等药剂防效明显。要求喷雾均匀周到，田间地头、路边的杂草都要喷到。

学习任务二 主要鞘翅目害虫的识别与防治

一、叶甲类

叶甲类害虫很多，成虫和幼虫均可为害，主要有枸杞负泥虫、黑足黑守瓜、蓼金花虫、枸杞龟甲等，本部分重点介绍枸杞负泥虫。

枸杞负泥虫又名背粪虫，属鞘翅目叶甲科。分布于内蒙古、宁夏、新疆、甘肃、四川、北京、河北、山西、山东、江苏和福建等地，主要为害药用植物枸杞、颠茄等。成、幼虫均可残食叶片，将叶片食成孔洞、缺刻。受害轻者，叶片被排泄物污染，影响生长和结果；大发生时枸杞全株叶片和嫩梢焦黄，严重影响枸杞产量和品质。

(一)形态特征

成虫：体长 4.5～6.0 mm，复眼大，突出于两侧。头胸狭长，头部、触角、前胸背板、小盾片和体节腹面为蓝黑色，腹节两侧和末端红褐色，头部密布细刻点，前胸背板圆筒形，分布刻点较细，两侧中央凹入，背面中央后缘处有一凹陷，鞘翅黄褐色至红褐色，通常有 2～10 个黑色斑点，并有粗黑点纵列，足腿节和胫节基部黄色，其余为黑色。

卵：长椭圆形，长径为 1 mm 左右，橙黄色，卵壳很薄，略透明。

幼虫：体长约 7 mm，头黑褐色，体灰白色，腹部肥大隆起，各节背面有 2 横列细毛，并密布很细小的黑点，胸足 3 对，腹部各节腹面有吸盘 1 对，用于附着叶面，肛门向上开口(粪便堆积在体背而得名负泥虫)。

蛹：体长约 4.5 mm，淡黄色，腹端有刺状物 2 根，蛹外有灰白色棉絮状的茧包裹。茧长 5～6 mm(图 3-70)。

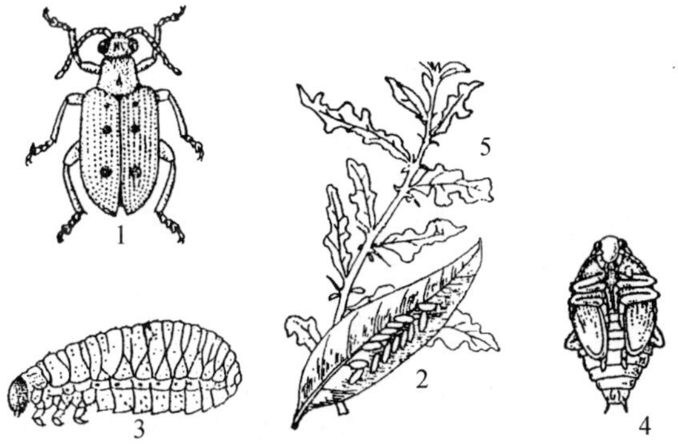

图 3-70 枸杞负泥虫

1. 成虫 2. 卵块 3. 幼虫 4. 蛹 5. 被害状

(二)生活习性

枸杞负泥虫在不同地区发生代数及越冬虫态不同，据报道在河南、河北、吉林地区 1 年发生 5 代，呼和浩特地区 1 年发生 4～5 代，黑龙江省西部地区 1 年发生 3～4 代。以蛹、成虫在被害株下 3～5 cm 的土中越冬，以成虫越冬为主。

枸杞负泥虫非越冬成虫出蛰后开始交尾补充营养，白天大量聚集在刚发出嫩芽的枸杞的枝条上为害，高温时活动较盛，受惊落地假死，不善飞行，取食、求偶活动均爬行。可多次交尾，单雌产卵量 80～90 粒，卵产在叶片正反两面呈“人”字形单层排列，每块有卵数粒至十余粒。

幼虫共3龄。初孵幼虫多群集于产卵叶背为害，取食下表皮和叶肉，呈圆形或不规则的凹斑；2龄即分散取食，呈不规则的斑块和孔洞；3龄食量增加，被食叶出现不规则的孔洞、缺刻或渔网状，严重时整片叶被吃光。幼虫老熟后下树入土，吐丝黏结土粒呈椭圆形棉絮状茧，于内化蛹越冬蛹。

(三)防治措施

(1)农业防治。春、秋两季修剪整枝，清理田园，减少害虫越冬基数和滋生场所。夏季要适时耕翻铲园，清除杂草，合理施肥，提高树势。早春和晚秋灌水灭虫，破坏其越冬环境，以消灭越冬虫口。利用成虫假死性和飞行能力较差及幼虫群聚性等习性进行人工捕杀。产卵期摘除着卵的叶片带出田块集中消灭。

(2)生物防治。保护利用食肉螨、线虫、大斑啄木鸟对其进行控制。也可在幼虫期使用1.2%苦烟乳油、1.8%阿维菌素乳油、25%灭幼脲3号胶悬剂、0.65%蛔蒿素水剂喷雾，成虫发生期选用0.5%印楝素乳油，防治效果均达90%以上。

(3)药剂防治。4月下旬越冬代成虫开始活动时期，可用50%辛硫磷乳油按比例加适量的水拌成毒土，撒入枸杞田中再中耕；低龄幼虫期可选用1.8%爱福丁乳油、20%速灭杀丁乳油或20%杀灭菊酯乳油、2.5%溴氰菊酯乳油、5%锐劲特悬浮剂等药剂按推荐浓度喷雾防治。

二、瓢甲类

瓢甲类昆虫属于鞘翅目瓢甲科，食性比较复杂，肉食性种类是害虫的天敌；植食性种类是植物的害虫。为害药用植物的主要种类有马铃薯瓢虫、茄二十八星瓢虫等(图3-71、图3-72)，前者主要分布在我国北方，后者主要分布在长江以南各省。寄主主要有瓜蒌、龙葵、曼陀罗、枸杞、洋金花、颠茄等。它们以成虫和幼虫取食植物下表皮和叶肉，残留一层上表皮，形成许多不规则的透明斑，状如箩底，受害叶片皱缩干枯，严重时只剩残茎。

(一)形态特征

两种瓢虫主要区别见表3-12。

表3-12　两种瓢甲的形态特征区别

虫态	项目	马铃薯瓢虫	茄二十八星瓢虫
成虫	体长	7～8 mm	6 mm
	体色	赤褐色	黄褐色
	前胸背板	前缘凹入，前缘角突出，中央有1纵行剑状大黑斑，两侧各有2个小黑斑	中央有1条横行双菱形黑斑，该斑后方有1个黑斑，两侧各有2个较大黑斑
	鞘翅	每个鞘翅各有14个大黑斑，两鞘翅合缝处有1～2对黑斑相连	每个鞘翅各有14个大黑斑，其中第二列的4个黑斑基本在一条直线上，两鞘翅合缝处的黑斑不相连

续表3-12

虫态	项目	马铃薯瓢虫	茄二十八星瓢虫
幼虫	体色	鲜黄色	淡黄色→白色
	体背	有黑色粗大枝刺	具白色枝刺
卵	形状 颜色 特征	纺锤形 鲜黄色→黄褐色 卵粒排列不太紧密，个别卵粒松散且倾斜	子弹头型 乳白色→褐色 卵粒排列整齐、紧密
蛹	体色 特征	黄白色，被棕色细毛。椭圆形 背面隆起，上有黑色斑纹，尾端包裹着幼虫末次蜕皮的皮壳	淡黄色，椭圆形 背面有黑色斑纹，尾端包裹着幼虫末次蜕皮的皮壳

(二)生活习性

马铃薯瓢虫在东北、华北1年发生2代，茄二十八星瓢虫在南方1年4～6代。均以成虫在背风、向阳的石缝、杂草、灌木、树洞、树根、屋檐等缝隙中越冬。日平均气温达16℃以上时，越冬代成虫开始活动，为害枸杞、龙葵等药用植物，6月转移到瓜蒌上为害。在华北地区第一代卵盛期在6月上、中旬，幼虫发生在7月下旬至8月上旬。第二代卵发生期为8月上旬，8月下旬为幼虫为害盛期。8月底幼虫化蛹，9月中旬成虫陆续迁移越冬，10月上旬全部进入越冬状态。成虫白天活动，早晚潜伏，飞翔能力强，有假死性。卵多产于叶背。幼虫共4龄。初孵幼虫群集于叶背，2龄后分散为害，3～4龄食量大增，为害状与成虫相同。幼虫和成虫均有残食同类卵的习性。幼虫老熟后，在为害处或附近的杂草上化蛹。

马铃薯瓢虫喜温暖湿润的气候。适宜的温度为22～28℃，低于16℃成虫不能产卵，夏季高温也限制其发生；28℃以上幼虫不能发育为成虫，30℃以上卵不能孵化。气候干旱也影响成虫产卵、卵的孵化和幼虫存活，暴雨对虫口基数有明显抑制作用(图3-71)。

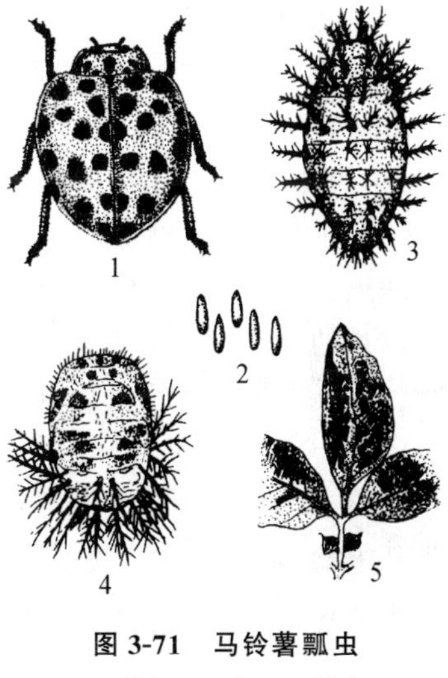

图3-71　马铃薯瓢虫

1. 成虫　2. 卵　3. 幼虫　4. 蛹　5. 为害状

茄二十八星瓢虫发生规律近似马铃薯瓢虫，北方一年发生2代，在长江流域年发生3～5代，第1代为害程度最重，其次是第2代，第3代最轻。成虫在地边杂草、土缝内过冬。每年3月即开始活动，成虫昼夜取食，有相互残杀和食卵、食蛹习性。卵多产在叶背上，每雌平均产卵400粒左右，初孵幼虫先群集在叶背为害，3龄后逐渐分散，幼虫共分4龄，老熟幼虫倒挂在叶背化蛹。世代重叠，同一个时段常有多种虫态存在。成虫在高温、强光时，常潜伏于叶背和其他隐蔽处活动。成虫和幼虫都有畏光和假死习性，稍有振动，即坠落装死(图3-72)。

(三)防治措施

(1)农业防治。收获后及时清洁田园,清除杂草,消灭越冬成虫;结合田间管理,成虫产卵盛期,摘除卵块,捕杀成虫和幼虫。

(2)药剂防治。马铃薯成虫发生期和幼虫孵化高峰期是防治适期,可用 50%辛硫磷乳油或 50%杀螟松乳油、5%定虫隆乳油、2.5%三氟氯氰菊酯乳油按推荐浓度喷雾使用。

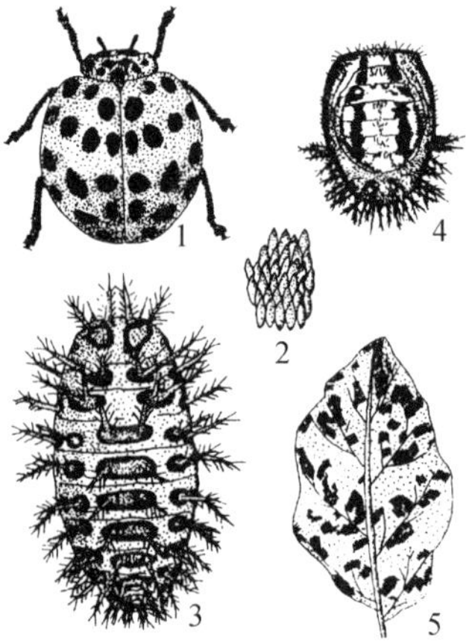

图 3-72　茄二十八星瓢虫
1. 成虫　2. 卵　3. 幼虫
4. 蛹　5. 为害状

三、芫菁类

芫菁类昆虫幼虫期以蝗虫卵为食,是害虫的天敌,同时,不少种类成虫分泌"斑蝥素"是重要的中药;但成虫期以植物为食,是重要的害虫。为害药用植物的种类有中国豆芫菁、大头豆芫菁、暗头豆芫菁等,本部分重点介绍中国豆芫菁。

中国豆芫菁又名中华豆芫菁,属鞘翅目芫菁科,全国大部分地区都有分布,主要为害黄芪、远志等药用植物。成虫取食叶片、嫩荚及花序,虫口密度大时,几天内将植株食成光秆。

(一)形态特征

成虫:体长 14～25 mm,体黑色被细短黑色毛,仅头部两侧后方红色,额中央两复眼间具 1 块红斑;触角基部内侧有 1 个黑色光泽的瘤状突起。雄虫触角栉齿状,雌虫触角丝状。前胸背板中间有 1 条由白色短毛组成的纵纹,鞘翅的周缘均镶有白毛。胸、腹部的腹面两侧和各腹节后缘亦被白毛。前足腿节、胫节背面密被灰短毛,中、后足灰毛稀疏(图 3-73)。

卵:长 3 mm 左右,椭圆形,乳白色后变黄褐色。表面光滑,70～150 粒卵组成菊花状卵块。

幼虫:共 6 龄,各龄幼虫形态不一。1 龄幼虫似步甲幼虫,腹末有 1 对长的尾须,又称"双尾虫"。2～4 龄蛴螬型,胸足短缩,无爪和尾须。5 龄幼虫象甲幼虫型,6 龄幼虫又似蛴螬型,体乳白色,头部褐色。

蛹:灰黄色,裸蛹。复眼黑色,前胸背板两侧具长刺 9 根,后足几达腹部末端,翅芽达第二腹节,触角沿背部达第二腹节,胫端刺和足末端刺红褐色。

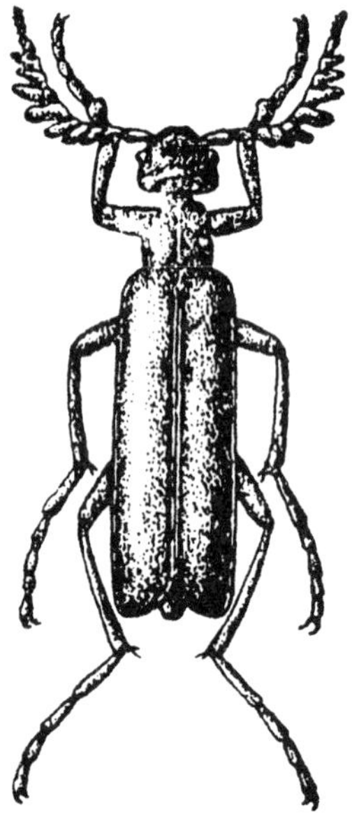

图 3-73　中国豆芫菁成虫

(二)生活习性

中国豆芫菁在华北 1 年发生 1 代,以 5 龄幼虫在土中越冬。翌春发育为 6 龄幼虫,老熟后化蛹。成虫 5～8 月陆续羽化,6～8 月发生数量最多,为害也重。成虫白天活动,飞行力较弱,但爬行力强,有群集取食习性和假死性,受惊时坠落地面或快速散开,常从腿节末端分泌含芫菁素的黄色液体，触及皮肤可导致红肿起泡。成虫为害期间可交尾产卵。雌虫产卵前在地面挖 1 个深 3～5 cm、口窄内宽的土穴，产卵于穴底，尖端向下有黏液相连，排成菊花状。初孵幼虫行动敏捷，分散寻找蝗虫卵为食，如未遇食，10 d 内即死亡，2 龄幼虫行动迟缓，以 4 龄幼虫食量最大，5～6 龄离开食料深入土中，转变为胸足更加退化的假蛹型幼虫，进入越冬状态。

连作地、山坡荒地、河岸、渠道、杂草丛生的田埂等场所为中国豆芫菁的幼虫以蝗卵等为食提供了丰富的食料条件，利于芫菁的发生。

(三)防治措施

(1)农业防治。避免在蝗虫常栖居活动区域种植黄芪、远志等中华豆芫菁的喜食药材。深翻被害药材附近弃耕地、休闲地等，清除杂草，破坏蝗虫和中华豆芫菁产卵场所，机械杀伤、风干或饿死幼虫。成虫群聚为害时，可用网捕灭虫。

(2)药剂防治。成虫发生盛期，喷撒 40%辛硫磷乳油、20%灭多威乳油、2.5%功夫乳油、48%乐斯本乳油、5%锐劲特乳油按推荐浓度喷雾使用。

学习任务三　其他类有害生物的识别与防治

一、软体动物类

软体动物的共同点是食性杂，昼伏夜出，傍晚或清晨为害。它们的幼、成体取食植物的幼嫩部分，将之咬成大小不等的孔洞，或咬断根部及嫩茎，其爬行过的地方留下白色胶质及绳状粪便，影响药用植物的药用价值。同时也为一些病原菌的侵入提供了便利条件。

(一)蜗牛

蜗牛又名水牛、天螺、蜒纳螺，属于陆生软体动物门，腹足纲柄眼目。常见为害种类有灰巴蜗牛与同型巴蜗牛(图 3-74)。

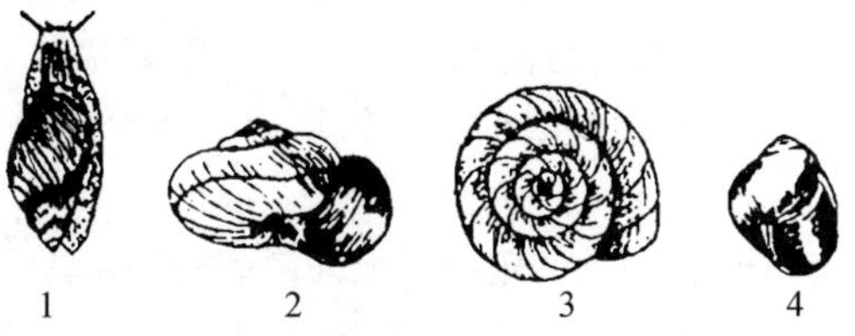

图 3-74　蜗牛

1、4. 灰巴蜗牛　2、3. 同型巴蜗牛

1. 形态特征

灰巴蜗牛与同型巴蜗牛的形态特征区别见表 3-13。

表 3-13　灰巴蜗牛与同型巴蜗牛的形态特征区别

特征	灰巴蜗牛	同型巴蜗牛
蜗牛壳	呈圆球形，壳高 18～21 mm，宽 20～23 mm，有 5～6 1 个螺层	呈扁球形，壳高 11.5～12.5 mm，宽 15～17 mm，有 5～6 个螺层
壳面颜色	壳面黄褐色或琥珀色，常分布暗色不规则形斑点，有细致而稠密生长线和螺纹	壳面黄褐色至灰褐色，有细致而稠密生长线和螺纹
壳顶	壳顶尖，缝合线深	壳顶钝，缝合线深
壳口	呈椭圆形，口缘完整，略外折，锋利，易碎，轴缘在脐孔处外折，略遮盖脐孔	呈马蹄形，口缘锋利，易碎，轴缘外折，遮盖部分脐孔
脐孔	脐孔狭小，呈缝隙状	脐孔小而深，呈圆孔状

2. 生活习性

(1)昼伏夜出。蜗牛喜栖息于灌木丛、草丛、乱石堆、枯枝落叶下、根际土块和土缝中等阴暗潮湿、隐蔽、多腐殖质的环境。也可以在雨后或浇水后，或阴天昼夜活动。同时，傍晚 21:00～24:00 或清晨 07:00～08:00 取食为害。温暖多雨、低洼地有利发生。

(2)食性杂，寄主广，食量大。蜗牛有暴食性，而且有边吃边排泄的习性，据调查 1 头成贝 1 个晚上可咬断 10～20 株刚发芽的白菜苗，而且对老叶、嫩叶没有选择性，所以一旦发生，为害严重。寄主植物有菊花、黄芪、百合、紫苏、黄柏、枣、银杏、红参、白术、莪术等 58 科 200 多种植物。但灰巴蜗牛成、幼贝对蒜、葱、韭、姜及芫荽均表现为忌食，第 2 天便有幼贝开始死亡；成贝第 4 天开始死亡，第 6 天全部死亡。

(3)种群数量多，繁殖率高，寿命长。蜗牛为雌雄同体，既可异体受精，也可同体受精，每一个体都能产卵，1 年繁殖 1～2 代，多在 4～5 月间产卵，一次可产卵 50～60 粒，一生可多次产卵，而且产卵集中，产于植物根部土壤中、石块下或土缝中。幼贝孵化时也比较整齐，因此常集中在一处取食。寿命一般在 2～3 年，这也是其数量多、为害严重的一个原因。

(4)忍耐性强。灰巴蜗牛活动的适宜温度为 16～22℃，在 10～35℃ 的范围内均可取食活动，温度过低或过高都会使处于休眠状态。一年中以春、秋两季为害最重。

(二)野蛞蝓

属软体动物门腹足纲柄眼目蛞蝓科，俗称野蜗牛、鼻涕虫。杂食性，受害药用植物种类较多，如菘蓝、颠茄、瓜蒌、白扁豆等，尤其是苗期受害最重。野蛞蝓成、幼体均能为害，用齿舌刮取叶片、幼芽、嫩茎。轻者叶片被刮食成缺刻、孔洞，重者将叶片吃光或咬断，造成缺苗断行。

1. 形态特征

成体体长 20～30 mm，长梭形、柔软、光滑而无外壳，体表暗黑或暗灰色，头前端有 2 对黑色触角，能收缩。眼长在后触角顶端，黑色。体背隆起，前面有 2 个半圆形硬壳外套膜，约为体长的 1/3，头部收缩时藏于膜下(图 3-75)。腹足扁平，体上有腺体不断分泌黏液，爬过的地方留下白色光亮痕迹。幼体形同成体，稍小。卵椭圆形，透明，常以数粒或数十粒黏集成堆。

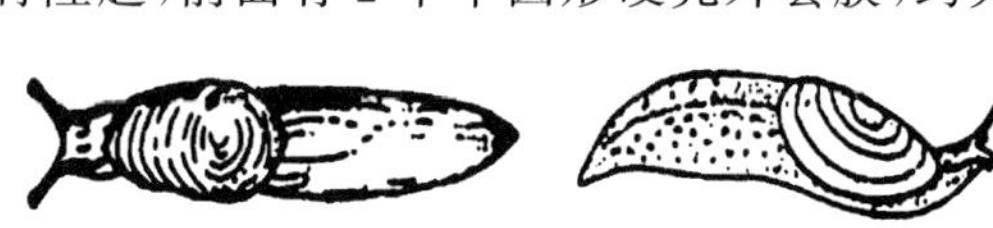

图 3-75　野蛞蝓

2. 生活习性

长江以南地区1年发生2～6代，世代重叠。以成体或幼体在药用植物根际周围的土缝中、枯枝落叶底层、土块、石块下湿土中越冬。在南方，4～6月份和9～11月份是为害高峰期，也是产卵繁殖盛期。在北方，7～9月间为害较重，在温室中可全年为害。

野蛞蝓全身裸露，体壁薄，透水性强，靠腺体分泌黏液保护身体，成、幼体怕光怕热，在强烈日光下2～3 h即被晒死，因此，常生活在阴暗潮湿、含水较多和有机质多的地方。白天多潜伏在作物根际周围的土缝中、湿土块下、草丛中、枯枝落叶下等处，从傍晚开始活动，22:00～24:00达到活动高峰，取食后至次日天亮前又潜回土中。野蛞蝓耐饥能力强，在食物缺乏或不良环境下，不吃不动。雌雄同体，正常情况下异体交配繁殖，亦可同体受精繁殖，卵产于土壤湿度大的土缝中，每隔1～2 d产一次，1～32粒，每处产卵10粒左右，平均产卵400余粒。

活动与药田的温度、空气湿度和土壤湿度有密切关系，遇阴天或小雨天气，蛞蝓成、幼体白天频繁活动。土壤干旱对其不利。当气温为11.5～18.5℃，土壤含水量为20%～30%，对其取食、活动、生长发育有利，若温度大于25℃，则迁徙到土缝或潮湿的地块停止活动；当土壤含水量小于10%或大于40%，会引起死亡或生长受到抑制。

(三)软体动物的防治措施

利用软体动物喜湿怕光特点，采取以农业防治为主的综合防治措施。

1. 农业防治

(1)清洁田园，铲除杂草，及时中耕，排除积水等破坏其栖息和产卵场所。冬季翻耕，使部分成幼体暴露地面冻死。增施磷、钾肥，重施基肥，有机肥要经过充分腐熟。合理密植，增加田间通风透光。

(2)地膜覆盖能明显减轻为害。采用高畦栽培，实行地膜覆盖，破膜提苗，以避免虫害，这是一种较好的农业防治方法。

(3)人工捕杀或诱杀。阴雨天软体动物外出活动时易捕捉，将其集中放于一盛器内，上撒食盐，过5～10 min即可死掉，或捕捉时直接用手(荚子)捏死。也可在种植场外堆集杂草、菜叶或树叶进行诱集，然后集中处理，进行焚烧或撒施石灰粉杀死软体动物。

(4)生物防治。有条件地方可放鸭或蛙类等动物，因为这些动物极喜食软体动物，并可捕食土缝中的蛞蝓、蜗牛等，效果很好。

(5)撒施石灰粉。用粉状的新鲜石灰撒在园地四周，能阻碍其活动，甚至死亡，以减轻为害。每公顷用75～113 kg生石灰，撒于地头及药用植物行间呈带状，保苗效果好。

2. 药剂防治

(1)毒饵诱杀：用蜗牛敌或氧化双三丁基锡等药剂的有效成分2.5%～6%，与糠、豆饼粉或玉米粉等做成毒饵，傍晚撒于园地。利用蛞蝓对甜味、腥味等有趋性特点，可在毒饵中加入糖或腐烂物增强杀虫效果。

(2)撒施农药：用10%蜗牛敌、50%杀螺胺乙醇胺粉剂、2%灭旱螺颗粒、6%蜗牛克星或6%密达等颗粒剂按推荐用量均匀撒在园地，防治效果较好，发生严重田块在药后10～15 d补施1次药，可有效控制为害。

(3)喷施药剂：软体动物外出活动时，可喷90%快灵或90%万灵粉剂2 000倍喷雾，也可喷灭蛭灵或硫酸铜800～1 000倍或1%食盐水。或将榨油后的油茶籽枯饼浸入温水中(饼：

水=1∶4)半小时后获得茶枯原汁,兑水 500～1 000 倍制成茶枯液,喷雾 1～2 次,防效达 95%以上。

二、其他节肢动物类

(一)卷球鼠妇

1. 形态特征

俗称西瓜虫或潮虫,属甲壳纲动物。可为害三七、田七、红花、百合、天麻等多种药用植物,为害方式为咬断植物根须、球根及地上幼嫩部分。体长约 10 mm,背灰色或黑色,宽而扁,有光泽。体分 13 节,第一胸节与颈愈合。有两对触角,其中一对短且不明显。复眼一对,黑色,圆形,微突。初孵出的鼠妇为白色,足 6 对,经过一次蜕皮后有足 7 对(图 3-76)。

图 3-76 卷球鼠妇

2. 生活习性

鼠妇一年发生 1 代,以成、幼体在土壤中越冬。昼伏夜出,喜高温高湿,怕光,白天多栖息在阴暗潮湿的和灌溉水沟两侧的土缝内,阴天也可出来活动取食。对圈肥及腐草有趋性,喜富含有机质、湿润的沙壤土。爬行速度很快,有假死性,受触动后身体立即卷缩呈球形"西瓜状"。

3. 防治措施

(1)农业防治。保持清洁,及时清除杂草与垃圾,避免施用未经充分腐熟的有机肥;在越冬成虫出蛰期可用烂叶、腐草等堆积诱杀,并结合人工捕捉,效果良好。

(2)药剂防治。①拌毒土。用 2.5%敌杀死乳油或 20%速灭杀丁乳油等苗床用药 0.4 mL/m^2;也可用 25%辛硫磷微胶囊 2～4 g、50%敌敌畏乳油 2～4 mL,混土 40 g,撒于苗床上。②土壤处理。用 50%敌敌畏乳油 200 倍液或 5%西维因粉剂每亩 133～266 g 喷洒于地面。③叶面喷雾。可选用 25%增效喹硫磷乳油或 10%吡虫啉乳油,按推荐比例喷施。

学习情境三

吸汁类害虫的识别与防治

知识目标

- 掌握当地药用植物吸汁类害虫的主要种类、为害特点、形态特征及生活习性。

技能目标

- 能根据害虫的为害特点进行分析、判断、借助查阅资料拟定合理的综合防治方案。

学习任务

- 根据为害特点或形态特征，确定害虫种类，并制定吸汁类害虫的综合防治方案。

为害药用植物的吸汁类害虫有两大类：一类是昆虫纲，同翅目、半翅目中的有害昆虫；另一类是蛛形纲，蜱螨目中的螨类。这两类害虫多数为害叶片，用刺吸式口器吸取药用植物的汁液，造成失绿、变色、畸形，严重时焦枯脱落。有些吸汁类害虫同时为害嫩枝、幼茎、花果，使植株生长停滞，甚至枯死。因此，植株受害后，严重影响药材的产量和品质，同时还极可能传播病毒病，对药用植物造成了更严重的间接为害。

一、蚜虫类

蚜虫类是同翅目昆虫中较大的类群，种类多、分布广、寄主多，这类害虫有多型现象，营孤雌生殖和两性生殖，为害药用植物的蚜虫有棉蚜、胡萝卜微管蚜、红花指管蚜、桃蚜等。蚜虫不仅吸食植物汁液，在取食过程中还能排泄“蜜露”易引起煤污病，同时，很多蚜虫能传播病毒病，据统计已有几十种药用植物受此类害虫的为害。

（一）棉蚜

属同翅目蚜科蚜属，俗称腻虫，除西藏未见报道外，广布全国各地，以东半部发生密度较大，是我国药用植物的重要害虫。寄主植物近300种，其中药用植物寄主有菊花、枸杞、颠茄、百合、曼陀罗、郁金香、土木香等。以成虫、若虫群集于寄主的嫩梢、叶片、新芽、花蕾和花朵上吸取汁液，造成叶片皱缩，新芽萎缩，花朵数量减少或变小，不能开花结果。

1. 形态特征

无翅胎生雌蚜：体长1.5～1.9 mm，卵圆形，夏季绿色或黄色，春秋为蓝黑色或深绿色，头黑色，胸部有断续黑斑，腹部第2～6节有缘斑，第7～8节有横带，第8节有毛2根。体表有网纹。触角不及体长的2/3。腹管黑色，尾片有毛4～7根。

有翅胎生雌蚜：体长1.2～1.9 mm，黄绿、淡绿或深绿色，前胸背板黑色，腹部第6～8节各有背横带，第2～4节有缘斑。腹管后斑绕过腹管基部前伸。触角第3节有小环状次生感觉圈4～10个，排成一列。尾片常有毛6根。

卵：椭圆形，长0.5～0.6 mm，初产时橙黄色，后变成漆黑色，有光泽。

若蚜：体长0.5～1.4 mm，形如成蚜，复眼红色，无尾片，共4龄，1龄若蚜触角4节，2、3龄5节，4龄6节(图3-77)。

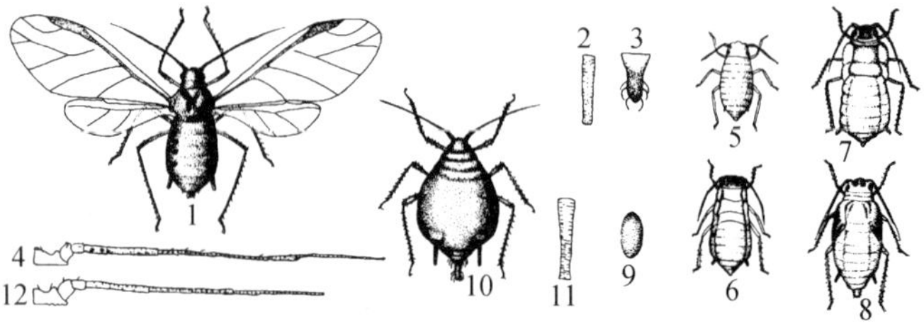

图3-77 棉蚜

有翅胎生雌蚜：1. 成蚜 2. 腹管 3. 尾片 4. 触角 5～8. 1～4龄若蚜 9. 越冬卵

无翅胎生雌蚜：10. 成蚜 11. 腹管 12. 触角

2. 生活习性

棉蚜在我国北方每年发生10～20代，在黄河流域、长江流域和华南地区每年发生20～30代。以卵在越冬寄主枸杞、石榴、花椒、木槿等植物上越冬。华南、云南等地可终年无性繁殖，以若蚜、成蚜度过冬季。棉蚜是一种多食性害虫，越冬寄主和夏季寄主多，在生活史的大部分阶段有趋向植株幼嫩部位取食的习性。繁殖力极强，大部分地区除越冬代为两性生殖外，其余各代均为孤雌生殖，一头雌蚜一生可产60余头若蚜。在群体拥挤、寄主植物的营养条件和气候恶化等因素影响下，会产生有翅的迁飞蚜扩散为害。有翅蚜有趋黄色和橙色的习性，可用黄皿诱蚜和黄色黏胶板诱蚜。

棉蚜适应温度范围较广，在北方寒冷地区耐寒性较强，但冬季气温过低，可影响棉蚜越冬卵的孵化率。早春低温对发育中的胚胎有致死作用，若早春寒流频繁，连续低温，寄主的嫩芽被冻死，越冬卵孵化后会因食物缺乏而死亡。棉蚜发育适宜温度为16～24℃，相对湿度在70%以下，当日平均温度高于28℃，相对湿度大于80%时，繁殖数量下降。一般5～6月份的温度适于棉蚜的发生，若气候干旱少雨，则会导致棉蚜的大发生。高湿可引起蚜霉菌的流行，大风、雨对棉蚜有机械冲刷致死作用，均可造成蚜量骤减或全部覆灭。

棉蚜的天敌种类繁多，主要的捕食性天敌有各种瓢虫(如七星瓢虫、龟纹瓢虫、异色瓢虫、黑襟毛瓢虫等)、中华草蛉、大草蛉、华姬猎蝽、四条小食蚜蝇等；寄生性天敌有棉蚜茧蜂、印度三叉蚜茧蜂等。

(二)红花指管蚜和胡萝卜微管蚜

红花指管蚜和胡萝卜微管蚜均属同翅目蚜科。我国东北、华北、西北、华东、西南、华南等地均有分布。红花指管蚜可为害红花、牛蒡、苍术、大蓟等药用植物。胡萝卜微管蚜可为害白芷、当归、防风、茴香、北沙参等多种伞形花科植物及金银花等忍冬科药用植物。成、若蚜聚集在嫩叶、嫩茎、花蕾上吸食汁液，造成枝叶呈现黄褐色微小斑点，茎叶短小，分枝和孕蕾数减少。影响植株正常生长发育，严重时减产 40%～50%。

1. 形态特征

两种蚜虫主要形态特征的区别见表 3-14。

表 3-14 两种蚜虫主要形态特征的区别

虫态		项目	红花指管蚜	胡萝卜微管蚜
成虫	无翅孤雌蚜	体色	3.6 mm，黑色	2.1 mm，黄绿色或土黄色，被薄粉
		触角	黑色，第 3 节上具小圆形隆起次生感觉圈 35～48 个	灰黑色，仅 3～4 节色淡，其上有瓦纹，各节有短尖毛
		腹管	黑色，长圆筒形，基部粗大，端部渐细并具网纹	黑色，光滑短而弯曲，无瓦纹
		尾片	圆锥形，上生曲毛 13～19 根，并带有微刺	长约是腹管的 2 倍，圆锥形，中部不收缩，有微刺状瓦纹，上有细长曲毛 6～7 根
	有翅孤雌蚜	体色	3.1 mm，头、胸部黑色，腹部色淡，有黑色斑纹	1.5～1.8 mm，头、胸部黑色，腹部黄绿色，有薄粉
		触角	略长于身体，第 3 节基部黄色，其余黑色	黑色，但第 3 节很长
		腹管	楔形	弯曲，无瓦纹，无缘突，不及尾片的 1/2

2. 生活习性

在东北，红花指管蚜每年发生 10～15 代，以卵在牛蒡等寄主植物叶背、枝茎和近土面的根基处越冬。翌春，卵孵化为干母进行孤雌胎生繁殖并为害牛蒡和蓟类。孤雌蚜平均每天繁殖若蚜 55～70 头。5 月间出现有翅蚜向红花迁飞，一部分留在牛蒡上继续为害。8 月下旬至 9 月中旬，有翅蚜又从红花上向牛蒡等越冬寄主上迁飞，产生雌、雄性蚜交配产卵越冬。红花指管蚜有明显的趋嫩习性，在红花营养生长期，绝大多数蚜虫聚集在红花顶叶和嫩茎上，随着生长点生长停滞老化，陆续转移至植株中、下部叶的背面为害。

红花指管蚜繁殖最适温为 22～26℃，相对湿度 60%～80%。遇有高温、高湿，高温、低湿和低温、高湿的环境对其生存不利，大暴雨或连续降雨，数量明显减少。生产上红花孕蕾至开花初期受害重；无刺类型品种受害重；早播红花田受害轻。天敌有龟纹瓢虫、七星瓢虫、异色瓢虫、大草蛉、食蚜蝇等。

胡萝卜微管蚜每年发生 10～20 代，以卵在北沙参、金银花等寄主上越冬。翌年 3 月中旬至 4 月上旬越冬卵孵化，4～5 月间严重为害芹菜和忍冬科植物，5～7 月间严重为害北沙参、柴胡、当归、防风、白芷等伞形花科药用植物及蔬菜。10～11 月产生的有翅雄蚜和雌蚜迁飞到越冬寄主上交配产卵越冬。北沙参即是胡萝卜微管蚜的中间寄主，同时又是其越冬寄主。越冬卵在北沙参枯叶的叶片、叶柄、叶腋及心叶处越冬。河北省、山东省北沙参留种田或春播田分布广、密度大、为害重。

(三)蚜虫类防治措施

应采用以农业防治为基础,尽可能利用自然天敌的控制作用,优先应用与生物防治相协调的、化学防治相配套的综合防治措施。

1. 农业防治

加强寄主保健栽培措施,增强抗蚜能力。冬春两季铲除田边地头杂草。实行药用植物与小麦、油菜、蚕豆套种,合理施用氮肥、加强灌溉水平,促进植株健壮生长。

2. 物理防治

(1)零星发生时,可用毛笔蘸水刷掉。刷下的蚜虫要及时处理,以防蔓延。木本药用植物上的蚜虫,可在早春刮除老树皮及剪除受害枝条,消灭越冬卵。

(2)有翅蚜迁飞高峰期,可采用黄色的黏虫板诱有翅蚜,或采用覆盖银灰膜避蚜。

3. 药剂防治

当蚜虫发生量较大,天敌数量无法控制其为害时,可选用药剂防治。常用的药剂有0.26%苦参碱水剂、1.8%阿维菌素乳油、10%吡虫啉可湿性粉剂、5%除虫菊素乳油等。当发生面积较小,为害较轻时,还可用烟草水防治。配比:烟草末 40 g 加水1 kg,浸泡 48 h 后过滤制得原液。使用时加水 1 kg 稀释,再加 2～3 g 洗衣粉,搅拌均匀后喷洒植株,有较好的效果。

二、蚧类

为害药用植物的蚧类种类较多,如吹绵蚧、日本龟蜡蚧、石斛菲盾蚧等。

(一)吹绵蚧

又名棉团蚧、白条蚧等,属同翅目蚧总科绵蚧科。我国除西北外,全国各省(区)均有发生。吹绵蚧为多食性害虫,寄主有 250 多种,为害的药用植物有佛手、牛膝、半夏、苏木、月季、玫瑰、牡丹等。以若虫和雌成虫群集在叶背、嫩芽、新梢上吸取汁液,发生严重时,叶色发黄,造成落叶和枝梢枯萎,以致整枝、整株死去。即使尚存部分枝条、叶片,也会因其排泄物导致煤污病的发生,而一片灰黑,严重影响光合作用。

1. 形态特征

雌成虫:椭圆形,无翅,橘红色,体长 5～7 mm,宽 3.7～4.2 mm,背面隆起,多皱纹,体表有黑色短毛。触角和足均为黑色。体背覆盖一层白色颗粒状蜡粉。腹部后方有白色蜡质卵囊,囊上有脊状隆起线 14～16 条。

雄成虫:体瘦小,长 3 mm,胸部黑色,腹部橘红色,前翅狭长,灰褐色,后翅退化成平衡棒。腹末有 2 个肉质突起,各有 4 根长毛。

卵:长椭圆形,0.6～0.8 mm,初为橙黄色,孵化前变成橘红色,包藏在卵囊内。

若虫:卵圆形,橘红色,背面覆盖淡黄色的蜡粉,触角黑色。初孵若虫触角、足及体毛均发达。2 龄后雌雄异形,2 龄雌若虫体椭圆形,橙红色,背面隆起,散生黑色细毛,体被黄白色蜡质粉及絮状纤维。触角 6 节。2 龄雄若虫体狭长,蜡质物少。3 龄雌若虫体隆起甚高,黄白蜡质布满全身。雄若虫体色较淡,触角均 9 节。

雄蛹:橘红色,长 3～4 mm,被有白色蜡质薄粉,外囊为白色疏松的蜡丝茧组成(图 3-78)。

2. 生活习性

吹绵蚧在我国南部1年发生3～4代，长江流域2～3代，华北2代。大多数以若虫和受精的雌成虫越冬。翌春开始产卵，在2代发生区，第一代卵3月上旬出现，5月发生量最多。第一代成虫发生于6月中旬至7月上旬；第2代卵于7月上旬至8月中旬产出，8月上旬最盛，若虫发生于7月中旬至11月下旬，8、9月最盛。在3代发生区，第一代卵和若虫盛期在5～6月，第2代在7月下旬至9月初，第三代在9～11月。吹绵蚧世代不整齐，即使在同一环境内，也极易出现世代重叠的现象。

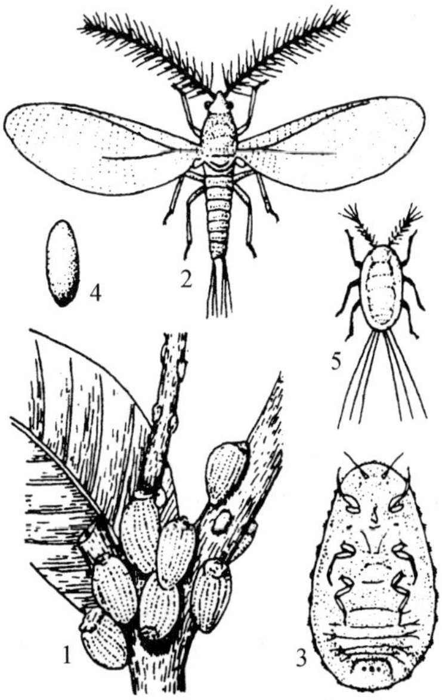

图3-78　吹绵蚧

1. 成虫和若虫　2. 雄成虫　3. 雌成虫腹面　4. 卵　5. 第一龄若虫

吹绵蚧雌虫很多，雄虫数量极少，通常不易发现，繁殖方式多营孤雌生殖。成虫喜聚居于主梢阴面及枝杈处，或枝条、叶片上吸取汁液。雌虫成熟后从腹部末端分泌蜡质，形成卵囊，卵产在囊内。单雌虫产卵数百粒，最多达2 000粒。若虫孵化后在卵囊内经过一段时间开始分散活动，若虫每蜕皮1次，换居1次。初孵若虫多向树外部爬迁，附着在新梢或叶背主脉两侧为害，2龄后向大枝及主秆爬行聚集吸食为害，同时排泄蜜露，导致煤污病的发生。雄若虫行动较活泼，经2次蜕皮后，口器退化，不再为害，在枝干裂缝或附近松土、杂草中做白色薄茧化蛹。经1周左右羽化为雄成虫，飞翔力强。

吹绵蚧适宜的温度为23.4～24.2℃，温暖高湿有利于发生。另外，植株冠部枝梢密生，遮光荫湿，空气不流通，利于虫体生长发育、繁殖为害。

天敌对抑制吹绵蚧的发生起重要作用，主要有澳洲瓢虫、大红瓢虫、小红瓢虫、红缘瓢虫，其中澳洲瓢虫、大红瓢虫控制效果显著。

(二)日本蜡蚧

日本蜡蚧又名日本龟蜡蚧，属同翅目蚧科蜡蚧属。广泛分布于全国各地。日本蜡蚧寄主植物很杂，已知有41科71属103种之多，药用植物寄主有栀子、枣、柿、桃、杏等。以若虫和雌成虫聚集在寄主枝干和叶片上吸食汁液，其排泄物能诱发煤污病，使植株树势衰弱，枝叶枯死，严重影响植株的生长发育。

1. 形态特征

雌成虫：体长2～4 mm，扁椭圆形，淡褐至紫红色，背面隆起似球形。触角丝状，6节，第三节最长，几乎等于其余各节之和。足细小。体背有厚的白色椭圆形蜡层，表面具龟甲状凹纹，周围由8块组成。

雄成虫：体长0.9～1.4 mm，棕褐色。复眼黑色，触角丝状，翅白色透明，具两大主脉，基部分离。

卵：椭圆形，长约0.2 mm。初产时淡黄色，后渐深，孵化前紫红色。

若虫：初孵若虫体扁平，椭圆形，长约0.5 mm，淡红褐色。复眼黑色。触角丝状。足3

对，细小。腹部末端有臀刺，两侧各有 1 根刺毛。在寄主上固定 1～2 d 后分泌蜡丝；3～4 d 虫体周围出现蜡刺；7～10 d 形成蜡壳，后期，蜡壳加厚，雌雄形态分化，雌若虫蜡壳近似成虫，雄若虫蜡壳长椭圆形，周边有 13 个蜡角似星芒状。

蛹：仅雄虫在介壳下化为伪蛹，裸蛹，梭形，长约 1 mm，棕褐色或棕褐色，翅芽色淡（图 3-79）。

2. 生活习性

日本蜡蚧 1 年发生 1 代，以受精雌成虫在寄主 1～2 年生枝条上越冬。翌年旬平均气温在 10℃以上时开始取食为害，虫体迅速膨大隆起。旬平均气温为 22℃时雌虫产卵。温度为 25～30℃时若虫孵化，初孵若虫多爬到嫩枝、叶面上吸食汁液，并逐渐形成蜡蚧，雌雄形态分化，雄性蚧壳出现蜡角，雌性蚧壳龟裂。温度为 23.8℃雄虫化蛹，当旬平均气温降到 23.1℃时蛹开始羽化，羽化期约 40 d。随着气温的逐渐下降雌虫转回枝条，二者交配，交配后 2～3 d 内雄虫死去，雌虫转移到越冬场所重新固定取食，旬平均温度降到 10℃以下时，雌虫开始进入越冬休眠期。

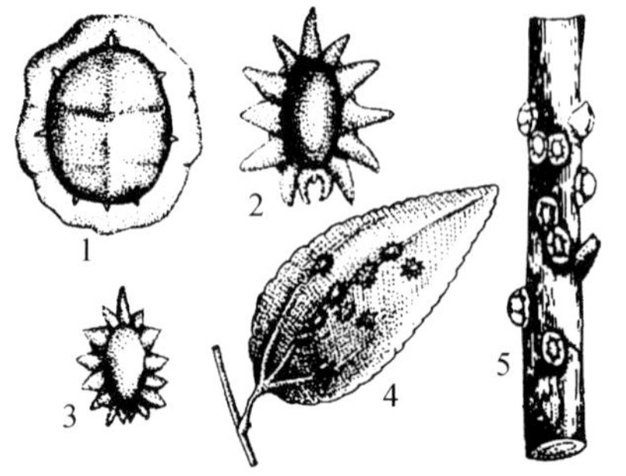

图 3-79 日本蜡蚧

1. 雌成虫 2. 雄成虫 3. 若虫 4、5. 被害状

雌虫生殖能力很强，单雌平均产卵 976 粒，最多可达 2 384 粒。雌虫产卵后干瘪而死，初孵若虫从母体下爬出，靠爬行和风力扩散，而后固定在寄主的叶片背面叶脉处为害，并排出大量蜜露，布满枝叶。日本蜡蚧有较强的趋嫩寄主习性，7、8 月由叶向枝干上转移为害，以 1～2 年生枝条受害严重。若虫孵化固定后，6 h 开始泌蜡，15 d 后形成初级的星芒状蜡被，40 d 左右雌雄虫蜡被区别明显。雄虫蜡被星芒状；雌虫则分泌较软的新蜡，形成龟甲状蜡被。雌若虫 3 龄，雄若虫 2 龄，雄虫羽化后，从蜡壳下爬出，然后飞翔，白天活跃，并寻找雌成虫进行交配。1 头雄成虫可同多头雌成虫进行交配。雄成虫具趋光性，寿命 2 d 左右。

温湿度对日本蜡蚧卵的孵化有一定影响。卵孵化的最适温度为 26.5℃，低于 20℃时停止孵化。日本蜡蚧适宜的相对湿度为 69%～85%，最适相对湿度为 76%左右，此时的孵化率可达到 100%；在卵孵化期间若缺雨、干燥、气温高，大量的卵和初孵若虫干死在母壳下；如果刚孵化而未固定的若虫遇到急风暴雨，自然死亡率可达到 95%以上，冬季雨加雪，死亡率可达 50%以上。

日本蜡蚧的天敌种类很多，主要有七星瓢虫、红点唇瓢虫。据记载，红点唇瓢虫 1 头幼虫或 1 头成虫，一生可捕食日本蜡蚧 1～2 龄若虫 31 617 头，此外还有龟纹瓢虫、丽草蛉、长盾金小蜂、短腹小蜂、红蜡蚧扁角跳小蜂等捕食性和寄生性天敌，对日本蜡蚧的自然控制具有明显的效果。

（三）蚧类防治措施

蚧类的防治应以加强检疫和保护天敌为主，辅以农业和药剂相结合的综合防治。

1. 加强植物检疫

为防止蚧类的扩散蔓延，有蚧类寄生的苗木，可用溴甲烷（36～40 g/m^3）熏蒸 4 h，既杀死蚧类，又不影响苗木的生活力。

2. 农业防治

(1)在蚧类卵孵化前结合修剪,剪除虫枝、虫叶和密闭的枝条,集中烧毁,减少越冬虫口基数,且有利通风、透光,可减少或削弱介壳虫的为害。

(2)随时检查,用手或用镊子捏去雌虫和卵囊,发生量不多的药田,可用硬刷刷去树上虫体。

(3)加强肥水管理,增强树势,防止蚧类的为害造成树势衰弱,枝条枯死。

3. 生物防治

保护和利用天敌对控制蚧类的发生尤为重要。在药田创造有利于瓢虫和寄生蜂生存的环境。如果药田内自然天敌少,可从外地引进;若天敌量大,能够控制蚧类的为害,就不应使用药剂防治。

4. 药剂防治

当介壳虫发生量大、为害严重时,可选用药剂防治,不同时期用药如下:

(1)消灭越冬代成虫。冬季可喷一次 10～15 倍的松脂合剂或 40～50 倍的机油乳剂(防治吹绵蚧效果好)。松脂合剂的配方:烧碱(或纯碱)2 kg、松香 2 kg、水 12 kg,配制时先将水放入锅中,加入碱溶液后煮沸,在把碾成细粉的松香慢慢撒入,并进行搅拌,待松香全部融化后,即成松脂合剂原液。施用时,每千克原液加水 8～10 kg 喷洒全株。

(2)消灭越冬代若虫。冬季或春季发芽前,使用 3～5 波美度的石硫合剂或 3%～5%的柴油乳剂或 50%的硫悬浮剂稀释喷雾防治。

(3)若虫期防治。施药期掌握在若虫孵化盛期,可选用的药剂有 10%吡虫啉可湿性粉剂、25%噻嗪酮可湿性粉剂、95%的机油乳剂、24%双氧威乳油等。

近年来研究用高分子膜混合喷雾,可以提高杀虫效果。高分子膜喷洒在植株上后,形成一层薄膜,使虫体呼吸困难,以致窒息死亡。

三、叶蝉类

叶蝉类能取食为害多种草本和木本药用植物,其种类多、为害较重的有大青叶蝉、小绿叶蝉。两者均以若虫和成虫吸食寄主植物的汁液,叶被害后,初为淡白色斑点,最后整叶苍白枯死。在枝干上取食,致使植株矮小或枯死。叶蝉类除取食造成为害外,有的种类能传播病毒病,从而影响药材的产量和品质。

(一)大青叶蝉

又称大绿浮尘子,属同翅目叶蝉科。全国各地均有分布。此虫食性杂,寄主种类多,可为害 39 科 166 属植物,为害的药用植物有山茱萸、黄芪、菘蓝、桔梗、白术、紫菀、菊花等。成虫和若虫刺吸叶片汁液,造成白色小斑点,严重时,斑点密集,叶片失绿,使植株长势衰弱。

1. 形态特征

成虫:体长 7.2～10.1 mm。全身青绿色,头部颊区近唇基缝处左右各有一小斑。触角上方两单眼之间有 1 对黑斑。头冠前部左右各有 1 组淡褐色弯曲横纹。中胸小盾片淡黄绿色,中间横刻痕较短。前翅绿色,端部透明,后翅黑褐色,半透明。

卵:长筒形,长约 1.6 mm,白色微黄,中间弯曲,一端稍细,表面光滑。

若虫：共5龄，1、2龄若虫体色灰白而微带黄绿色，头冠部皆有两黑点斑纹。3龄若虫胸腹部背面出现4条暗褐色纵纹，出现翅芽。4、5龄翅芽较长，并出现生殖节(图3-80)。

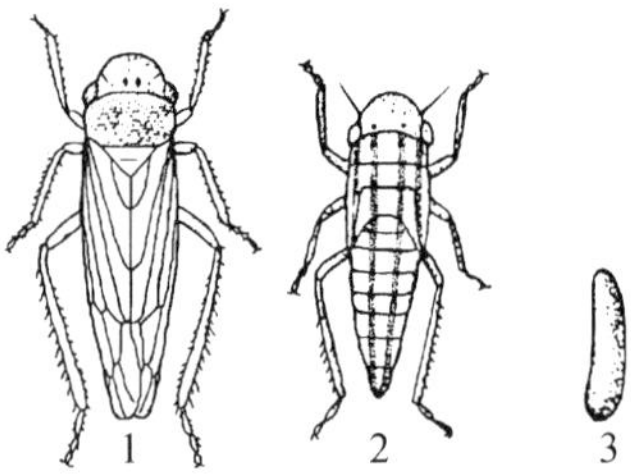

图 3-80 大青叶蝉

1. 成虫 2. 若虫 3. 卵

2. 生活习性

大青叶蝉在我国每年发生2～6代，多以卵在寄主枝条表皮下越冬。越冬卵在翌春3月下旬开始发育，初孵若虫喜群聚取食，常栖息于叶背或茎上，受惊便疾行横走，逃避。成虫喜聚集于矮生植物上，行动活泼，中午或午后气候温和的晴朗天气活动较盛。成虫趋光性强，飞翔能力弱，成、若虫均善跳跃。雌成虫交配后1 d即可产卵，单雌产卵62～148粒，由于产卵时用产卵器刺破寄主表皮，在产卵量多时，卵痕密布枝条，造成整枝枯死。

(二)小绿叶蝉

又名浮尘子，属同翅目叶蝉科。除西藏、新疆、青海未见报道外，全国各地均有发生。为害菊花、山茱萸、佛手、桃等药用植物，此外还为害禾本科、豆科、十字花科等植物。以成虫和若虫吸食叶片汁液，山茱萸被害后，叶面有黄色斑点，以后变为褐色，严重时叶缘红褐枯焦；菊花受害后叶片有很多失绿小斑点，并逐渐扩大成片，严重时全叶苍白，提早脱落。

1. 形态特征

成虫：体长3.3～3.7 mm，淡黄绿至绿色，头略呈三角形，复眼灰褐至深褐色，无单眼，触角刚毛状，末端黑色。前胸背板、小盾片浅绿色，常具白色斑点。前翅半透明，略呈革质，淡黄白色，周缘具淡绿色细边。后翅透明膜质，各足胫节端部以下淡青绿色，爪褐色。腹部背板色较腹板深，末端淡青绿色。头背面略短，向前突，喙微褐，基部绿色。

卵：新月形，乳白色，孵化前转为淡绿色。

若虫：草绿色，具翅芽，与成虫相似(图3-81)。

2. 生活习性

小绿叶蝉发生代数因地而异。黄河流域每年发生4～6代；江苏、浙江每年发生9～11代；江西10～11代；福建11～12代；云南、广东12～13代。以成虫在落叶、杂草或树皮缝内越冬。成、若虫喜白天活动，均有趋向嫩绿的习性。成虫羽化后1～2 d可交尾产卵，卵多产于新梢、叶柄组织内或叶片主脉里。初孵若虫在叶背为害，活动范围不大，3龄长出翅芽后，善爬善跳，喜横走。有世代重叠现象。成虫趋光性弱，飞翔能力不强，早晨露水未干以前和中午阳光直射活动较少，可借风力扩散。

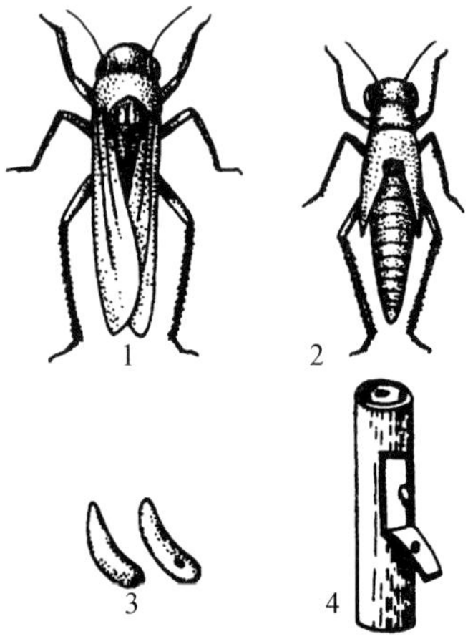

图 3-81 小绿叶蝉

1. 成虫 2. 若虫 3. 卵 4. 产卵部位

小绿叶蝉适宜生长发育的旬均温为15～25℃，28℃以上高温干旱或连阴雨天气均可造成虫口密度下降。因此，全年有夏前(5月下旬至6月中旬)、秋后(10月中旬至11月上旬)两次为害高峰期。树势郁闭、芽叶稠密、杂草丛生均有利于小绿叶蝉的发生和为害。

(三)叶蝉类的防治措施

1. 农业防治

加强田间管理,及时清除田园内外的杂草,剪除被害枝,改善通风透光,可减少越冬成虫和当年的虫口密度。越冬卵量较大的木本药用植物,可用小木棍挤压卵块,消灭越冬卵。种植草本药用植物时,应避免与叶蝉类的其他寄主如十字花科、豆科间作套种。

2. 物理防治

成虫发生初期,利用黑光灯或普通灯光诱杀,可减少虫口基数。

3. 药剂防治

(1)在成虫产卵期喷药防治,可使用10%吡虫啉可湿性粉剂、2.5%鱼藤酮乳油,田间湿度较大时还可喷施0.1亿~0.5亿孢子/mL的白僵菌孢子液。

(2)在若虫高峰期施药,可使用的药剂有20%烟碱水乳剂、3%除虫菌素乳油、10%吡虫啉可湿性粉剂、48%乐斯本乳油、灭幼脲3号等。

四、蝽类

蝽类是药用植物吸汁类害虫的一大类群,主要为害药用植物的蝽类有斑须蝽、绿盲蝽等,这类害虫以刺吸式口器吸取药用植物的嫩叶和幼芽等部位,造成叶片等扭曲皱缩,还能传播病毒。本部分重点介绍斑须蝽。

(一)斑须蝽

又名臭大姐,属半翅目,蝽科。全国各地均有分布,食性杂,可为害地黄、玄参、太子参、黄芪、北沙参、白花曼陀罗、枸杞等药用植物。以成、若虫在嫩叶上吸食汁液,使生长点或嫩叶出现水渍状斑点,严重时造成叶片焦枯坏死。

1. 形态特征

成虫:体长8~13.5 mm,宽约6 mm,椭圆形,黄褐色或紫色,密被白色绒毛和黑色小刻点;触角黑白相间;喙细长,紧贴于头部腹面。小盾片末端钝而光滑,黄白色。前翅革质部分淡红褐色,膜质部分透明,超过腹部末端。腹部腹面黄褐色或黄色,有黑色刻点。

卵:圆筒形,初产时浅黄色,后变成赭灰黄色,聚产成块,排列整齐。

若虫:椭圆形,初龄若虫头、胸和足为黑色,中后胸背板近于等长,中胸背板后缘平直;高龄若虫头、胸浅黑色,腹部灰褐色至黄褐色,小盾片显露,翅芽伸至第1~4可见节的中部(图3-82)。

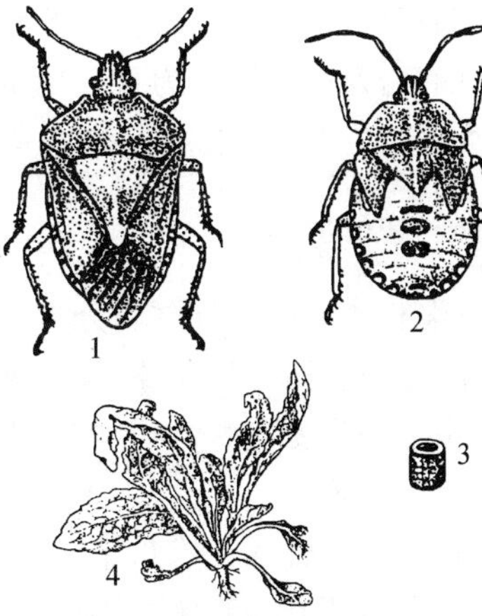

图3-82　斑须蝽

1. 成虫　2. 若虫　3. 卵　4. 地黄被害状

2. 生活习性

斑须蝽一年发生的世代数因地区而异。吉林省1年发生1代,辽宁、内蒙古、宁夏1年2代,黄淮以南地区

1年3～4代。以成虫在田间杂草、枯枝落叶、树皮下、墙缝中等隐蔽处越冬。斑须蝽成虫行动敏捷，能飞善爬，有迁移取食的习性。在安徽北部，麦收之后、夏播作物大豆等出苗之前，第一代成虫大多转移至地黄和玄参植株上取食为害，而后转移至其他寄主上。成虫必须吸食寄主植物的花器营养才能正常产卵繁殖，多将卵产在叶面、嫩梢、花蕾的苞叶及嫩茎上，聚集成块，每块卵10～20粒，最多40余粒，单雌产卵26～112粒，初孵若虫先聚集在卵壳上或卵块四周不动不食，需经2～3 d蜕一次皮后才分散取食，若虫共5龄。成虫、若虫喜食嫩叶、嫩芽、嫩茎。成虫寿命12～14 d，最长29 d，由于成虫寿命和产卵期很长，因此，世代重叠现象普遍。

斑须蝽在24～26℃、相对湿度80%～85%有利于发生。天敌有华姬猎蝽、中华广肩步行甲、斑须蝽卵蜂、稻蝽小黑卵蜂等。

(二)蝽类的防治措施

(1)秋冬季及时清理田园枯枝落叶和杂草，破坏蝽类的越冬场所。

(2)水旱轮作，选育抗虫品种种植。

(3)成虫盛发期进行人工捕杀和摘除卵块，集中杀灭初孵化尚未分散的若虫。

(4)注意保护或释放天敌种类进行生物防治。

(5)越冬成虫开始活动为害、尚未产卵之前和各代低龄若虫盛发期施药。喷洒50%辛硫磷乳油、5%锐劲特悬浮剂、20%氯氰菊酯乳油、2.5%鱼藤酮乳油、2.5%敌杀死乳油等药剂，但尽可能连片同时进行，防止蝽类往复逃避药剂迁飞。

(6)可用烟草液防治蝽类害虫。方法：按1∶40的比例称取烟草与清水，将烟草捣烂，放入桶或缸内，用10份开水浸泡并加盖密封，待水温降至20℃左右时，揉搓烟草，至较浓汁液时捞出，放入10份清水中浸泡，继续揉搓，如此反复3～4次，滤去叶渣，将汁液混合均匀后即可喷施。有一定的效果。

五、螨类

药用植物害螨的种类较多，主要是叶螨类和瘿螨类为害较重。叶螨属蛛形纲蜱螨亚纲螨目叶螨总科。为害药用植物的叶螨有朱砂叶螨、柑橘全爪螨、山楂叶螨等；瘿螨属蛛形纲，蜱螨亚纲，螨目，瘿螨总科。为害药用植物的瘿螨主要有枸杞刺皮瘿螨、枸杞瘿螨、拟华氏瘿螨等。它们主要为害叶片、花和果实，被害叶片失绿、变色、焦枯或形成种瘿，造成叶、花、果脱落。

(一)朱砂叶螨

又名棉红蜘蛛、棉叶螨，分布全国各地。寄主十分广泛，药用植物寄主有玄参、白芷、地黄、金银花、车前、马鞭草、牛膝、洋金花、曼陀罗、川芎等。成、幼螨群聚寄主植物叶背吸食汁液。地黄、玄参叶片受害时，初生白色小斑点，后变成红紫色或褐色焦斑，严重时叶片干枯脱落。

1. 形态特征

雌成螨：体长0.48～0.55 mm，宽0.32 mm，椭圆形，体色常随寄主而异，多为锈红色至深红色，体背两侧有2对黑斑，前方一对较大，后面1对位于末体两侧。后半体背面表皮叶状结构呈三角形至半圆形。气门沟末端呈“U”形弯曲。背毛26根，各足爪间突裂开为3对针状毛。

雄成螨：体长 0.35～0.42 mm，宽 0.2 mm，体色红色至淡红色，前端近圆形，腹末稍尖，须肢端感器长约为宽的 3 倍。阳具弯向背面呈端锤，其前缘呈一钝角。

卵：长 0.13 mm，球形，初产时透明无色，后渐变为橙黄色。

幼螨：近圆形，半透明，取食后体色呈暗绿色，3 对足。

若螨：椭圆形，体色较深，体侧有明显的块状斑纹，4 对足（图 3-83）。

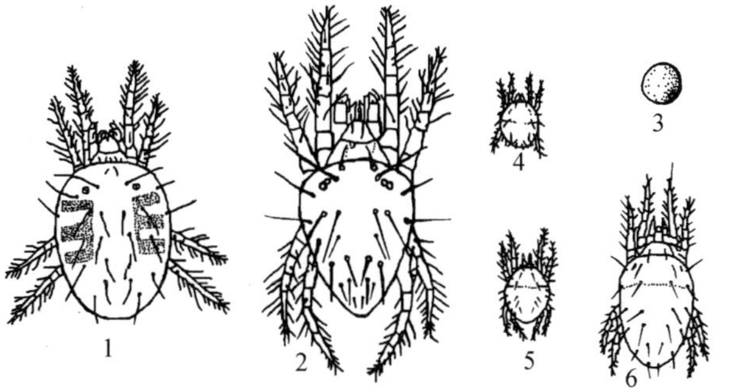

图 3-83　朱砂叶螨

1. 雌成螨　2. 雄成螨　3. 卵　4. 幼螨　5. 第一若螨　6. 第二若螨

2. 生活习性

朱砂叶螨一年发生 10～20 代（由北向南逐增），越冬虫态及场所随地区而不同，在华北地区以雌成螨在杂草、枯枝落叶及土缝中越冬；在华中地区以各种虫态在杂草及树皮缝中越冬。翌春平均气温达 7℃以上时开始活动为害。3～4 月先在杂草或其他寄主上取食，寄主植物出苗后或枝条发芽抽出新叶后，陆续向寄主上迁移，在寄主植物上可繁殖 10 多代。每雌产卵 50～110 粒，多产于叶背。卵期 2～13 d。幼螨和若螨发育历期 5～11 d，成螨寿命 19～29 d。主要是两性生殖，在田间的雌雄比是 5∶1，也能进行孤雌生殖，其后代多为雄性。幼螨和前期若螨不爱活动。后期若螨则活泼贪食，有向上爬的习性，先为害下部叶片，而后向上蔓延。繁殖数量过多时，常在叶端群集成团，滚落地面，被风刮走，向四周爬行扩散。

气候条件是影响朱砂叶螨种群消长的决定因素。最适温度为 25～30℃，最适相对湿度为 35%～55%，因此，高温低湿的 6～7 月份为害重，尤其干旱年份易于大发生。但温度达 30℃以上和相对湿度超过 70%时，不利其繁殖，降雨量的多少与朱砂叶螨发生和为害的程度呈反相关，暴雨有抑制作用。

朱砂叶螨的天敌种类很多，捕食性天敌主要有食螨瓢虫、塔六点蓟马、微小花蝽、中华草蛉、黑襟毛瓢虫、草间小黑蛛等，对叶螨种群数量的控制有一定的作用。

（二）柑橘全爪螨

又名柑橘红蜘蛛，瘤皮红蜘蛛，属叶螨科全爪螨属。分布在陕西、江苏、浙江、江西、湖南、湖北、四川、云南、福建、广东、广西等地，为害桂花、胡颓子、柑橘、木瓜、菠萝、蓖麻等药用植物。成螨、若螨和幼螨以口器刺吸叶片、绿色枝梢及果实表皮汁液，以叶片受害最重。被害叶片表面呈现许多灰白色小斑点，失去光泽，严重时全叶灰白，大量落叶，影响树势和产量，猖獗时，果实表面布满灰白色失绿斑点，全果苍白，影响产量。

1. 形态特征

雌螨：体长约 0.39 mm，体宽 0.27 mm。体呈圆形，背面隆起，深红色，背毛白色，共 26

根，着生于粗大的红色毛瘤上，其长超过横列间距。足 4 对，橘黄色。须肢端感器顶端略呈方形，背感器小枝状。气门沟末端膨大。

雄螨：体长约 0.35 mm，体宽约 0.7 mm。鲜红色，后端较狭，呈楔形。阳具柄部弯向背面，形成 S 形的钩部。

卵：球形，略扁，红色有光泽，卵上有一垂直的柄，柄端有 10～12 条细丝，向四周散射伸出，附着于叶面上。

幼螨：体长约 0.2 mm，初孵时淡红或黄色，足 3 对。

若螨：形状、色泽近似成螨，但个体较小，足 4 对。经过 3 次蜕皮后成为成螨(图 3-84)。

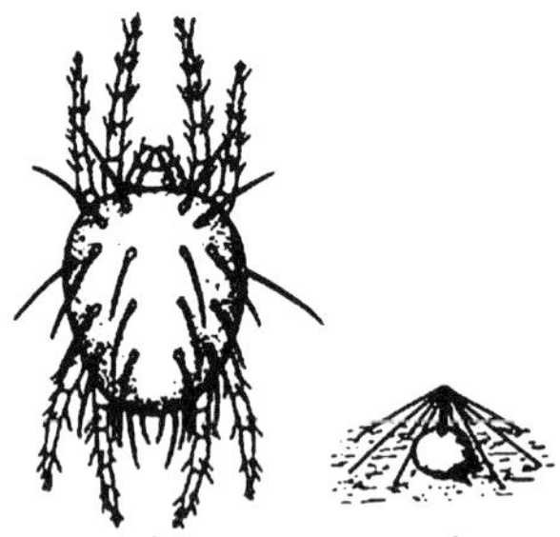
1　　2

图 3-84　柑橘全爪螨

1. 雌成螨　2. 卵

2. 生活习性

发生代数因地而异，在广西、广东等地一年可发生 16～20 代，以卵和成螨在枝条裂缝及叶背越冬。一般 20～30℃ 为发育和繁殖的适温范围，25℃ 为最适温度。温度超过 30℃，螨的死亡率增加；超过 40℃ 则不利其生存。橘全爪螨的发生与柑橘抽梢期和气温关系密切，秋梢抽发好，为橘全爪螨提供了丰富的食料，使大量害虫进入越冬，如果冬季气温高，雨水少，第二年发生早而重。雌螨一生可交配多次，交配 2～4 d 后开始产卵，每雌平均卵量 2.9～4.8 粒，卵多产在当年生枝条和叶背主脉两侧。营有性生殖和孤雌生殖。

天敌有深点食螨瓢虫、草蛉、蓟马、虫生藻菌、病毒等。

(三)枸杞刺皮瘿螨

又名枸杞锈螨(图 3-85)。主要分布在宁夏、甘肃、青海、陕西、河北、内蒙古等省区。主要为害枸杞，以成螨、若螨刺吸叶片、嫩茎和果实，叶片受害后叶增厚，叶质变脆，叶色变成锈色，造成早期落叶、落花、落果，或叶、花、果在树冠上干枯。严重时会出现枝条缩短，叶片变小，似丛枝状，不仅使当年减产达 34%左右，而且会影响秋梢抽发和花芽的形成。

1. 形态特征

枸杞刺皮瘿螨雌成螨的形态具有冬型和夏型 2 种生物型，即非越冬状态的雌成螨和越冬状态的雌成螨。

夏型(原雌)：长圆锥形，体长 0.17～0.18 mm，宽 0.65 mm，厚 0.50 mm。初期浅黄色，后期黄褐色至褐色。喙较长。背盾板近三角状，盾板上背中线、侧中线和亚中线间均有横纹相连组成网状饰纹。大体有 27 个背环组成，环上生有较大的锥形微瘤；腹环由 65～70 个组成，具圆形微瘤。大体有侧毛 1 对，腹毛 3 对，有尾毛和副毛。雌性外生殖器钵状，位于足 11 基节的后方，生殖器盖片基都有纵助 8～10 条。

冬型(冬雌)：纺锤形，体长 0.15～0.16 mm，宽 0.74 mm，厚 0.68 mm。棕黄色。大体背环 43～46 个，腹环 60～64 个，背、腹环上的微瘤均消失，其他形态特征同原雌。

雄螨：胡萝卜形，长 0.175 mm，宽 0.54 mm，生殖器基部无纵肋。

卵：圆球形，直径为 0.05 mm。半透明，乳白色，卵壳表面具网状饰纹。

幼螨：无色半透明至乳白色，体长 0.10～0.13 mm，2 对足，背、腹环纹还未分化完全，外生殖器还未形成。

若螨：由乳白色变为黄色，体长 0.16～0.17 mm，背、腹环纹已分化完成，清晰可见，外形大小已与成螨相似，但其外生殖器还未形成，仅有生殖毛 1 对(图 3-85)。

2. 生活习性

枸杞刺皮瘿螨 1 年发生 13 代左右，以滞育雌螨(冬雌)在枸杞冬芽鳞片间、1～2 年生的枝条裂缝及凹陷处越冬，聚集成团。翌春，4 月上旬少数冬芽变绿，冬雌开始活动，当幼叶大量展开时，冬雌进入活动高峰期。转移至新叶上取食和繁殖。4 月下旬产卵，孵化出的即为原雌，以后以原雌繁殖。为害盛期在 6～7 月，10 月开始又陆续出现冬雌，冬雌的产生主要是低温短日照诱发而成，食料恶化也能促使冬雌的形成。冬雌抗寒能力很强，其体环上的微瘤消失，以保持体内水分，更有利于度过冬季。气温降至 10℃左右时，成螨开始群集越冬。

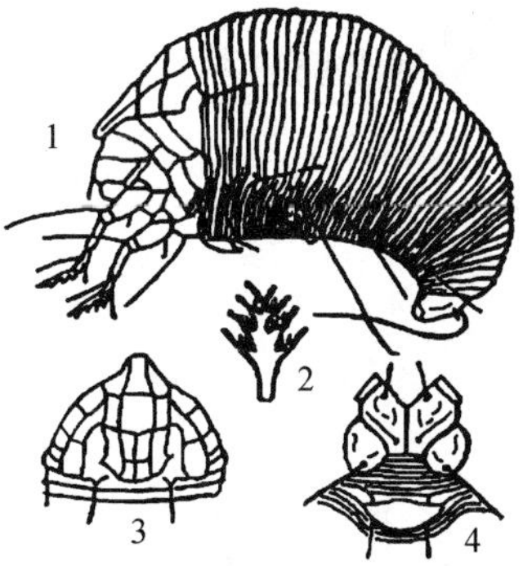

图 3-85 枸杞刺皮瘿螨

1. 雌成虫 2. 雌成虫羽状爪 3. 雌成虫背盾板 4. 雌成虫基节刚毛和外生殖器

枸杞刺皮瘿螨在植株上的分布以叶片上密度最大，绿色嫩枝上次之，花蕾和果实上亦有分布。主要营两性生殖，以雄螨排放精包形式来实现交配，但也营产雄孤雌生殖。卵多产于叶缘周围的低洼处。卵散产，平均每雌产卵 7～10 粒。初孵幼螨常伏在叶片上不动，吸取汁液，若螨爬行迅速、活跃。完成 1 代的时间，在春、夏季节平均为 9.5 d。刺皮瘿螨的主动迁移是靠弹跳，体弯曲，头尾靠拢，凭借尾体之力，把螨体弹出数厘米至数十厘米。被动迁移是靠风、雨、流水、昆虫、人、畜和苗木携带，这些远距离扩散蔓延可将成螨转移至新区。

枸杞刺皮瘿螨的发生与栽培条件关系密切。通风不良、植株郁蔽、施肥不足、枸杞与果树套种或混种等，刺皮瘿螨发生早、为害重。

(四)螨类防治措施

螨类的防治策略应坚持调节药田生态环境和保护、利用天敌为基础，压低虫源基数为重点，关键阶段采用药剂防治。

1. 农业防治

加强苗木检查，禁止带螨实生苗和扦插苗外运。清除田埂、路边和田间杂草及枯枝落叶，合理修剪，集中处理，消灭越冬虫源。合理灌溉和施肥，促进植株健壮生长，增强抗虫能力。

2. 生物防治

叶螨类天敌种类很多，捕食性天敌有：瓢虫、草蛉、粉蛉、花蝽、六点蓟马、捕食性螨类等。有条件的地方可保护、引进或人工助迁天敌。还可利用真菌治螨，如白僵菌致死率可达 85.9%～100%。

3. 药剂防治

在生长期，叶螨、瘿螨为害严重时，应及早喷药。防治早期是控制后期猖獗的关键。可选用的药剂有 5%甲维盐乳油、73%克螨特乳油、20%复方浏阳霉素乳油、73%炔螨特乳油、5%噻螨酮乳油(对卵、若螨有效)、20%灭扫利乳油、20%三唑锡悬浮剂、50%的溴螨乳油、50%硫黄胶悬液、0.1～0.3 波美度石硫合剂、0.3%苦参素水剂 3 号等。

学习情境四

蛀干类害虫的识别与防治

知识目标

• 掌握当地药用植物蛀干类害虫的主要种类、为害特点、形态特征及生活习性。

技能目标

• 能根据害虫的为害特点进行分析、判断、查阅资料获得相关信息能力。

学习任务

• 调查不同药用植物蛀干类害虫的种类。

• 根据害虫为害特点或害虫的形态特征，确定害虫的种类，并制定蛀干类害虫的综合防治方案。

一、天牛类

天牛类属鞘翅目天牛科。种类繁多，成虫常白天活动，取食花粉、嫩叶、果实等作补充营养。卵产于树缝内。幼虫多数蛀入木本或藤本植物茎、根，深入到木质部，形成不规则的隧道，严重影响树势，也常造成植株死亡；少数幼虫蛀食草本植物髓部，引起嫩梢枯死。为害药用植物的天牛主要有菊天牛、瓜藤天牛、咖啡脊虎天牛、桔褐天牛、星天牛、阿魏皱胸天牛、粗脊天牛、二斑黑绒天牛等。

（一）菊天牛

俗称菊虎，国内分布于河南、安徽、四川、浙江、陕西等省市。寄主有菊花、白术、茵陈蒿等十多种药用植物。成虫、幼虫均可造成伤害，成虫啃食茎尖 100 mm 左右处表皮，为害状成长条形斑纹；成虫产卵时可将茎梢咬成一圈小孔，使茎梢部分失水垂萎，容易折断；幼虫钻进茎秆内蛀食，造成植株不能正常生长、开花，甚至整株枯死。

1. 形态特征

成虫：体长 10 mm 左右，圆筒形。头、胸和鞘翅黑色，被黑色绒毛，且具密集刻点，触角线状 12 节，与体等长。前胸背板中央有一卵圆形黄色斑，腹部、足大都为橘黄色。

卵：长 1.6～2.2 mm，长椭圆形，两端尖细，淡黄色，表面光滑。

幼虫：老熟幼虫体长 12～15 mm，圆柱形，头小黑色。前胸背板淡黄褐色，中线不明显，侧沟深褐色，斜向后缘，近后缘处有鱼鳞状小突起组成的斑。腹部淡黄色，腹末钝圆，具多根黄褐色刚毛。

蛹：体长 9～10 mm，离蛹，淡黄色至黄褐色，腹末平截，具多根黄褐色刺毛(图 3-86)。

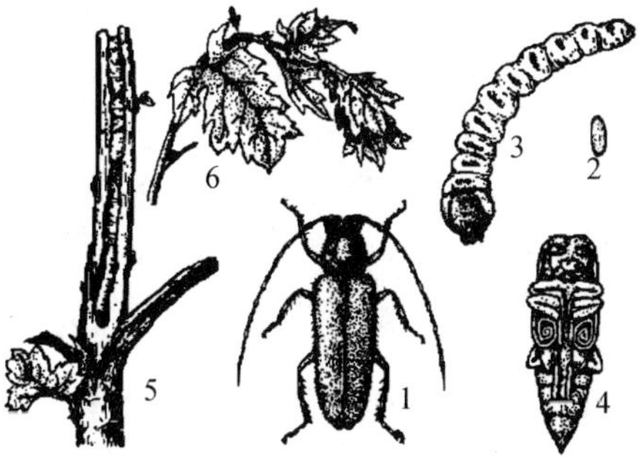

图 3-86　菊天牛

1. 成虫　2. 卵　3. 幼虫　4. 蛹

5. 茎内幼虫　6. 产卵为害状

2. 生活习性

每年发生 1 代，以幼虫、蛹或成虫潜伏于菊科寄主根部越冬。一般成虫于次年 4～6 月份外出活动，幼虫为害期为 5 月上旬至 8 月下旬，8 月中、下旬至 9 月上、中旬相继越冬。菊天牛成虫有假死性。白天活动，以上午 09:00～10:00 至下午 15:00～16:00 最盛。上午多在菊花等寄主叶背交配，雌虫交配后于 14～15 h 开始产卵。产卵前先在离茎尖约 40 mm 处咬成围茎大半圈似刀切的伤口，产卵于其中，每处 1 粒，伤口不久变黑，上部茎梢逐渐萎蔫，并易风折。幼虫孵化后即在茎内由上而下蛀食，虫粪多留于茎内蛀道中，蛀食至茎基部时从侧面蛀一排粪孔，因此为害后期在茎主根部可见虫粪齿屑。蛀食至茎基的幼虫，如尚未发育成熟，则可转移其他茎由下而上为害。幼虫期约 90 d。老熟幼虫在根茎部越冬或发育成蛹或羽化为成虫越冬。

菊天牛有很多天敌，包括赤腹茧蜂、姬蜂、肿腿蜂等，田间总寄生率可达 40%以上，对菊天牛的虫口数量有一定的抑制作用。

(二)橘褐天牛

分布于河南、陕西、江苏、浙江、江西、湖南、福建、台湾、广西、四川、云南等省区。药用植物寄主有吴茱萸、枳壳、木瓜、花椒等。幼虫钻蛀寄主树干或主枝，取食木质部，破坏植株水分和营养的运输，以致生长势减弱，树枝易折断，重者甚至整株死亡。幼虫为害的树干上可见蛀孔，孔周围排有细颗粒状虫粪和木屑，树干内有纵横的虫道。

1. 形态特征

成虫：体长 26～51 mm，体黑褐色至黑色，带光泽，被灰色或黄色短绒毛。头顶两复眼间有 1 深纵沟；触角基瘤隆起，上方有 1 个小瘤，雄虫触角长于体长，雌虫触角较体略短。前胸宽大于长，背面具较密而不规则的瘤状皱褶，侧刺突尖锐；鞘翅基部隆起，两侧近于平行，末端略为斜切。

卵：椭圆形，乳白色，卵壳上有网状纹。

幼虫：体长 46～56 mm，黄白色。前胸背板前方有横向排列的 4 个黄褐色长方形斑，中间两个较长，两侧两个略短。后胸及 1～7 腹节背、腹面均具移动器，背面的移动器呈'中'字形。

蛹：长约 30 mm，乳白色，翅芽达腹部第三节后缘(图 3-87)。

2. 生活习性

橘褐天牛 2～3 年发生 1 代，以成虫、当年生或 2 年生的幼虫在虫道内越冬。越冬成虫翌年出现，5～7 月均有成虫活动、产卵。7 月上旬幼虫陆续孵化。一般 7 月孵化的幼虫在次年

8～10月化蛹，10月上旬至11月上旬羽化为成虫，并在蛹室内越冬，第三年5月飞出活动；8月上旬后孵化的幼虫，则需经历两个冬天，到第三年5～6月化蛹，8月以后成虫才出现。成虫多在20:00～21:00爬出隧道，下雨前天气闷热时出洞最多，在枝干间取食嫩枝表皮，交配和产卵。每雌虫产卵数十粒至百余粒。幼虫孵化后蛀入树皮，表面有流胶现象，不久即蛀入木质部，先横向蛀行，以后转而向上蛀食。幼虫老熟后在虫道内化蛹，蛹期1～2月之久。

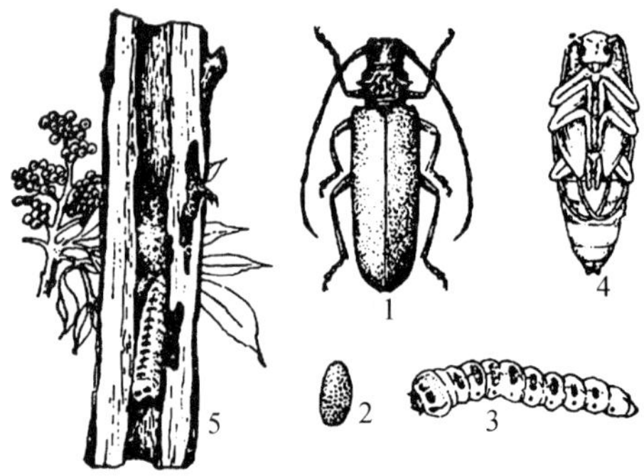

图 3-87 橘褐天牛

1. 成虫 2. 卵 3. 幼虫 4. 蛹 5. 吴茱萸被害状

(三)天牛类防治措施

1. 农业防治

冬季清除田间枯萎有虫枝条，人工捕捉幼虫，或集中烧毁或沤肥，可以有效压低越冬基数，减少来年虫源。加强药用植物栽培管理，及时更新多年受害、长势衰弱的药用植株；合理安排耕作制度，尽量不使同科药用植物轮作或间套作，促进植物生长旺盛，增强耐害性。

2. 物理机械方法

(1)发现藤蔓或枝干外挂虫粪时，用尖锐细铁丝斜刺3～5次，对藤蔓或枝干中为害的天牛幼虫(特别是高龄幼虫)刺杀率很高。

(2)人工捕杀。对药田内的天牛成虫，在进行田间管理的同时，一经发现就地捏杀，可有效减少虫口数量。结合打顶，摘除有卵顶梢，集中烧毁。

(3)成虫发生期用糖醋液诱杀成虫。

3. 药剂防治

(1)橘褐天牛成虫产卵前，用石灰5 kg加水调成糊状，再加入硫黄粉0.5 kg、食盐0.25 kg及水20 kg，搅拌成浆，均匀涂于药用植物枝干上，对成虫产卵有拒避作用，可减少产卵繁殖为害。半夏产区，可用新鲜半夏茎、叶揉搓成团，塞入虫洞诱杀幼虫。

(2)成虫盛发期，在晴天上午可施用5%西维因粉剂、90%敌百虫晶体、40%乐斯本乳油、50%辛硫磷乳油、0.25%溴氰菊酯粉剂等按推荐浓度喷粉、喷雾或灌根，以防后期幼虫。还可用3%辛硫磷颗粒剂0.3 g裹上棉球从虫孔塞入，外用棉花塞住。或将吸足80%敌敌畏乳油10～20倍液棉球紧裹蛀孔处，可有效防治天牛的幼虫。

(3)幼虫蛀入木质部后，可用50%敌敌畏乳油或50%辛硫磷乳油，按1∶1稀释，然后用棉球蘸取药液，塞进虫孔，或用注射器将药液注入虫孔内，虫孔用黄泥封闭，杀死幼虫。

二、木蠹蛾类

木蠹蛾类属鳞翅目，木蠹蛾科。幼虫在林木、果树及木本、藤本药用植物主干或枝条韧皮部钻蛀为害，少数取食浅层木质部，致使树势衰弱，枝干易风折。老熟幼虫吐丝缀木屑做茧化蛹。为害药用植物的木蠹蛾类有咖啡木蠹蛾、芳香木蠹蛾、榆木蠹蛾等。

(一)咖啡木蠹蛾

又名咖啡黑点木蠹蛾、檀香木蠹蛾等。分布于广东、江西、福建、浙江、江苏、湖南、四川、河南等省。已知寄主30多种,其中药用植物有杜仲、山茱萸、檀香等。幼虫蛀入寄主枝条嫩梢,在木质部与韧皮部之间绕枝条蛀一圈,从而破坏输导组织,致使蛀孔以上幼干、嫩梢萎蔫、枯死、风折。幼树顶梢受害后,树干矮小、弯曲,侧枝丛生。

1. 形态特征

成虫:雌虫体长12～16 mm,翅展13～18 mm;雄虫体长11～20 mm,翅展10～14 mm。体灰白色。复眼黑色,口器退化。触角黑色,具白色短绒毛。雌虫触角丝状,雄虫触角基半部羽化,端半部丝状。胸部具白色长绒毛,中胸背部两侧有三对由青蓝色鳞片组成的圆斑;翅灰白色,翅面密布大小不等的青蓝色短斜斑纹,外缘有8个近圆形青蓝色斑点。

卵:长0.9 mm,椭圆形。杏黄色或淡黄白色,孵化前为紫黑色,卵壳表面无饰纹。

幼虫:初孵幼虫紫黑色,后渐变为暗紫红色。老熟幼虫体长约30 mm,头部橘红色,头顶、上颚及单眼区黑色。胴部淡赤黄色,前胸背板黑色,坚硬,后缘有锯齿状小刺一排,中、后胸及腹部各节有成排横裂的黑褐色小颗粒状突起。

蛹:圆筒形,褐色,头顶具一尖形突起,色泽较深。腹部3～9节背侧面,有小刺列深达腹面;腹末有臀刺6对(图3-88)。

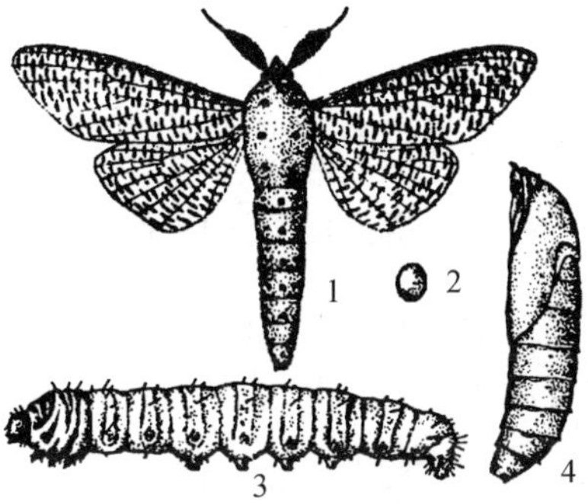

图3-88 咖啡木蠹蛾

1. 成虫 2. 卵 3. 幼虫 4. 蛹

2. 生活习性

咖啡木蠹蛾1年发生1代,以幼虫在被害枝条虫道内越冬。次年3月中旬越冬幼虫开始取食;4月中、下旬至6月中、下旬化蛹;5月中旬至7月上旬成虫陆续羽化,其中5月下旬为成虫发生盛期;5月下旬至6月上旬可见初孵幼虫;10下旬至11月上旬幼虫越冬。成虫白天静伏不动,黄昏后开始活动。雄蛾飞翔力强,有弱趋光性。成虫羽化当天即可交配。雌虫交配后1～6 h开始产卵。每雌产卵224～1 132粒。卵块状,多产于树皮缝、旧虫道口或新抽嫩梢腋芽处。幼虫孵化后,吐丝结网,群集网下取食卵壳,2～3 d后,爬出吐丝随风扩散。扩散后幼虫多自叶腋或叶脉交叉处钻入,向上取食。6～7月间幼虫多继续向下转移,蛀入2年生枝条,10月下旬至11月初停止取食,在蛀道内吐丝缀合虫粪、木屑前后封闭,静伏越冬。幼虫次年恢复取食时,约48.2%的个体再次转枝为害。老熟幼虫化蛹前,咬透虫道壁的木质部,在皮层上筑一近圆形羽化孔盖,并在孔盖下约8 mm处咬一直径为2 mm的羽化孔,然后在孔上方吐丝缀合木屑将虫道堵塞,筑成长20～30 mm的蛹室,幼虫头朝下,在其中化蛹,蛹期13～27 d。羽化前,蛹向羽化孔口蠕动,顶破蛹室及羽化孔盖,半露于羽化孔外,羽化后蛹壳留在羽化孔口。

(二)芳香木蠹蛾

分布于河南、浙江、安徽、陕西、四川、上海、江苏、浙江等地,其中以河南、陕西山茱萸主产区虫口密度最大。主要寄主为山茱萸、杜仲、牡丹、芍药、花椒、丁香等多种药用植物。为害药用植物树干、根颈部和根部的皮层、木质部,被害植株开始表现的症状为叶片发黄,随后出现叶缘焦枯的症状，严重影响植株的长势，虫道环割树干后，可造成全株枯死。

1. 形态特征

成虫：大中型蛾，全体灰褐色，体长 25～38 mm，翅展为 55～77 mm。触角扁线状，雄蛾触角粗扁，雌蛾触角细长。头、前胸淡黄色，中后胸、翅、腹部灰褐色，前翅密布黑褐色短纹，后翅近外缘处也有黑褐色短纹，后足胫节末端有两个距。

卵：卵圆形，初产时白色，逐渐转为灰色，孵化前变为暗褐色。表面有纵脊和横纹。

幼虫：初孵幼虫粉红色，大龄幼虫体背紫红色，侧面黄红色，头部黑色，有光泽，老熟幼虫体长 45～75 mm，头部紫红色，前胸背板有大型褐色斑纹一对，体粗壮，具胸足、腹足和臀足。幼虫受惊时能放出芳香气味，故名芳香木蠹蛾。

蛹：被蛹，长 30～40 mm，腹部 2～6 节背面具 2 行刺列，7～9 节仅 1 行。腹末肛外围具 3 对齿突。暗褐色。外包长圆桶形、略弯曲的致密丝茧。

2. 生活习性

约 2 年完成 1 代，以当年幼虫在坑道内和以老熟幼虫在树干基部 700 mm 深的土里作茧越冬。5 月上旬老熟幼虫咬破冬茧爬至近地面处作夏茧并在其中化蛹。5 月下旬至 6 月下旬羽化成虫。成虫夜间活动，有弱趋光性，寿命约为 5 d，且于羽化的第 2 天将卵产在树干距地面 2 000 mm 以下或根茎部有伤口或有老蛀孔的树皮上，卵堆积成块状，50～60 枚，外无覆盖物。初龄幼虫常十余只甚至几十只群集，蛀食树干内的一段，造成 300 mm 左右的伤害，被害部位的木质部发生畸形，造成树皮脱落，而且树干基部较上部更严重。

(三)木蠹蛾类防治措施

应以农业和生物防治为主，药剂防治为辅。成虫产卵、幼虫孵化后蛀入树干前是药剂防治的有利环节。

1. 农业防治

芳香木蠹蛾等趋向为害长势弱的植株，幼虫多从旧虫孔、树皮裂缝或伤口等处侵入，故加强药用植物管理、防止机械损伤，使植株生长旺盛，减少幼虫侵入，增强抵抗力。幼虫蛀入后，虫孔以上部位会很快枯萎，易发现，及时剪除被害枯梢及枝干，集中烧毁，消灭虫源减轻为害。冬季清园消灭越冬害虫。

2. 物理防治

(1)灯光诱杀。在成虫发生期用黑光灯诱杀成虫。

(2)人工捕杀。在羽化高峰期可人工捕捉成虫，或在木蠹蛾土内化蛹期捕杀之。

(3)成虫产卵前，用石灰水或白涂剂涂白树干，防止产卵。

(4)为害初期，刨开根部土壤捕杀幼虫或用细铁丝穿入蛀孔扎死幼虫。

3. 生物防治

(1)白僵菌水剂(将白僵菌高孢粉加水配制成浓度 3×10^{8}/mL 的菌液)和 0.05%的洗衣粉(黏附剂)按体积比 1∶5 稀释，用针管注入小蛀洞，防治效果理想。

(2)保护利用天敌：人工招引啄木鸟及保护林内刺猬；或利用长距茧蜂和小茧蜂可寄生木蠹蛾幼虫，收集茧蜂成虫或幼虫用蜂蜜水饲养，待雌雄蜂性成熟交配后产卵前，选择晴天放蜂较好。

(3)成虫羽化期悬挂性诱剂诱捕器诱杀成虫。诱剂量为 0.5 mg，诱捕器为硬纸板的“X”

形，外涂粘胶，夜晚 19:00～21:00 为性诱虫高峰时间。

4. 药剂防治

(1)成虫发生期及产卵期在树干喷 50%敌敌畏乳油或 90%晶体敌百虫乳油等药剂。

(2)卵盛孵期，金银花、丁香等以花入药植物在采花前 10～15 d，在幼虫蛀入树干前喷 10%溴虫腈悬浮剂、20%杀虫脲悬乳剂、20%虫酰肼乳油等，喷洒于枝干中下部。

(3)幼虫蛀入初期，用 50%敌敌畏乳油或 50%杀螟松柴油液(1∶9)涂蛀孔。幼虫蛀入中后期，用棉球蘸 50%敌敌畏 40 倍液塞入蛀洞，或用注射器向蛀洞或根部钻孔 2～3 个，注入哒嗪硫磷、敌敌畏等原液，待基本吸收后用湿泥封堵。

三、透翅蛾类

透翅蛾属鳞翅目透翅蛾科，为害药用植物的主要是瓜蒌透翅蛾。瓜蒌透翅蛾又名粗腿透翅蛾，幼虫为害瓜蒌或双边瓜蒌的藤状茎。幼虫多从距地面 1 000 mm 左右高处钻入茎内，将茎食空，并引起瓜蒌茎部畸形膨大，形成虫瘿。一株瓜蒌往往形成多个虫瘿，从而严重阻碍瓜蒌营养物质、水分和养料运输，使植株长势减弱，结瓜少，产量下降。

(一)形态特征

成虫：雄虫体长 20～22 mm，翅展 38 mm 左右；雌虫体长 18～20 mm，翅展 36 mm 左右。头部暗褐色，杂有黄色鳞片，复眼前缘有黄白色鳞片；触角球杆状，末端有钩和毛束；喙发达。后足生有丛毛。翅透明，散生白色鳞片。

卵：半球形，直径约 0.9 mm，红褐色，表面有白色小突起。

幼虫：老熟幼虫体长约 32 mm。头部及前胸背板黄褐色，前胸背板上有倒“八”字形和“Ω”形纹。气门黄褐色，带有褐色环，上方刚毛 1 根，下方 2 根。背中线、气门线灰白色。

蛹：长 22～23 mm，初为红褐色，后渐变深至暗赤黑，有光泽。腹节背面具成排锯齿状突起。腹部末节圆形，四周有 20 个左右的突起(图 3-89)。

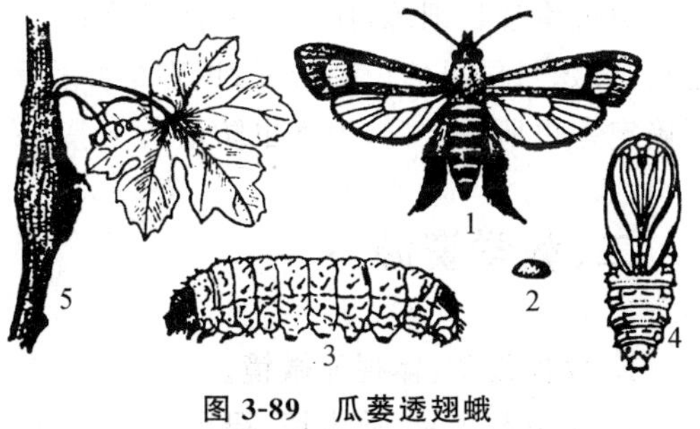

图 3-89 瓜蒌透翅蛾

1. 成虫 2. 卵 3. 幼虫 4. 蛹 5. 瓜蒌被害状

(二)生活习性

1. 生活史

瓜蒌透翅蛾 1 年发生 1 代，以老熟幼虫在土下 30～60 mm 处作茧越冬。次年 6 月初，越冬幼虫化蛹，7 月上旬为成虫羽化盛期，7 月中旬为产卵盛期，7 月下旬至 9 月中旬幼虫在瓜蒌茎秆内取食为害，9 月下旬老熟幼虫陆续离开虫瘿入土越冬。

2. 习性

瓜蒌透翅蛾成虫需补充营养，吸食白芷、马兜铃等植物花蜜。取食、交配、产卵等活动多在上午露水干后进行。成虫寿命 4～5 d，每雌产卵 120 粒左右，集中产在瓜蒌距离地面 30～70 mm的茎上，少数散产在离地面 100 mm 左右的茎上。卵的孵化率可达 95%，幼虫孵化后先在茎表活动，取食表皮，2 龄后钻蛀茎内。幼虫常分泌白色透明的胶质状物粘着排泄的粪便附着在虫体表面。老熟幼虫从茎内爬出。入土越冬前，作茧或钻入前一年的老茧中。茧革质，黑褐色，上部扁平有盖，下部圆形。茧壳上有2～4个小突起。上有小孔与外界相通。蛹羽化前顶出茧壳，移至地面。

(三)透翅蛾类防治措施

(1)农业防治。冬季翻土毁茧，减少越冬虫口。

(2)物理机械防治。对在藤蔓中为害的瓜蒌透翅蛾幼虫，用尖锐细铁丝斜刺藤蔓3～5次，对高龄幼虫刺杀率95%以上。

(3)药剂防治。9月上旬在瓜蒌植株四周撒施5%西维因粉剂，杀死离开虫瘿入土越冬的幼虫。7月上中旬成虫羽化高峰时，用1.8%阿维菌素1 500倍液在上午08:00前成虫活动能力较弱时，喷在瓜蒌茎叶上，杀死成虫，减少产卵量。幼虫的防治应掌握在7月中、下旬，幼虫钻蛀茎秆前，可用2.5%敌杀死2 000倍液在瓜蒌茎部喷雾或浇泼。如防治时，幼虫已钻入茎内，可在瓜蒌茎近地面150 mm左右处或离地面最近的虫瘿上，剖开纵裂缝用小棉球蘸取80%敌敌畏乳油原液1 mL，塞入裂缝内杀死3龄以上幼虫。

技能项目一　昆虫纲主要目和主要科昆虫特征识别

一、技能目标

通过本项目训练，使学生掌握直翅目、半翅目、同翅目、鞘翅目、鳞翅目、双翅目、膜翅目、脉翅目、缨翅目昆虫的识别特征；识别重要目重要科的昆虫；同时要求学生能根据昆虫的形态特征确定害虫所属类群，为害虫防治奠定基础。

二、教学资源

1. 仪器设备：体视显微镜。

2. 材料与工具：放大镜、镊子、挑针、培养皿、昆虫的挂图、彩色照片、浸渍标本或盒装针插标本等。

3. 实训场所：实验室、标本室。

直翅目的蝗科、蟋蟀科、螽蜥科、蝼蛄科昆虫；半翅目的蝽科昆虫；同翅目的叶蝉科、粉虱科、蚜虫科昆虫；鞘翅目的金龟甲科、叩头甲科、叶甲科、步甲科、瓢甲科、象甲科、天牛科昆虫；鳞翅目的凤蝶科、粉蝶科、天蛾科、毒蛾科、夜蛾科、螟蛾科、刺蛾科昆虫；膜翅目的叶峰科昆虫；双翅目的食蚜蝇科、潜蝇科昆虫；脉翅目的草蛉科昆虫；缨翅目的蓟马科昆虫。

三、操作方法

根据所提供的昆虫标本，对比观察各目、各科的主要特征。

(1)直翅目。观察蝗虫、蝼蛄、蟋蟀、螽斯等直翅目昆虫的主要特征，注意触角形状、长短，翅的质地、形状，前胸背板，前后足，产卵器等特征。

(2)半翅目。观察斑须蝽、绿盲蝽、网蝽等半翅目昆虫的主要形态特征，注意口器，触角，前翅的质地、形状、革区和膜区的翅脉的特征。

(3)同翅目。观察大青叶蝉、小绿叶蝉、粉虱、蚜虫、吹绵蚧等同翅目昆虫的主要形态特征，注意观察蚜虫腹管、尾片的形态特征。

(4)鞘翅目。观察金龟甲与叩头甲、吉丁甲、叶甲、象甲、天牛、茄二十八星瓢虫、七星瓢虫、步甲等鞘翅目昆虫的主要形态特征，注意观察叩头甲与吉丁甲前胸背板后侧角是否突出，茄二十八星瓢虫与七星瓢虫前翅斑点数目，各种天牛体色与个体大小等。

(5)鳞翅目。对比蛾、蝶的主要区别。观察蛾、蝶卷曲的喙；翅的质地、鳞片、斑纹、形状；幼虫类型及其特征；观察幼虫腹足趾钩等特征。

(6)膜翅目。观察叶蜂与蜜蜂成虫的形态、翅的质地、产卵器的形状等，观察赤眼蜂的形态特征。

(7)双翅目。观察食蚜蝇等成虫形态、触角形状和幼虫特点。

(8)脉翅目。观察草蛉科成虫前后翅的质地、翅脉的特点及复眼的特征。

(9)缨翅目。观察翅缘密生长毛，翅脉的特点，口器类型。

四、考核标准

技能考核标准见表3-15。

表3-15　技能考核标准表

考核内容	要求与方法	需要时间	熟练程度	考核方法
昆虫特征识别 100分	1. 能够准确列出各个目的昆虫形态特征 2. 能描述出主要目各个代表科的昆虫特征区别 3. 能够根据幼虫的特征判断其所属分类地位 4. 体式显微镜使用规范，注意其清洁保养	训练1 h 考核1 h	熟练掌握	4人1组 实训模拟 考核

五、复习思考题

1. 列表比较所学昆虫各个目主要科成虫的形态特征。
2. 说出叶蜂的幼虫与鳞翅目幼虫形态的区别。

技能项目二　药用植物食叶、花类害虫形态特征及为害状识别

一、技能目标

通过本技能训练，使学生了解当地药用植物食叶、花类害虫的主要种类，掌握药用植物食叶、花类害虫形态特征和为害状等特点，为害虫防治奠定基础。

二、教学资源

1. 仪器设备：体视显微镜。

2. 材料与工具：放大镜、镊子、挑针、培养皿、泡沫塑料板等。

供试材料有：木橑尺蛾、菜粉蝶、棉铃虫、黏虫、斜纹夜蛾等成虫和幼虫标本，主要害虫的针插标本、浸渍标本、生活史标本和为害状标本、昆虫挂图、彩色照片及多媒体课件。

3. 实验场所：实验室、实训基地。

三、操作方法与步骤

(1)取菜粉蝶各个虫态标本，观察其成虫的大小、翅的颜色和色斑、雌雄的区别；卵粒的形状、颜色；幼虫的体形、体色和线纹；蛹的形状和颜色。观察不同龄期幼虫咬食寄主(如菘蓝)所造成的为害状有何不同。

(2)取斜纹夜蛾(或其他夜蛾)各虫态的标本，观察不同虫态的大小、颜色、形态特征；注意成虫翅的颜色和色斑，幼虫的线纹和背面的斑纹，卵的排列情况等。

(3)观察棉铃虫成虫、幼虫、卵和蛹的体长、颜色及形态特征。注意前翅斑纹、线条的特征；幼虫体线的颜色，胸、腹各节的黑色毛片数。取棉铃虫为害的芦荟花朵和叶片，观察花朵和叶片被咬食的痕迹。

(4)观察黏虫成虫体形、前翅斑纹形态特征；幼虫的体形、体色、体线的特征，幼虫腹足趾钩排列方式。

(5)观察有翅成蚜与若蚜和无翅成蚜与若蚜的形态，注意其体色、腹管、翅痣和尾片的特征；观察寄主植物有无蚜虫分泌物、枝梢是否卷曲等。

(6)观察枸杞负泥虫的成虫标本，观察其头、胸及鞘翅颜色，鞘翅上黑色斑纹的形状和数目。取幼虫看其体色、体长，背附粪便颜色等。

四、考核标准

技能考核标准见表3-16。

表 3-16　技能考核标准表

考核内容	要求与方法	需要时间	熟练程度	考核方法
害虫形态及其为害状识别 100 分	1. 对害虫成虫与幼虫进行形态描述 2. 对寄主被害状进行全面的观察 3. 说出所给的害虫分类地位 4. 据害虫生物学特性提出合理的防治方案	训练 1 h 考核 1 h	掌握	4～6 人 1 组考核，报告评定成绩

五、复习思考题

1. 当地药用植物食叶、花类害虫的种类有哪些？
2. 怎样识别药用植物食叶、花类害虫？

技能项目三　药用植物地下害虫、蛀干害虫形态及为害状识别

一、技能目标

通过本技能训练，使学生了解当地药用植物地下害虫、蛀干害虫的主要种类，掌握主要地下害虫、蛀干害虫的形态特征和为害状特点，为害虫防治奠定基础。

二、教学资源

1. 仪器设备：体视显微镜。
2. 材料与工具：放大镜、镊子、挑针、培养皿、泡沫塑料板等。

供试材料有：菊天牛、咖啡虎天牛、芳香木蠹蛾、瓜蒌透翅蛾、各种金龟子和地老虎、华北和东方蝼蛄、沟金针虫、细胸金针虫、种蝇等成虫和幼虫标本，以及当地其他主要害虫的针插标本、浸渍标本、生活史标本和为害状标本、昆虫挂图、彩色照片及多媒体课件。

3. 实验场所：实验室、实训基地。

三、操作方法与步骤

（1）观察比较华北蝼蛄和东方蝼蛄成虫的体型、体色及前足腿节和后足胫节的主要区别。

（2）观察比较小地老虎、大地老虎、黄地老虎及当地其他常见地老虎成虫的大小、体色、前翅色斑纹及幼虫的形态特征。注意幼虫表皮的颗粒，腹部背面毛片的大小，臀板上的色斑。

（3）观察种蝇成虫和幼虫的形态特征，注意幼虫尾端突起的对数和特征。观察菊天牛、咖

啡虎天牛的成虫标本，注意头、胸及鞘翅颜色，触角变化，鞘翅上刻点情况。

(4)取各自被害植株(菊天牛为害的菊花、咖啡虎天牛为害的金银花)剥开，观察幼虫体色、体长及为害情况等。

(5)观察瓜蒌透翅蛾成虫、幼虫、卵和蛹的形态特征，注意翅上鳞片色泽、体上毛色等特征；取瓜蒌透翅蛾为害的寄主(白芷、马兜铃、瓜蒌等)茎，观察茎的表面有无白色透明的胶质状物和虫的排泄物，茎是否被蛀空，茎受害形成虫瘿。

(6)观察比较大黑鳃金龟、暗黑鳃金龟、铜绿丽金龟及当地其他常见金龟成虫的大小、体色、触角及幼虫的形态特征。

四、考核标准

技能考核标准见表 3-17。

表 3-17 技能考核标准表

考核内容	要求与方法	需要时间	熟练程度	考核方法
害虫形态及其为害状识别 100 分	1. 对害虫成虫与幼虫进行形态描述 2. 对寄主被害状进行全面的观察 3. 说出所给的害虫分类地位 4. 据害虫生物学特性提出合理的防治方案	训练 60 min 考核 60 min	掌握	4～6 人 1 组考核，报告评定成绩

五、复习思考题

1. 当地药用植物蛀茎害虫、地下害虫的种类有哪些？
2. 怎样识别药用植物蛀干害虫、地下害虫？

技能项目四　药用植物昆虫标本的采集和制作

一、技能目标

昆虫标本的采集、制作和保存是药用植物病虫害防治课程中实践性非常强的一项技能，本技能与害虫识别技能关系密切。通过技能训练，学生应掌握昆虫标本的采集、制作和保存方法，熟练掌握昆虫标本的制作技术，为害虫识别奠定基础。

二、教学资源

(1)仪器设备:体视显微镜。

(2)材料与工具:捕虫网、毒瓶、吸虫管、采集袋、指形管或小玻瓶、采集盒、三角纸包、镊子、小刀、昆虫针(0号、1号、2号、3号、4号)、三级台、还软器、黏虫胶、胶水、标本瓶(100 mL、200 mL、500 mL或1 000 mL等)、标本盒、放大镜、展翅板、整姿板、挑针等;福尔马林、95%酒精、甘油、氰化钾、细木屑、石膏及药棉等若干。

(3)实验场所:实验室、实训基地。

三、操作方法

(一)重要采集用具介绍

(1)捕虫网(图3-90)。由网圈、网袋和网柄3部分组成。按用途、结构分空网、扫网和水网3个类型。空网是用来采集空中飞行的较大昆虫,遇见昆虫飞过可迎头捕捉,或从旁掠取,网袋宜蚊帐纱做成。扫网主要用来在地面或杂草丛中捕捉昆虫,网袋宜用结实的布做成。水网专用捞取水生昆虫,网袋用较结实的布或马尾鬃制成。

(2)毒瓶(图3-91)。是专门用来毒杀昆虫的,一般用封盖严密的磨口广口瓶,用橡皮塞或软木塞塞严。毒瓶最下层放氰化钾(KCN)或氰化钠(NaCN),厚度约5 mm,压实,上面再加一层约5 mm厚的石膏粉,这层不宜厚,压实、压平,用毛笔蘸水均匀地涂布,使之结成硬块。第三层是药棉,最后一层是滤纸。这种毒瓶的效果极好,但由于是剧毒,要有专人保管,废弃的毒瓶要挖坑深埋。

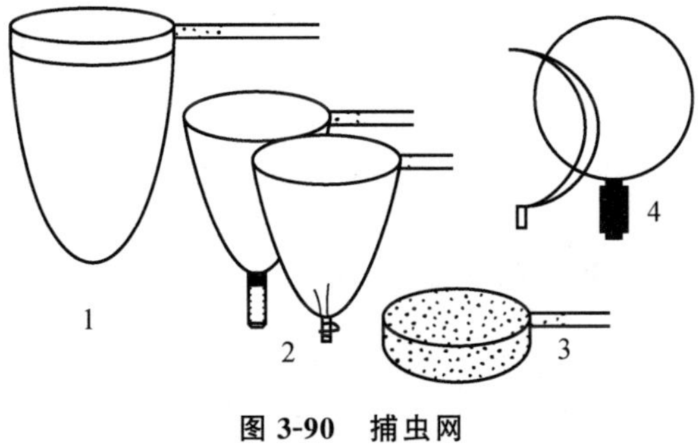

图3-90　捕虫网

1. 空网　2. 扫网　3. 水网　4. 可拆卸的网

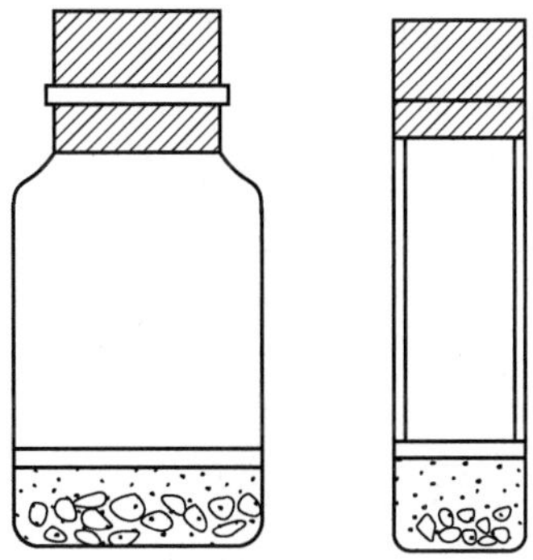

图3-91　毒瓶

(3)吸虫管(图3-92)。用玻璃瓶或玻璃管制成,吸捕小型昆虫,如飞虱、蚜虫等。

(4)采集盒、采集箱(图3-93)。采集盒是盖上有小孔的金属小盒,用于装活的幼虫。采集箱是木制的,用于防压的标本和需要及时插针的标本,以及用三角纸包装的标本。

(5)三角纸包(图3-94)。用韧性大、表面光滑、能吸水的纸裁成3∶2的长方形纸片,按图3-94所示折叠而成,用于临时保存刚被毒死的蛾蝶类。

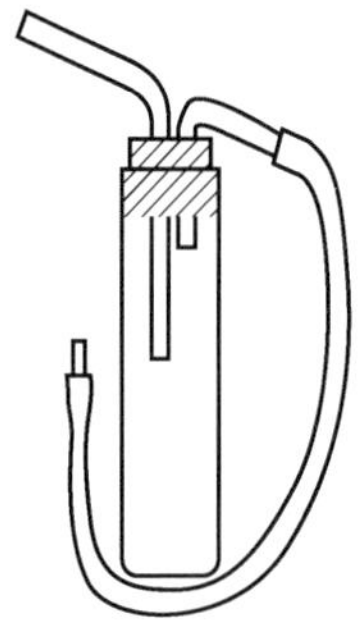

图 3-92　吸虫管

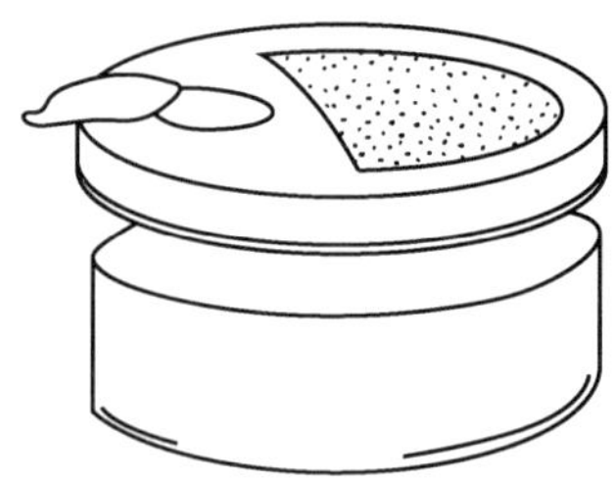

图 3-93　活虫采集盒

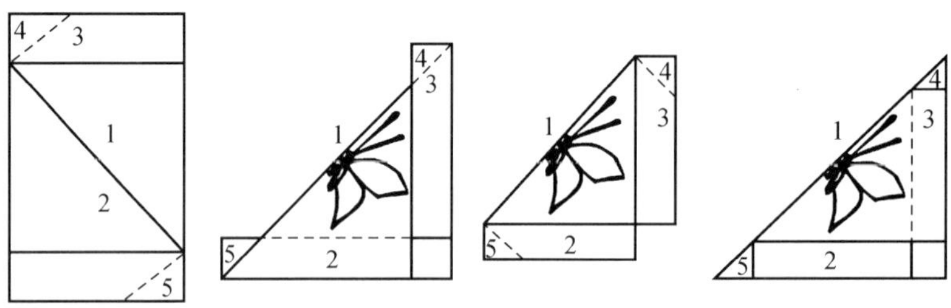

图 3-94　三角纸包

(二)昆虫标本采集方法

采集昆虫标本可根据昆虫的习性选用网捕法、击落法(振落法)、诱集法、搜索法等。

(1)网捕。能飞善跳的昆虫种类可以进行网捕。如正在飞行的昆虫,可用捕网迎头捕捉或从旁掠取。当昆虫进网后迅速摆动网柄,将网袋下部连虫带网翻到网框上。取虫时先用左手捏住网袋中部,空出右手来取毒瓶,左手帮助打开瓶盖,将毒瓶伸入网内把昆虫装进瓶内,小型蛾、蝶也可先隔网捏压其胸部,使之失去活动能力后,再放入毒瓶。

(2)振落。许多昆虫有假死性,可通过摇动或敲打植物、树枝把它们振落下来,再捕捉。有些无假死性的昆虫,经振动虽不落地,但由于飞动暴露了目标,可进行网捕。

(3)诱集。利用昆虫的某种特殊趋性或生活习性来诱集昆虫,如灯光诱集、食物诱集、潜所诱杀、性诱法等。

(4)搜索。认真观察地面、草丛中、植物体上、树上等部位,采用搜索法采集。

(三)昆虫标本的制作

1. 昆虫干制标本的制作

(1)虫体针插。按昆虫大小选用适当的昆虫针,夜蛾类一般用 3 号针;天蛾类等大型蛾类用 4 号针;叶蝉、小蛾类用 1 号或 2 号针;微小昆虫,用 10 mm 的无头细微针。

昆虫针插的部位因种类而异(图 3-95)。半翅目从中胸小盾片中央垂直插入;甲虫从右翅基部内侧插入;鳞翅目、膜翅目及同翅目成虫从中胸中央插入;直翅目从前胸背板右面插入;双翅目从中胸中央偏右插入;小型蜂类可不插针,采用侧粘的方法,以免损坏其胸部特征。

(2)整姿。蝽、甲虫、蝗虫等昆虫针插以后,尽量保持活虫姿态。需将触角和足进行整姿,使前足向前,后足向后,中足向左右。

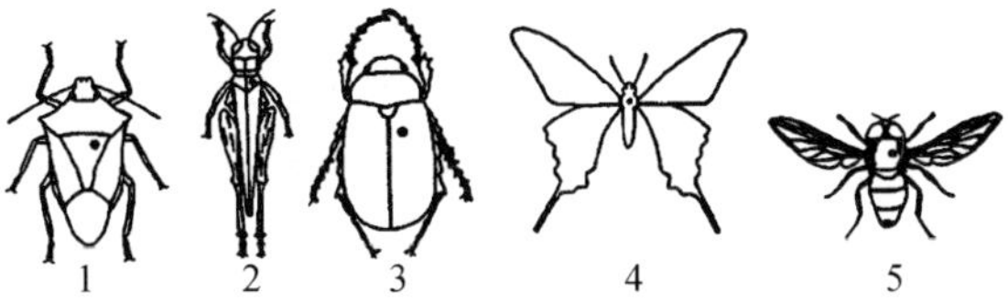

图 3-95　各种昆虫的插针部位

1. 半翅目　2. 直翅目　3. 鞘翅目　4. 鳞翅目　5. 双翅目

(3)展翅。蝶蛾类昆虫需要展翅。按昆虫的大小选取昆虫针、按针插部位要求插入虫体，将虫体腹部向下插入展翅板的槽内，使展翅板的两边靠紧身体，用昆虫针，将翅拨开平铺在展翅板上(图 3-96)。

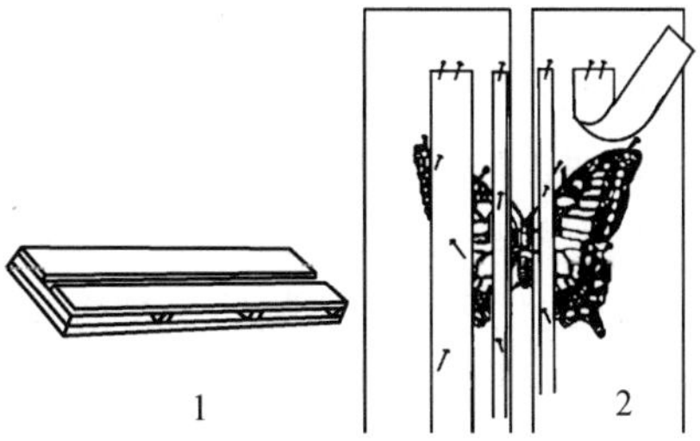

图 3-96　展翅板与展翅方法

1. 展翅板　2. 展翅方法

2. 小型昆虫针插标本的制作

可用黏虫胶或合成胶水把小型昆虫粘在三角纸上，再做成针插标本。

(1)装标签。每一个昆虫标本，必须附有标签。按照一定的针插部位将昆虫针插后，使用三级台整理针插昆虫和标签的位置。针帽至虫体背为 8 mm，标签至针尖为 16 mm(寄主、时间)、8 mm(昆虫的名称)。

(2)修补。在制作过程中，如有损坏，可以用黏虫胶或乳白胶进行修补。

3. 昆虫浸渍标本的制作

凡身体柔软或细小昆虫的成虫、卵、幼虫、蛹等，可以用防腐性的浸渍液浸泡保存在玻璃瓶内。浸泡前应先使幼虫饥饿，排出粪便。浸泡在下列保存液中。

(1)酒精浸渍液。用 75%的酒精浸渍液，加上 0.5%～1%的甘油，常用于浸渍螨类、叶蝉和蜘蛛等标本。

(2)5%福尔马林浸渍液。将福尔马林(40%甲醛)稀释成 5%的福尔马林液。

(3)冰醋酸、白糖、福尔马林混合液。用冰醋酸 5 mL、白糖 5 g、福尔马林 4 mL、蒸馏水或冷开水 100 mL 配成。

(4)绿色幼虫浸渍液。将硫酸铜 10 g 溶于 100 mL 水中，煮沸后停火，投入幼虫，投入后有褪色现象，直到恢复绿色时，立即取出用清水洗净，浸入 5%福尔马林溶液中保存。

(5)黄色幼虫浸渍液。氯仿 3 mL、冰醋酸 1 mL、无水酒精 6 mL 混合而成。先用此液浸渍 24 h，然后移入 70%酒精液中保存。

(6)红色幼虫浸渍液。用冰醋酸 4 mL、福尔马林 4 mL、甘油 20 mL、蒸馏水 100 mL 配成。

(7)贴标签。上要写明昆虫名称、寄主及采集地点和时间。

4. 生活史标本制作

生活史标本是把昆虫一生发育顺序：卵、幼虫的各龄期(若虫)、蛹及成虫(雌成虫和雄成虫)及为害状，装在一个标本盒内，并放上标签。

5. 玻片标本制作

(1)加拿大树胶法。其步骤为：①先用 10%氢氧化钾使虫体内部柔软，组织溶解，并使几丁质色素减退，然后用水将氢氧化钾洗去；②依次经过 50%、70%、80%、90%、100%酒精脱水；③以冬青油或二甲苯透明；④最后用加拿大树胶液将标本封于玻片上。这种操作应在同一个有盖的小玻皿内进行，在更换液体时用吸管将皿内液体吸出，再用另一吸管吸取其他液体放入皿内，切勿将标本从一皿移入另一皿中，以免损坏标本。只是当标本在冬青油内透明而变硬后，方用解剖针小心地将标本挑出置于玻片上，用加拿大树胶封固。至于在每种液体中所留的时间，依标本的大小而定。

(2)阿拉伯胶氯醛法。这类封固剂，配方以普里氏及霍尔氏的两种配方最为适用，其中又以霍尔氏配方为好，其优点是标本不需脱水。将标本直接置于玻片上，加上本液，加盖片封固，封固的玻片标本，在数小时内即可透明，然后将标本置于室内 37 ℃温箱中待干，干后再用磁漆指甲油使盖玻片四周封固，以免吸收水分，这点在天气潮湿的地方尤其重要。

以上两种方法永久性制片，为了临时检查，也可以作临时性制片，如用纯碳酸、乳酚、水合氯醛剂，或氯酚水合氯醛等。封固方法非常简单，将固定的标本(成虫、幼虫或卵)置玻片上，将上述任何一种溶液滴于玻片上盖以盖玻片，半小时后标本即透明，可以进行检查。临时封制的标本，经检查后仍可放入保存液中保存。

附：制片试剂配制。

1. 普里氏(PURI)胶配制法

阿拉伯胶 8 g，蒸馏水 10 mL，水合氯醛 30 g，甘油 7 mL，冰醋酸 3 mL。将胶磨成粉状，置于小烧杯中加入蒸馏水，再将烧杯置于水浴锅内加热至 80℃。用玻棒搅动，胶溶后加入水合氯醛，待溶解后，再加甘油及冰醋酸，搅拌均匀后，用薄棉过滤即可。

2. 霍亦氏(HOYER)胶配制法

阿拉伯胶 30 g，蒸馏水 50 mL，水合氯醛 200 g，甘油 20 mL。配制法与上法相同。

3. 加拿大树胶配制法

加拿大树胶若干，二甲苯若干。两者混合，待溶化后过滤使用。配成的树胶，以微具流动性为度，用玻棒黏取时，以不拉丝为合适。

4. 乳酚配制法

石炭酸(结晶)20 g，纯乳酸 20 mL，甘油 40 mL，蒸馏水 20 mL。依次混合。

5. 水合氯醛剂配制法

水合氯醛 57 g，冰醋酸 6 mL，蒸馏水加至 100 mL。将水合氯醛剂溶于适量的蒸馏水中，然后加冰醋酸与蒸馏水至 100 mL。

6. 乳酸水合氯醛配制法

水合氯醛 0.5 g，蒸馏水 1 mL，甘油 1 mL，纯乳酸 2 mL，冰醋酸 2～4 滴，40%甲醛 0.5 mL。将水合氯醛溶于水后，再依次加入其他成分。

7. 寄生蜂直接封片封固剂

水合氯醛 50 g，树胶 30 g，冰醋酸 5 mL，甘油 1 mL，蒸馏水 20～30 mL。

8. 胶片液

取 X 光片或变通照相胶片，用碱水或氢氧化钾溶液浸泡数小时后，将片上感光膜洗去，后用水冲洗干净晾干，即成透明胶板。胶板可用以制作微小昆虫的针插标本，又可将胶板切成小块置入瓶内，加工业用香蕉水使溶解成胶片溶液，可用以封固盖片边缘。

9. 酒精稀释方法

稀释酒精等溶液，常常直接利用量筒。例如用 95％酒精配成浓度达 70％的酒精，其方法如下：将酒精倒入 100 mL 量筒内，容量达到与需要稀释的百分率数值相等的刻度，稀释到 70％，即倒至 70 mL 处，再加水到与酒精浓度原有百分率相等的数值处，如原有浓度为 95％即倒至 95 mL 处。其他浓度的稀释法可依此类推。

(四)标本的保存

制成的昆虫标本要放在阴凉干燥处，玻片标本、针插标本等必须放在有防虫药品的标本盒里，分类收藏在标本柜里，注意防日晒、灰尘、发霉及虫蛀、鼠咬。

四、考核标准

技能考核标准见表 3-18。

表 3-18　技能考核标准表

考核内容	要求与方法	需要时间	熟练程度	考核方法
昆虫标本采集 40 分	1. 采集工具使用正确 2. 昆虫标本采集的方法正确 3. 昆虫标本采集的数量符合要求	训练 1 d 考核与训练同步	掌握 熟练掌握	5 人 1 组实训操作考核 单人实训操作考核
昆虫标本制作 50 分	1. 干制标本制作符合要求 2. 浸渍标本制作符合要求			
昆虫标本保存 10 分	1. 干制针插盒装标本的保存符合要求 2. 浸渍标本的保存符合要求			

五、复习思考题

1. 按要求每人采集、制作昆虫针插标本 15～20 件。
2. 在昆虫标本的采集、制作过程中应注意哪些问题？

技能项目五　昆虫的饲养繁殖

一、技能目标

学习常见害虫的简易饲养法和益虫的简易繁殖法，为进一步观察了解昆虫的生活史、生活习性和生态学特性，或为了获得用于鉴定的虫期、农药的毒力测定或开展生物防治所需昆虫等奠定基础。

二、教学资源

养虫缸（可用大型罐头瓶，玻璃灯罩等代替）、养虫笼（用铁窗纱卷制或在木框四周钉以窗纱）、尼龙养虫网、4%福尔马林、0.1%高锰酸钾溶液或0.01%～0.02%次氯酸钠溶液或5%的苯酸（碳酸）。

三、操作步骤

昆虫饲养可根据饲养的目的要求确定方法，如个体饲养或群体饲养、短期饲养或系统饲养、室内饲养或田间饲养等。

（一）昆虫饲养的准备工作

1. 合适的饲料是饲养昆虫的前提

昆虫种类不同，所需食料不同，同种昆虫的不同虫态也要求不同的食料。必须饲喂其原来的专食植物或嗜食植物饲料。如斜纹夜蛾幼虫可用荷叶、芋叶、豆科、十字花科植物叶片饲养，而成虫期用糖液、蜜水饲养。一般小量的饲料，即从野外直接采集，要注意保持饲料的新鲜和无病菌或无农药污染。最好每天更换饲料，某些珍贵的植物或饲料来源困难的，可以将饲料进行水养（即将带枝植物插在盛有清水的小口瓶内，为防止虫落水淹死，可用厚纸板挡在瓶口，将枝条穿过厚纸板再插入瓶中），并注意定期换水。易于干枯的叶片，可用脱脂棉蘸水包住叶柄保湿。大量饲养时，最好采用人工饲料或半人工饲料。

2. 创造能够满足所饲养昆虫的气候条件

一般情况下，温度以20～30℃为宜，在饲养过程中，必须记录温度，加以控制。加温方法常依靠阳光、电炉、电灯、温箱；降温可以利用冷冻装置，如地下室或冰块、井水等。应根据各种昆虫的要求，注意控制湿度，湿度70%～80%为宜。增湿常采用喷雾、洒水，设置水盆水盘，放置多湿物质；降湿运用吸湿物质，如硅胶、石灰等，可以减少水汽。注意适当通风。在成虫交配产卵期，要给以适当空间和适于产卵要求的条件，如放入纸条等。每一饲养容器内，放入1～2对成虫即可，过分拥挤，常常导致昆虫不能交配或不产卵。

3. 创造满足所饲昆虫生活习性的条件

满足所饲养昆虫的生活习性条件，在昆虫饲养中也是十分重要的。饲养天牛幼虫，由于它有钻蛀习性，必须提供适宜的树木枝干，并人工造好光滑隧道，饲养过程最好给予遮光条件。饲养小地虎幼虫，皿底要给一定深度的土壤，对有自相残杀习性的昆虫，要分开单个饲养等。

4. 注意饲养中的清洁消毒

饲养环境要经常保持清洁，虫粪要每天清除，否则常招致霉菌等微生物的发生，造成饲养结果不良或引起大量死亡。

一般饲养器皿要用肥皂和洗洁精清洗，用4%福尔马林消毒，整个饲养室，也应用0.1%高锰酸钾溶液或0.01%～0.02%次氯酸钠溶液或5%的苯酸（碳酸）进行全面消毒。人工饲料要加防腐剂或高压蒸汽消毒。从各方面创造卫生条件，使昆虫生长良好，增加抵抗力，以减少虫病发生。

5. 资料记载

在整个饲养过程中，每天定期观察记载下列各项：卵期、龄与幼虫的龄期、蜕皮、各龄形态描述、食量、排粪量（形状，数量）、化蛹日期（包括前蛹）、蛹历期、羽化时间、交配（时间，次数）、补充营养（有无、食料种类）、产卵（产卵前期，次数、产卵量、产卵场所、状态）、成虫寿命等。

（二）昆虫饲养的一般方法

饲养昆虫的方法因昆虫的种类、习性和饲养目的不同而异，常用的有：

1. 室内饲养

它的优点是便于观察，便于同时饲养多种昆虫，缺点与自然环境不全相同，取得结果难免有一些出入。

室内饲养一般又分个体饲养和群体饲养两种。个体饲养应不少于20个编号，原则上数量多较数量少为好。每一养虫器皿放一头虫，皿口纱布覆盖后，再用橡皮圈扎紧贴上编号标签（用铅笔写）。群体饲养最好有5～10个养虫笼（箱）以上，每一笼（箱）内放入较多的虫数，按笼（箱）编号，在饲养昆虫过程中，要经常注意食料、温湿度条件，清除粪便残渣，供给产卵、取食、化蛹等模拟条件。

2. 田间饲养

田间饲养更接近自然环境，饲养观察结果比较可靠。但观察较麻烦，特别是天敌的干扰较大，必须注意。一般在田间定点、定株、笼罩编号饲养。不适于笼罩的，可根据昆虫栖息习性设计饲养方法。

（三）各类昆虫饲养实例

1. 食叶害虫饲养

以苹果小卷叶蛾（小黄卷叶蛾）饲养法为例。春季搜集未出蛰的越冬幼虫，或采集出蛰卷叶为害的越冬幼虫，集中放在较大的饲养缸（或饲养笼）中饲养。以后各代幼虫可取同一卵块上同时孵化的放在一起饲养。饲养缸口盖纱布，用橡皮筋扎紧。饲养幼虫时应注意：①饲养室温度不宜过高，一般不要超过田间气温，以免幼虫不安乱爬；②在幼虫幼小时，缸内壁及缸底都应贴以滤纸，以免缸内壁及缸底凝结水珠，将小幼虫粘住溺死；③更换饲料时，应将苹果新梢放入，当幼虫自动爬到新梢后，再将旧枝梢取出；当幼虫老熟将要化蛹时，可用指形管单个饲养，便于观察化蛹、蛹期及羽化等。

成虫可在小型缸中饲养。每缸放1头雌成虫，2～3头雄成虫，每晚用脱脂棉球吸收5%～10%糖液放入，供成虫取食。成虫喜在光滑部位产卵，可在缸内壁紧贴1层玻璃纸，发现卵块当即剪下，供以后继续饲养观察。

2. 蛀干害虫饲养

以柑橘星天牛饲养法为例。取直径1.5 cm的橘树（可利用废弃的酸橙或枳壳砧木）10株，截去上部枝叶，进行盆栽。然后按照成虫的产卵习性，在主干距地面3～4 cm处的树皮上，制造一伤口，待有树汁流出后，将当天采得的卵1粒接种其中。每日检查1次。自幼虫孵出之日起，可按幼虫行动的方向，仔细割开树皮观察，至幼虫蛀入木质部，视为第一阶段。

此后约过半个月，虫体已较壮实，可将橘木割开检查，记载幼虫行程及发育情况。然后将幼虫移于事前备好的人造隧道的枯木中(图 3-97)。这种橘木，可取经济价值较低的酸橙或柚，但已凋残或营养不良者不宜采用。人造隧道应凿得十分光滑。隧道宽与虫体的比例，以不大于虫体的 1 倍为宜，过大则反而使幼虫行动困难，甚至失去取食能力，隧道长度大致为虫体长的 5 倍。把幼虫移入隧道，将橘木合并，用绳扎紧，两侧的缝及上下两端涂以接蜡或石蜡，以防止水分蒸发。

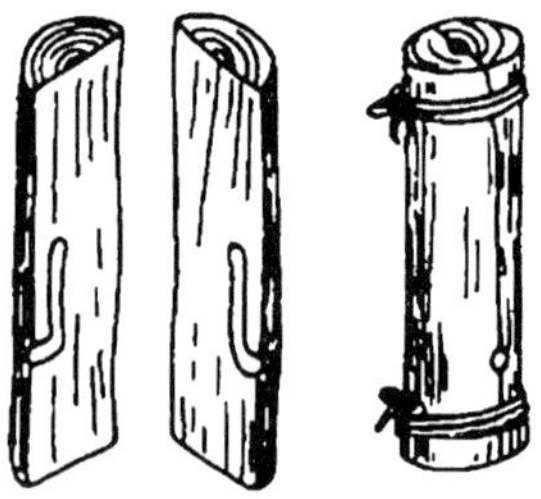

图 3-97　蛀干害虫的饲养

幼虫第 1 次移植后，可每隔 3 d 解开检查 1 次。约经半个月，木质渐干燥，应另换橘木。如发现幼虫折道而不易观察时，可待更换橘木时再割开检查，饲养时应注意空气新鲜和用具消毒，以防虫体感染疾病，观察时应尽量避免强光。

四、考核标准

技能考核标准见表 3-19。

表 3-19　技能考核标准表

考核内容	要求与方法	需要时间	熟练程度	考核方法
昆虫饲养准备 30 分	1. 饲养准备工作充分 2. 饲养方法正确	1 h	掌握	5 人 1 组 实训操作考核
昆虫饲养 70 分	1. 根据昆虫的种类选择适当的饲养方法 2. 饲养成活率高	7～14 d		

五、复习思考题

如何选择饲养方法，创造饲养条件来培育当地重要害虫或天敌昆虫。

技能项目六　药用植物虫害的田间调查与统计

一、技能目标

通过本项调查，使学生了解当地主要药用植物害虫的种类、田间发生和为害情况，熟悉害虫的田间调查方法，并根据所调查资料进行科学统计。

二、教学资源

1. 材料与工具：放大镜、标本采集用具、记载本、铅笔、气象资料、害虫历年发生情况资料等。

2. 实训场所：药用植物实训基地。

三、操作方法与步骤

1. 害虫种类调查

以组为单位，以普查方式观察田间发生的害虫种类，并目测其发生情况，记载当地主要、次要害虫；采集各种害虫标本。

2. 主要害虫的发生程度调查

各组在实训地调查斜纹夜蛾发生量、调查蚜虫发生量，采用五点取样法取样。统计有虫株率、百株卵数、百株虫数及发育进度等。现将斜纹夜蛾和蚜虫的调查项目、方法和表格设计分述如下：

(1)斜纹夜蛾。五点取样，每点 20 株，逐叶查看卵粒，同时查幼虫数，记入表 3-20。

表 3-20　斜纹夜蛾卵、幼虫调查表

调查日期	地点	栽培植物	播种期	生育期	备注
调查株数	有幼虫株数	平均单株幼虫数	有卵株数	平均单株卵数	

(2)蚜虫。五点取样，每点 20 株，逐叶调查，记载有蚜株数。并在每点选两株，共 10 株，记载蚜虫数量。为了解蚜虫的种类，有翅蚜和无翅蚜、成蚜和若蚜的比例，可随机调查 200～500 头蚜虫，按表 3-21 记载并统计。

表 3-21　蚜虫调查表

调查日期	地点	作物	调查株数	有蚜株数	备注
10 株蚜虫总量	平均单株蚜量	若翅蚜数/200 头	成翅蚜数/200 头	有成翅蚜率/200 头	

3. 调查资料的计算及整理

调查中所获得的数据必须进行整理，才能简明准确地反映客观实际情况，便于分析比较。常用的统计项目有以下几项：

(1)被害率。反映害虫为害的普遍程度。

$$被害率=\frac{有虫样本数}{调查样本总数}\times 100\%$$

(2)虫口密度。表示一个单位内的虫口数量，常用百株虫口(百株虫口密度)或每平方米虫口密度表示。

$$百株虫口=\frac{调查所得总虫数}{调查总株数}\times 100\%$$

$$\text{虫口密度(虫数}/m^2) = \frac{\text{调查总虫数}}{\text{调查总面积}(m^2)}$$

四、考核标准

技能考核标准见表 3-22。

表 3-22 技能考核标准表

考核内容	要求与方法	需要时间	熟练程度	考核方法
害虫种类 调查 30 分	1. 调查时间地块准确 2. 调查种类正确	训练 2 h 考核与训练同步	熟练掌握	4 人 1 组 实训模拟考核
害虫发生程度 调查 70 分	1. 调查时间地块准确 2. 虫口密度调查标准 3. 虫口密度计算正确 4. 计算结果正确			

五、复习思考题

1. 害虫常用的调查取样方法有哪些？
2. 列表记载当地药用植物主要害虫种类及发生情况。
3. 采集并制作当地药用植物主要害虫标本 3～5 种，并做简要记录。

参考文献

[1]白金铠.中国真菌志(第十七卷).北京:科学出版社,2003.

[2]陈文龙.作物害虫综合防治.上海:上海教育出版社,2001.

[3]丁建云,丁万隆.药用植物使用农药指南.北京:中国农业出版社,2004.

[4]丁锦华,苏建亚.农业昆虫学.北京:中国农业出版社,2002.

[5]丁万隆.药用植物病虫害防治彩色图谱.北京:中国农业出版社,2002.

[6]段玉玺,吴刚.植物线虫病害防治.北京:中国农业科学技术出版社,2002.

[7]方中达.植病研究方法.北京:中国农业出版社,1998.

[8]方中达.中国农业植物病害.北京:中国农业出版社,1996.

[9]费显伟.园艺植物病虫害防治.北京:高等教育出版社,2005.

[10]冯志新.植物线虫学.北京:中国农业出版社,2001.

[11]傅俊范.药用植物病理学.北京:中国农业出版社, 2007.

[12]傅俊范.药用植物病害防治图册.沈阳:辽宁科学技术出版社,1999.

[13]高启超,吴振廷,程新霞.药用植物病虫害防治.合肥:安徽科技出版社,1988.

[14]高微微.常用中草药病虫害防治手册.北京:中国农业出版社,2004.

[15]高希武,郭艳春,王恒亮,等.新编实用农药手册.郑州:中原农民出版社,2002.

[16]耿继光.无公害农药应用指南.合肥:安徽科学技术出版社,2003.

[17]宫喜臣.药用植物病虫害防治.北京:金盾出版社,2004.

[18]郭巧生.药用植物栽培学.北京:高等教育出版社,2005.

[19]韩金声.中国药用植物病害.长春:吉林科学技术出版社,1990.

[20]黄宏英,程亚樵.园艺植物保护概论.北京:中国林业出版社,2006.

[21]黄少彬.园林植物病虫害防治.北京:高等教育出版社,2006.

[22]李清西,钱学聪.植物保护.北京:中国农业出版社,2002.

[23]李庆孝,何传椐.生物农药使用指南.北京:中国农业出版社,2002.

[24]李秀生.药用和观赏植物病虫害防治.北京:气象出版社,1990.

[25]李照会.园艺植物昆虫学.北京:中国农业出版社,2004.

[26]陆家云.药用植物病害.北京:中国农业出版社,1997.

[27]陆家云.植物病害诊断.北京:中国农业出版社,2004.

[28]陆家云.植物病原真菌学.北京:中国农业出版社,2001.

[29]吕佩珂,高振江,张宝棣,等.中国粮食作物、经济作物、药用植物病虫原色图鉴(下册).呼和浩特:远方出版社,1999.

[30]吕佩珂,等.中国蔬菜病虫原色图鉴.北京:学苑出版社,2004.

[31]乔卿梅,史洪中.药用植物病虫害防治.北京:中国农业大学出版社,2008.

[32]王金生.植物病原细菌学.北京:中国农业出版社,2000.

[33]王青松.新农药使用手册.福州:福建科学技术出版社,2001.

[34]王运兵,姚献华,崔朴周.生物农药.北京:中国农业科学技术出版社,2005.
[35]魏新田.药用植物病虫害防治.郑州:河南科学技术出版社,2005.
[36]吴文君,高希武.生物农药及其应用.北京:化学工业出版社,2004.
[37]吴振廷.药用植物害虫.北京:中国农业出版社,1995.
[38]仵均祥.农业昆虫学.北京:中国农业出版社,2002.
[39]徐洪富.植物保护学.北京:高等教育出版社,2003.
[40]许志刚.普通植物病理学.4版.北京:高等教育出版社,2009.
[41]杨新美.植物生态病理学.北京:中国农业科学技术出版社,2000.
[42]袁锋.农业昆虫学.北京:中国农业出版社,2001.
[43]张红燕.园艺植物病虫害防治.北京:中国农业大学出版社,2009.
[44]张敏恒.农药品种手册精编.北京:化学工业出版社,2013.
[45]张随榜.园林植物保护.北京:中国农业出版社,2001.
[46]张元恩.药用植物病虫害防治.北京:农业出版社,1989.
[47]张中义,冷怀琼,张志铭,等.植物病原真菌学.成都:四川科学技术出版社,1988.
[48]赵桂芝.百种新农药使用方法.北京:中国农业出版社,2002.
[49]陈建明,等.我国地下害虫的发生为害和治理策略:浙江农业学报,2004,16(6)389-394.
[50]丁晓东,王风明,丁莉华.瓜蒌透翅蛾的发生与防治.河北农业科技,2007,2:23.
[51]傅俊范.中国外来有害生物入侵现状及控制对策.沈阳农业大学学报,2005—06,36(4):387-391.
[52]郭小侠,等.药用植物地下害虫发生规律及综合防治技术研究:陕西师范大学学报,2006,34.
[53]胡志强,胡一民.橘褐天牛防治技术.农林科学实验,1994(3):32-33.
[54]兰国胜,杨文成.银纹夜蛾的发生及综合防治.湖北农业科学,2007,46(7):74-75.
[55]李晓峰,杨春.枸杞负泥虫生物防治技术研究.河北林果研究,2008,9(3):318-319.
[56]刘海光,张新燕,等.黄芩黄翅菜叶蜂的发生规律及防治研究初探.安徽农业科学,2009,37(25):12183-12184.
[57]刘全冲.农作物地下害虫的综合防治技术.植物医生,2013,26(2).
[58]罗志文,赵伟.丝带凤蝶的生物学特性及其人工饲养.生物学通报,2005,40(12):55-56.
[59]潘志强,益民.柑橘凤蝶的识别与防治.花木盆景,2003,5:28-29.
[60]任应党,刘玉霞,申效诚.忍冬细蛾生物学特性及防治.昆虫知识,2004,41(2):144-146.
[61]束兆林,赵来成.菊天牛的发生危害与防治.植物医生,2001,14(2):32-33.
[62]王凤,鞠瑞亭,杜予州,等.绿化植物五种刺蛾生物学特性比较.中国森林病虫,2006,25(5):11-15.
[63]王琳,李有林.中华豆芫菁发生规律观察.中国植保导刊,2004,6:13.
[64]王向东,段拥军.黄刺蛾的发生与防治技术.农业科技通讯,2003,8:32.
[65]王中武,孟庆珍.枸杞负泥虫生物学特性研究:吉林农业科技学院学报,2006,15.

[66]吴彩香，王敏，吴侠贤. 大袋蛾的生物学特性及防治. 现代农业科技，2006，10：84.

[67]肖永良，王沫，王文乔，等. 栀子卷叶螟的发生规律及防治研究. 中药材，2006，29(12)：268-270.

[68]徐定杰，邓勇. 贵阳地区野蛞蝓发生发规律及防治技术. 贵州农业科学，1998，26(2)：38-41.

[69]徐克顺，等. 黄刺蛾的生活史观察及防治：安徽林业，2002，1：17.

[70]徐林波，刘爱萍，王慧. 枸杞负泥虫的生物学特性及其防治措施. 中国植保导刊，2007，9：25-27.

[71]尹健，等. 颠茄草主要食叶害虫枸杞负泥虫发生与防治的初步研究. 中国农学通报，2010，26(8)：212-215

[72]尹健，熊建伟，孙万慧，等. 信阳栝楼 2 种主要害虫的初步研究. 河南农业科学，2007，1：51-53.

[73]余发根. 无公害蔬菜生产中斜纹夜蛾、甜菜夜蛾的防治探讨. 江西农业学报，2007，19(9)：72-73.

[74]钟伟. 同型巴蜗牛田间消长动态及其防治研究. 林业调查规划，2006，31(2)：169-171.

[75]周茂繁. 中国药用植物病虫图谱. 武汉：湖北科学技术出版社，1998.

[76]朱广奇，龚巧枝. 山核桃园咖啡木蠹蛾的发生与防治. 安徽林业，2005，4：43.